“十二五”江苏省高等学校重点教材（本书编号：2015-2-095）

应用型本科计算机类专业“十三五”规划教材

C++程序设计工程化教程

赵建洋　于长辉　金圣华　编著

【微信扫码】
本书导学，领你入门

南京大学出版社

图书在版编目(CIP)数据

C++程序设计工程化教程 / 赵建洋, 于长辉, 金圣华编著. — 南京：南京大学出版社, 2016.12(2022.8 重印)
应用型本科计算机类专业"十三五"规划教材
ISBN 978-7-305-17970-9

Ⅰ. ①C… Ⅱ. ①赵… ②于… ③金… Ⅲ. ①C++语言—程序设计—教材 Ⅳ. ①TP312.8

中国版本图书馆 CIP 数据核字(2016)第 298291 号

出版发行　南京大学出版社
社　　址　南京市汉口路 22 号　　　　邮　编　210093
出 版 人　金鑫荣

丛 书 名　应用型本科计算机类专业"十三五"规划教材
书　　名　C++程序设计工程化教程
编　　著　赵建洋　于长辉　金圣华
责任编辑　苗庆松　吴宜锴　　　　编辑热线　025-83595860

照　　排　南京南琳图文制作有限公司
印　　刷　常州市武进第三印刷有限公司
开　　本　787×1092　1/16　印张 20.75　字数 518 千
版　　次　2016 年 12 月第 1 版　2022 年 8 月第 3 次印刷
ISBN 978-7-305-17970-9
定　　价　49.80 元

网址：http://www.njupco.com
官方微博：http://weibo.com/njupco
官方微信号：njupress
销售咨询热线：(025) 83594756

目　录

第一单元

第二单元

第三单元

第四单元

第五单元

【微信扫码】

本书配套参考答案及其它资源

前　言

C++是一门高效实用的程序设计语言，实现了类的封装、数据隐藏、继承及多态，其代码容易维护及高度可重用。随着C++渐渐成为ANSI标准，这种新的面向对象程序设计语言迅速成为程序员最广泛使用的工具。

目前C++程序设计的教材大都针对C++的各个知识点对学生进行程序的验证或设计，也有一些教材有课程设计，针对一些算法问题进行设计。随着软件行业的大量兴起，特别是软件外包需求的大量增加，软件的工程化思想已逐渐成为软件开发的核心内容。而事实是，一方面，企业需要有更多能够胜任软件编程与项目管理的软件人才；另一方面，高校培养的软件人才又无法满足这些要求，而产生这一矛盾的根源在于学校对于软件人才的培养没有充分考虑企业的工程化需求。而体现在教材上就是只注重知识点的练习，而忽略了工程项目的组织和训练。

本教材先分析C++的知识点，将其分解成若干语法具有的意义、格式和应用，并分散到教材相应部分，与工程案例相互配合介绍，互为补充，相得益彰。通过程序示例的详细注释，帮助知识点的理解，课后习题有相关语法的练习，工程案例中再次应用它，经过一系列的训练，可使知识点学以致用，易于理解。

工程特色贯穿该教程，学生经过一段时间的练习与积累，能够完成一些案例系统，具备前期调研、功能分析、框架设计、代码设计和撰写报告书的能力。还能举一反三，自主独立完成其他信息管理系统，实现工程创新能力突破。

C++程序设计工程化教程的主要内容包括基础知识和工程训练，其中基础知识有17个章节，工程训练有8个单元，这两部分的内容是紧密相联的。其中工程训练穿插在各个知识点的之间，学完一部分C++内容，就可以用来解决工程项目中的问题。

在本书的编写过程中，得到很多同行专家、教师的支持和帮助，在此表示衷心的感谢。

编　者

2016年9月

第一单元

第一章　绪　论

C++是在C语言的基础上开发的一种通用编程语言，应用广泛。C++支持多种编程方式，过程化编程、面向对象编程和泛型编程。最新正式标准C++ 14于2014年8月18日公布。其编程领域广泛，常用于系统开发，引擎开发等应用领域，是至今为止最受广大程序员欢迎的编程语言之一。

1.1　从C到C++

计算机诞生初期，人们要使用计算机必须用机器语言或汇编语言编写程序。世界上第一种计算机高级语言是诞生于1954年的FORTRAN语言。之后出现了多种计算机高级语言，其中使用最广泛、影响最大的当数BASIC语言和C语言。BASIC语言是1964年由Dartmouth学院John G. Kemeny与Thomas E. Kurtz两位教授在FORTRAN语言的基础上简化而成的，适用于初学者设计小型高级语言；C语言是1972年由美国贝尔实验室的D.M.Ritchie所开发，采用结构化编程方法，遵从自顶向下的原则。在操作系统和系统使用程序以及需要对硬件进行操作的场合，用C语言明显优于其他高级语言，但在编写大型程序时，C语言仍面临着挑战。1983年，贝尔实验室的Bjarne Stroustrup在C语言基础上推出了C++语言。C++语言进一步扩充和完善了C语言，是一种面向对象的程序设计语言。

1.1.1　发展历史

C++ 1.0版：1985年公布，在原有C语言的基础上添加了一些重要特征：虚函数的概念、函数和运算符的重载、引用、常量(Constant)等。

C++ 2.0版：1989年推出，形成了更加完善的支持面向对象程序设计的C++语言，新增加的内容包括：类的保护成员、多重继承、对象的初始化与赋值的递归机制、抽象类、静态成员函数、const成员函数等。

C++ 3.0版：1993年公布，是C++语言的进一步完善，其中最重要的新特征是模板(Template)，此外解决了多重继承产生的二义性问题和相应的构造函数与析构函数的处理等。

C++ 98标准：C++标准第一版，1998年发布，正式名称为ISO/IEC 14882:1998。

绝大多数编译器都支持C++ 98标准，不过当时错误地引入了export关键字。由于技术上的实现难度，除了Comeau C++编译器支持export关键字以外，没有任何编译器支持export关键字。并且这个标准对现代的一些编译理念有相当大的差距，有很多在高级语言都应当有的功能，它都没有。这也正是后来需要制定C++11标准的原因所在。

C++03标准：C++标准第二版，2003年发布，正式名称为ISO/IEC 14882:2003。这个标准仅仅是C++98修订版，与C++98几乎一样，没做什么修改。仅仅是对C++98做了一些"勘误"，就连主流编译器(受C99标准影响)都已支持的long long都没有被加入C++03标准。

C++11标准：C++标准第三版，2011年8月12日发布，正式名称为ISO/IEC 14882:2011。由C++标准委员会于2011年8月12日公布，并于2011年9月出版。2012年2月28日的国际标准草案(N3376)是最接近于现行标准的草案（编辑上的修正）。C++11包含了核心语言的新机能，并且拓展C++标准程序库，并且加入了大部分的C++ Technical Report 1程序库(数学上的特殊函数除外)。此次标准为C++98标准发布后13年以来第一次重大修正。

注意：C++11标准（ISO/IEC 14882:2011）与C11标准（ISO/IEC 9899:2011）是两个完全不同的标准，后者是C语言的标准。

C++14标准：C++标准第四版，2014年8月18日发布，正式名称为ISO/IEC 14882:2014。2014年8月18日，ISO组织在其网站上发布。C++作者Bjarne Stroustrup称，主要的编译器开发商已经实现了C++14规格。C++14是C++11的增量更新，主要是支持普通函数的返回类型推演，泛型lambda，扩展的lambda捕获，对constexpr函数限制的修订，constexpr变量模板化等等。C++14是C++语言的最新标准，正式名称为"International Standard ISO/IEC 14882:2014 (E) Programming Language C++"。

1.1.2 语言特点

优点：

(1) C++设计成静态类型、和C同样高效且可移植的多用途程序设计语言。

(2) C++设计直接的和广泛的支持多种程序设计风格（程序化程序设计、资料抽象化、面向对象程序设计、泛型程序设计）。

(3) C++设计无需复杂的程序设计环境。

C++语言灵活，运算符的数据结构丰富、具有结构化控制语句、程序执行效率高，而且同时具有高级语言与汇编语言的优点，与其他语言相比，可以直接访问物理地址，与汇编语言相比又具有良好的可读性和可移植性。总的来说，C++语言的主要特点表现在两个方面，一是尽量兼容C，二是支持面向对象的方法。它拥有3C语言的简洁、高效的接近汇编语言等特点，又对C的类型系统进行了改革的扩充，因此C++比C更安全，C++的编译系统能检查出更多的类型错误。另外，由于C语言的广泛使用，因而极大地促进了C++的普及和推广。

C++语言最有意义的方面是支持面向对象的特征。虽然与C的兼容使得C++具有双重特点，但它在概念上完全与C不同，更具备面向对象的特征。出于保证语言的简洁和运行高效等方面的考虑，C++的很多特性都是以库（如STL）或其他的形式提供的，而没有直接添加到语言本身里。C++引入了面向对象的概念，使得开发人机交互类型的应用程序更为简单、快捷。

缺点

C++的编译系统受到C++的复杂性的影响，非常难于编写，即使能够使用编译器进行编译，但如果存在问题，可能很难被发现。由于本身的复杂性，复杂的C++程序的正确性相当难于保证。

1.1.3　Microsoft Visual C++

Microsoft Visual C++（简称 Visual C++、MSVC、VC++或 VC），是 Microsoft 公司推出的开发基于 Win32 环境，并面向对象的可视化集成编程的系统。它不但具有程序框架自动生成、灵活方便的类管理、代码编写和界面设计集成交互操作、可开发多种程序等优点，而且通过简单的设置就可使其生成的程序框架支持数据库接口、OLE2、WinSock 网络、3D 控制界面。

它以拥有“语法高亮”，IntelliSense（自动完成功能）以及高级除错功能而著称。比如，它允许用户进行远程调试，单步执行等，还允许用户在调试期间重新编译被修改的代码，而不必重新启动正在调试的程序。其编译及建立系统以预编译头文件、最小重建功能及累加而著称。这些特征明显缩短程序编辑、编译及连接花费的时间，在大型软件计划上尤其显著。

VC++的版本较多，主要的版本有 Microsoft Visual C++ 6.0，它集成了 MFC6.0，于 1998 发行。发行至今一直被广泛地用于大大小小的项目开发。但是，这个版本在 Windows XP 下运行会出现问题，尤其是在调试模式的情况下（例如：静态变量的值并不会显示）。这个调试问题可以通过打一个叫“Visual C++ 6.0 Processor Pack”的补丁来解决。

最近几年出现的版本有：Microsoft Visual C++ 2010，2009 年发布，新添加了对C++ 11 标准引入的几个新特性的支持。Microsoft Visual C++ 2012，2012 年 5 月 26 日发布，支持.NET4.5 beta，并实现 go live，只能安装于 Windows 7 或者更高的 Windows 操作系统。可以开发 Windows 8 专用的 Modern UI 风格的应用程序。相比 Microsoft Visual C++ 2010 又少量添加了对C++ 11 标准引入的新特性的支持。

1.2　第一个C++应用程序

创建C++程序，使用 Visual C++ 6.0 开发环境，或者使用 Visual Studio.NET 集成开发环境。以 Visual Studio 2010 为例，启动开发环境，通过菜单命令“文件”|“新建”|“项目”可打开如图 1.1 所示的对话框，在模板中选择 Visual C++下的“控制台应用程序”选项，指明项目名称和位置，单击“确定”按钮，进入下一个对话框，如图 1.2 所示。单击“下一步”进入下一个对话框，如图 1.3 所示，在应用程序设计对话框中，选择“空项目”，再单击“完成”进入开发环境中，如图 1.4 所示；右击“源文件”，选择“添加”|“新建项”，如图 1.5 所示；选择“C++文件”，输入名称如 P1_1，如图 1.6 所示；单击“添加”，进入代码的编辑状态，如图 1.7 所示。

图 1.1 使用 Visual Studio 2010 创建C++控制台应用程序——步骤一

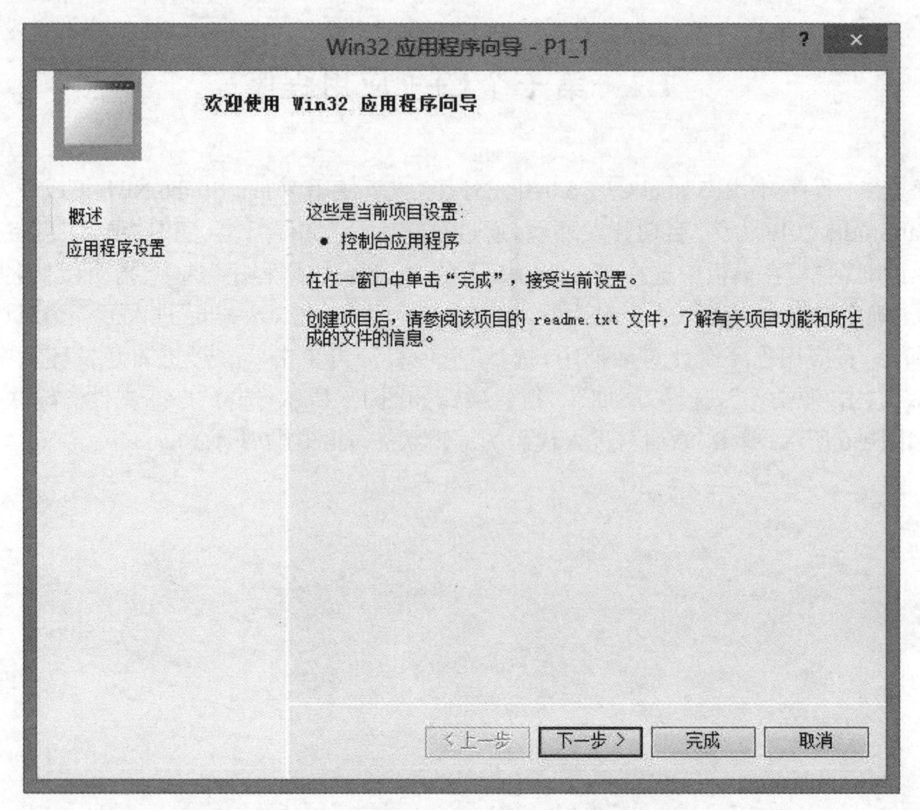

图 1.2 使用 Visual Studio 2010 创建C++控制台应用程序——步骤二

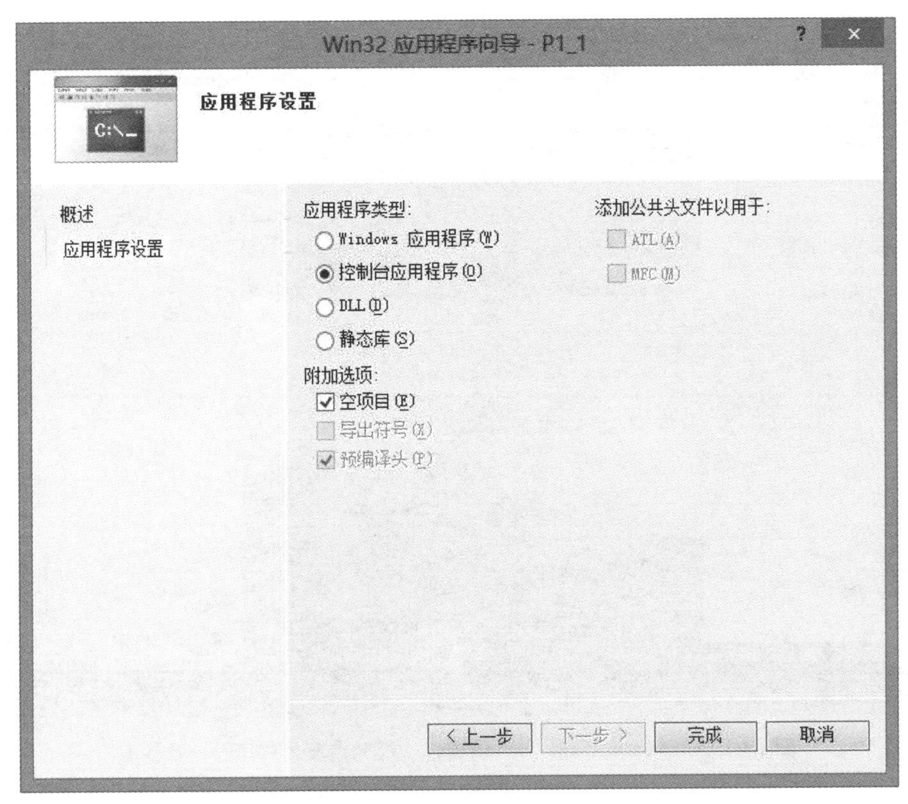

图 1.3 使用 Visual Studio 2010 创建C++控制台应用程序——步骤三

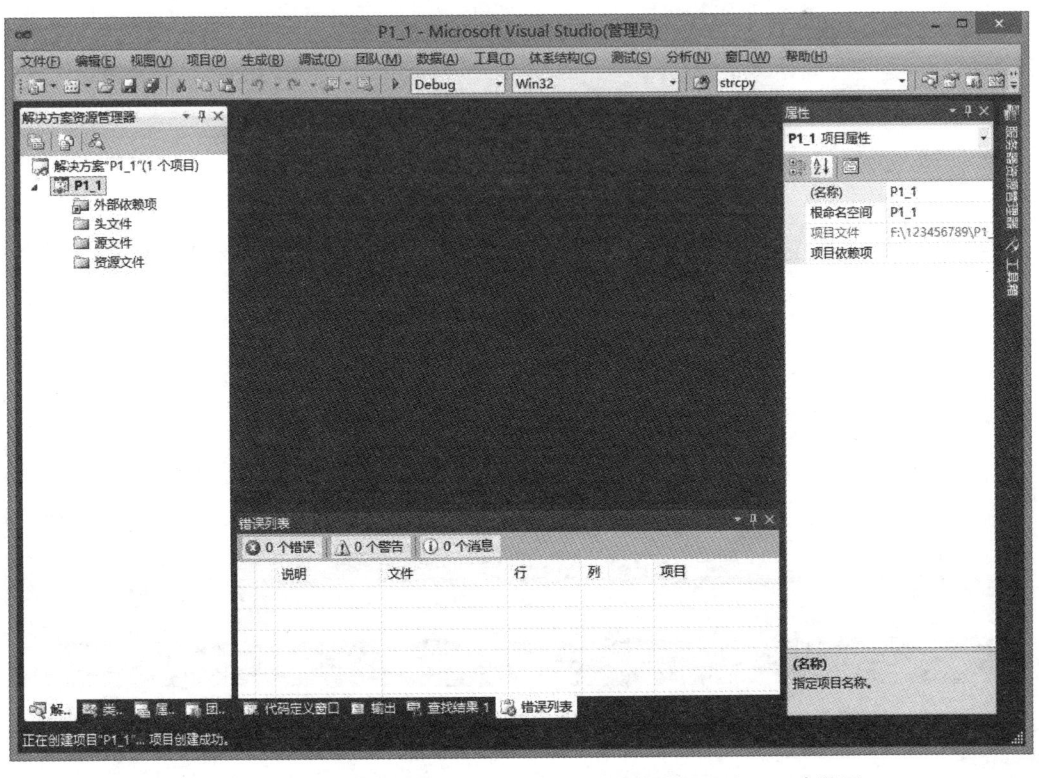

图 1.4 使用 Visual Studio 2010 创建C++控制台应用程序——步骤四

图 1.5　使用 Visual Studio 2010 创建C++控制台应用程序——步骤五

图 1.6　使用 Visual Studio 2010 创建C++控制台应用程序——步骤六

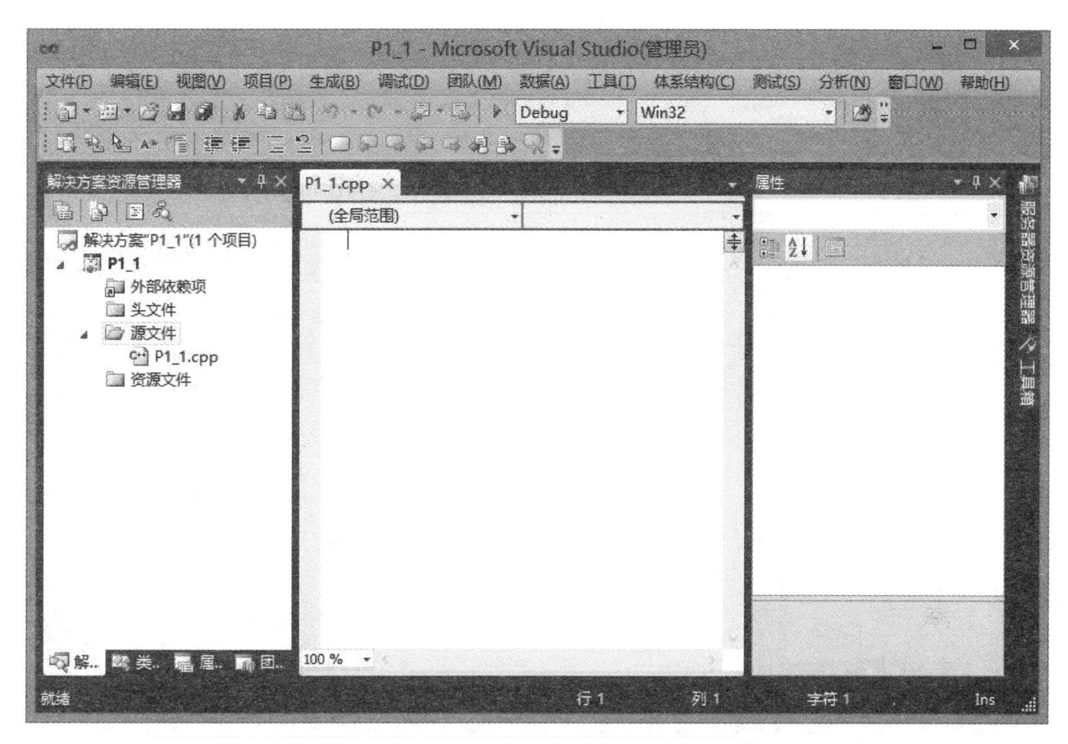

图 1.7　使用 Visual Studio 2010 创建C++控制台应用程序——步骤七

我们以 Hello World 为例，编写代码如图 1.8 所示，先选择“生成”|“生成解决方案”，当看到生成成功，如图 1.9、图 1.10 所示。再执行“调试”|“开始执行(不调试)”，运行成功，看到运行结果如图 1.11 所示。

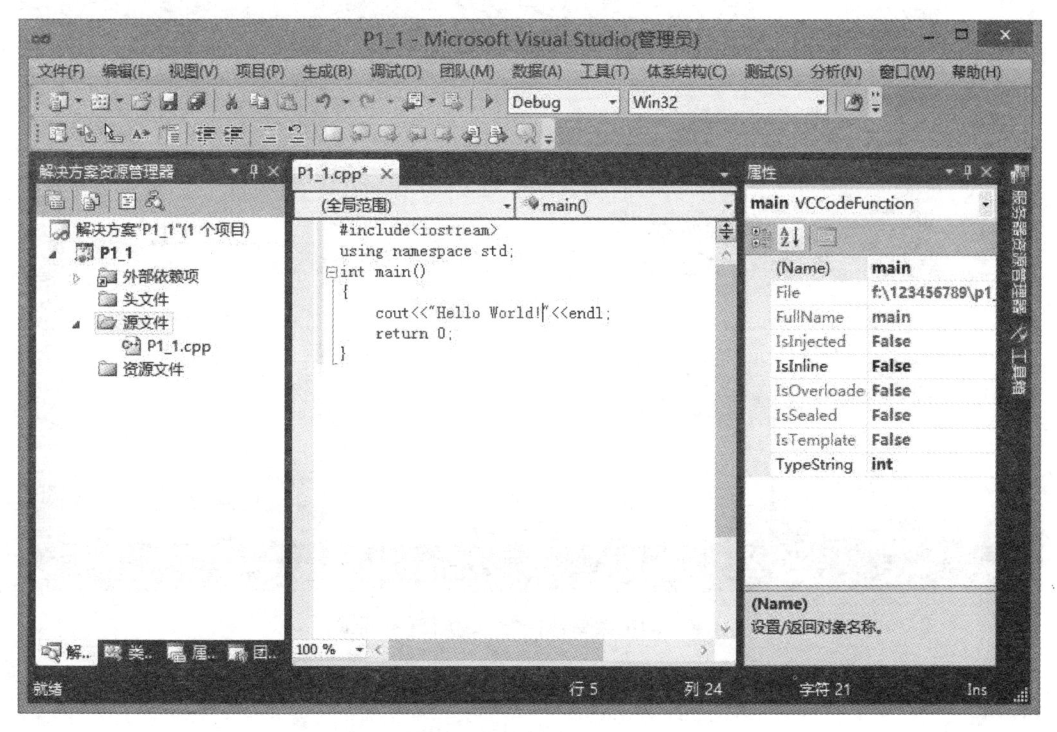

图 1.8　在编辑窗口写代码

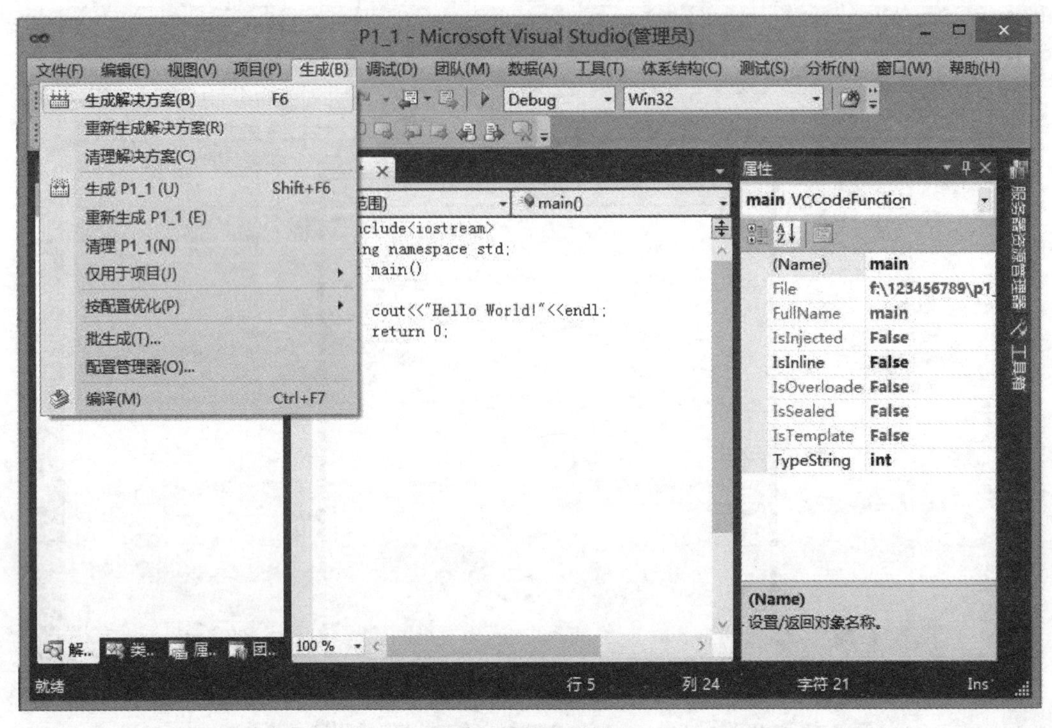

图 1.9　生成解决方案

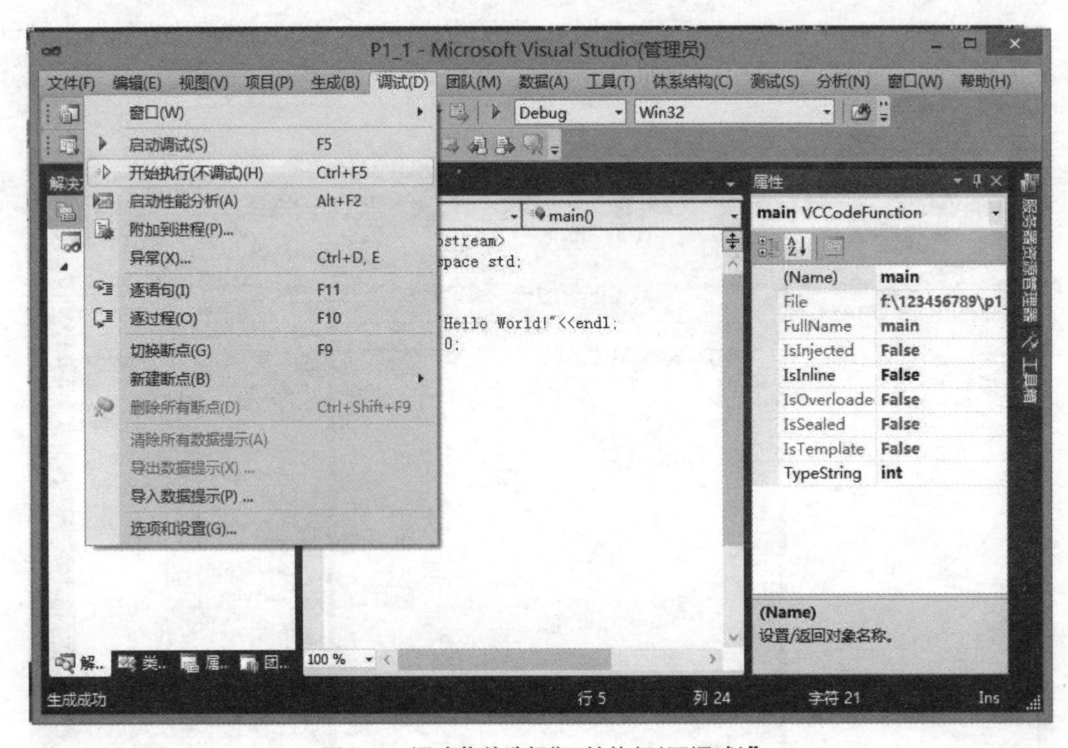

图 1.10　调试菜单选择“开始执行(不调试)”

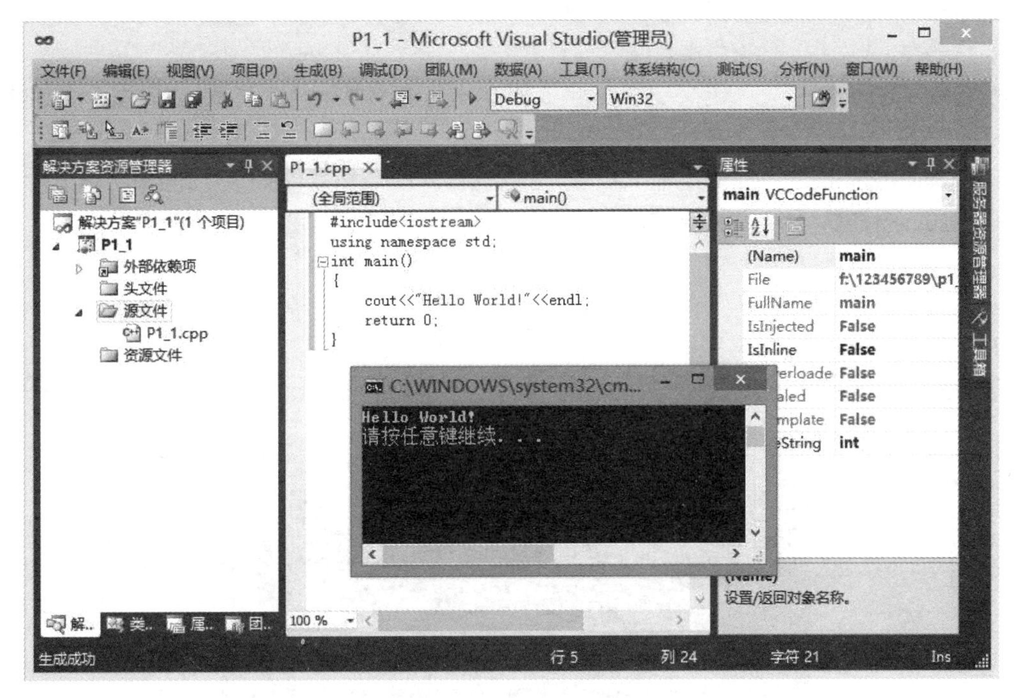

图 1.11　输出程序运行结果

1.3　程序的组成

```
//程序 P1_1
#include<iostream>          //文件包含预处理命令
using namespace std;        //标准的域名空间
int main()          //主函数,是计算机进入程序的入口
{
    cout<<"Hello,World!"<<endl;          //输出语句,输出字符串中的内容
    return 0;
}
```

程序由编译预处理和程序主体组成。编译预处理命令包含了输入和输出语句,及其C++相关的环境设置。

int main()是主函数,是所有程序的入口函数,整个程序中只能有一个主函数,没有不行,多了也不行。一对花括号,是函数体,cout 是输出语句,用于输出结果。这是一个简单的程序,只有输出没有输入。

程序 P1_2:从键盘输入两个整数,计算两个整数相加,输出结果。

```
//程序 P1_2
#include<iostream>
using namespace std;
```

```
int main()
{
    int a,b,sum;        //定义三个变量,a 和 b 分别用于存放两个整数,sum 用于存放两数
                          之和
    cin>>a>>b;          //标准输入设备,从键盘输入两个整数,两个数之间用空格分开
    sum=a+b;            //计算求和
    cout<<a<<"+"<<b<<"="<<sum<<endl;   //输出结果
    return 0;
}
```

程序运行结果如图 1.12 所示。

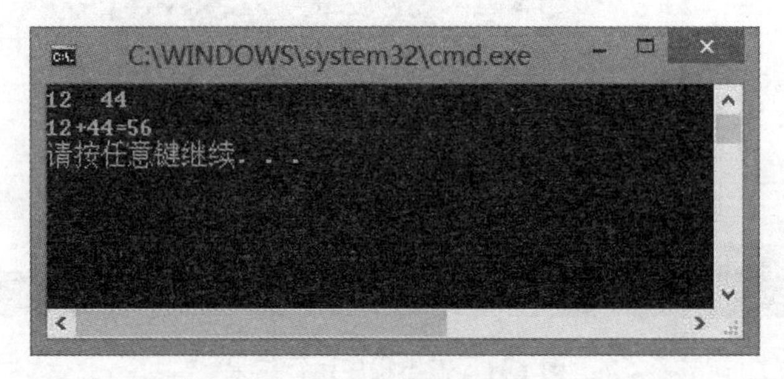

图 1.12　程序运行结果

从主函数 int main()开始,是三个 int 型(整型)变量的定义语句,为三个变量分配内存空间。输入两个整数分别赋值给变量 a 和 b,从而被保存在变量定义的内存空间中。语句“sum=a+b;”是将 a+b 的和赋值 sum,最后输出计算结果。输出语句后面,如果是字符串就原样输出,如果是变量则输出变量的值。

注意:在运行时,输入数据,保证英文输入法状态。

由上面的例题可以看出,程序的主体大致分为 4 个步骤:

(1) 定义变量;

(2) 输入;

(3) 计算;

(4) 输出。

1.4　简单调试C++代码

在学习C++编程的过程中,掌握好调试技术是查找并修复程序错误、优化程序性能的关键手段之一。下面我们以一个C++程序为例,来向大家介绍调试找错的方法。

程序 P1_3:输入一个大于 1 的整数,计算 1 到该整数之间所有整数之和,并输出结果。如输入 10,则计算 1+2+…+10 的结果。

步骤 1:写好代码,编译,编译时没有出现错误,但运行的结果和我们的设想不同。

```
#include<iostream>
```

```
using namespace std;
int main()
{
    int number,sum=0;
    cin>>number;
    while(number>=1)
    {
        sum=sum+number;
        number-- ;
    }
    cout<<"1 到"<<number<<"之间的整数和是"<<sum<<endl;
    system ("pause");          //暂停命令
}
```

```
//输入一个大于1的整数，计算1到该整数之间所有整数之和，并输出结果。
#include<iostream>
using namespace std;
int main()
{
    int number,sum=0;
    cin>>number;
    while(number>=1)
    {
        sum=sum+number;
        number--;
    }
    cout<<"1到"<<number<<"之间的整数和是"<<sum<<endl;
    system("pause");          //暂停命令
}
```

```
C:\WINDOWS\system32\cmd.exe
10
1到0之间的整数和是55
请按任意键继续. . .
```

图 1.13

步骤 2: 期待输出“1 到 10 之间的整数和是 55”，但实际输出结果是“1 到 0 之间的整数和是 55”，如图 1.13 所示。到底是哪儿出了问题？在可能出错的地方设置断点，设置断点的方法是双击相应行最前面的空白处，如图 1.14 所示。

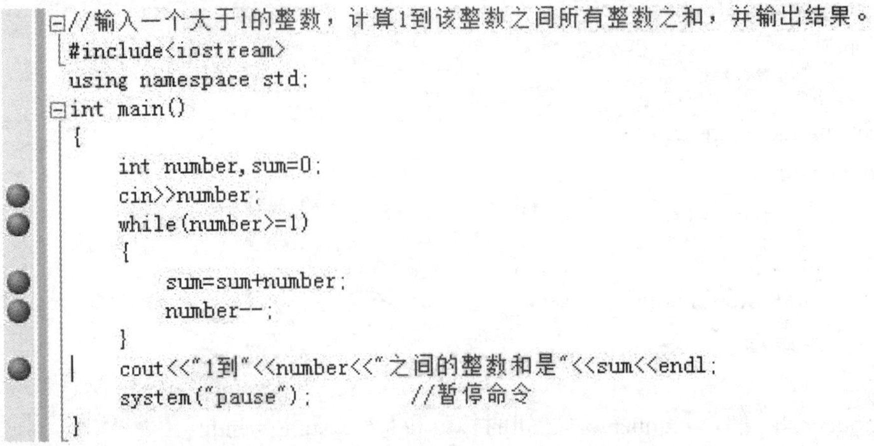

```
//输入一个大于1的整数，计算1到该整数之间所有整数之和，并输出结果。
#include<iostream>
using namespace std;
int main()
{
    int number,sum=0;
    cin>>number;
    while(number>=1)
    {
        sum=sum+number;
        number--;
    }
    cout<<"1到"<<number<<"之间的整数和是"<<sum<<endl;
    system("pause");          //暂停命令
}
```

图 1.14

步骤 3:点击“启动调试”按钮,如图 1.15 所示,重新运行程序。

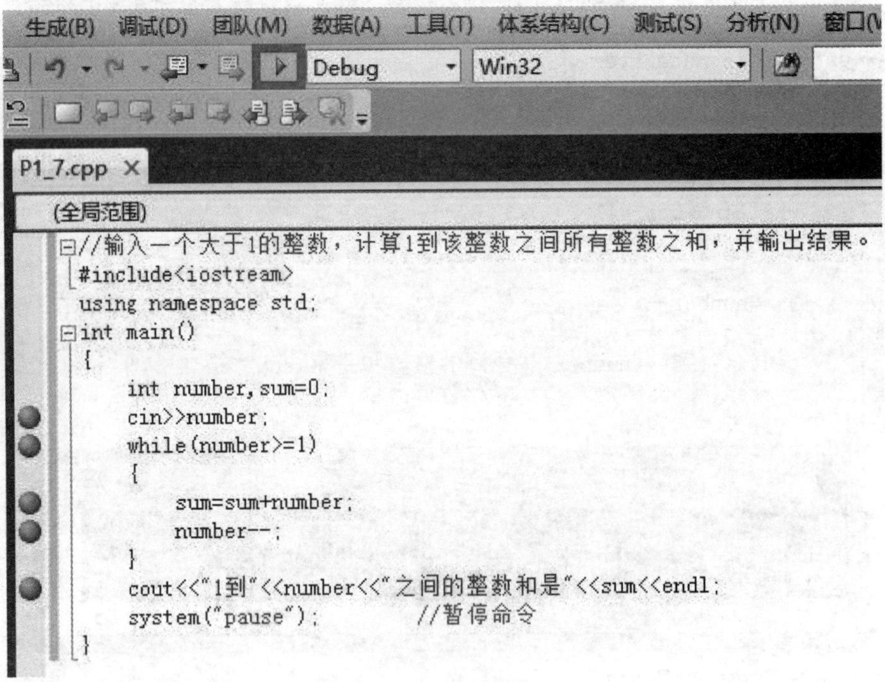

生成(B) 调试(D) 团队(M) 数据(A) 工具(T) 体系结构(C) 测试(S) 分析(N) 窗口(W

Debug Win32

P1_7.cpp

(全局范围)

```
//输入一个大于1的整数，计算1到该整数之间所有整数之和，并输出结果。
#include<iostream>
using namespace std;
int main()
{
    int number,sum=0;
    cin>>number;
    while(number>=1)
    {
        sum=sum+number;
        number--;
    }
    cout<<"1到"<<number<<"之间的整数和是"<<sum<<endl;
    system("pause");          //暂停命令
}
```

图 1.15

步骤 4:当运行到第一个断点时,程序会暂停执行。这时,我们可以把鼠标移动到相关的变量上,查看此时该变量的值(在图 1.16 中,由于暂停处的那行还尚未执行,因此 number 还未得到值,只显示为一个随机数)。

P1_7.cpp ×

(全局范围)

```
//输入一个大于1的整数，计算1到该整数之间所有整数之和，并输出结果。
#include<iostream>
using namespace std;
int main()
{
    int number,sum=0;
    cin>>number;
    while(nu  number  -858993460
    {
        sum=sum+number;
        number--;
    }
    cout<<"1到"<<number<<"之间的整数和是"<<sum<<endl;
    system("pause");        //暂停命令
}
```

图 1.16

步骤 5:点击“调试”按钮继续往下执行(点击后该按钮变灰),弹出了程序窗口。

图 1.17

步骤 6:输入 10,回车,如图 1.17 所示。这时,程序跳到下一个断点处暂停。同样,我们把鼠标移到变量 number 处,可以看到,此时 number 的值为 10,如图 1.18 所示。到目前为止,程序运行一切正常。

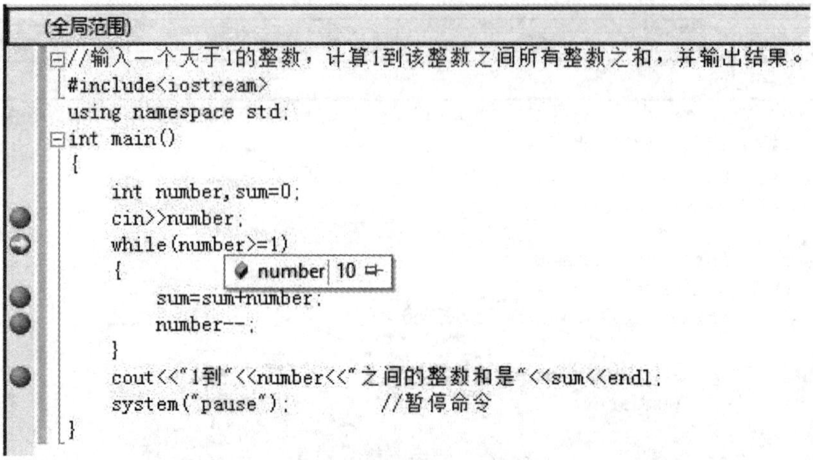

(全局范围)
//输入一个大于1的整数，计算1到该整数之间所有整数之和，并输出结果。
#include<iostream>
using namespace std;
int main()
{
int number,sum=0;
cin>>number;
while(number>=1)
{
number 10
sum=sum+number;
number--;
}
cout<<"1到"<<number<<"之间的整数和是"<<sum<<endl;
system("pause"); //暂停命令
}

图 1.18

步骤 7:我们继续往下执行。由于接下来是一个循环,将在此两句中往返执行 10 次。我们可以看到,每循环一次,number 的值就减 1,而 sum 的值则累加,如图 1.19、图 1.20 所示。

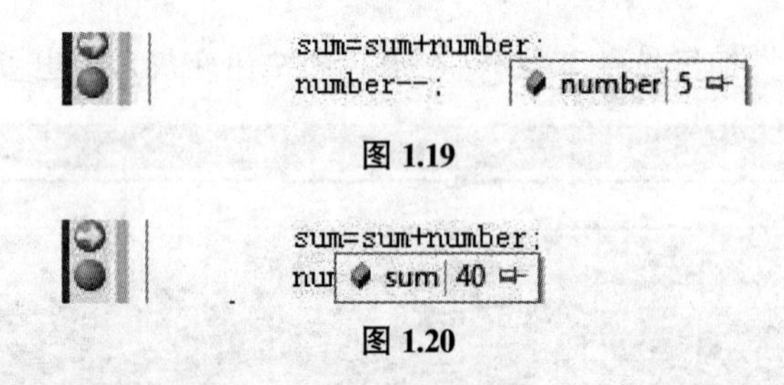

sum=sum+number;
number--;
number 5

图 1.19

sum=sum+number;
sum 40

图 1.20

步骤 8:于是,问题就显而易见了。原来我们在循环过程中不知不觉地改变了 number 的值。所以到了输出时,number 的值已经变成了 0,如图 1.21 所示。

cout<<"1到"<<number<<"之间的整数和是"<<sum<<endl;
system("pause");
number 0

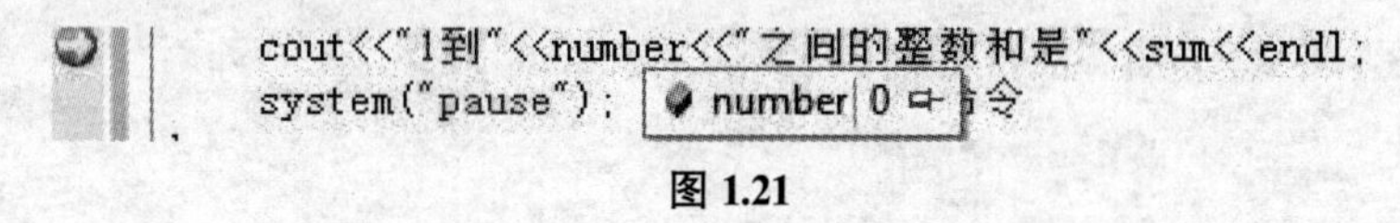

图 1.21

代码调试的方法还有很多,这里仅列出最常用和易用的方法,大家可以在实践中不断摸索。

习题 1

1. 简述C++的发展历程。
2. 说一说C++的优点和缺点。
3. 设计一个程序,输出以下信息:

```
*********************
Hello C++ Programming
*********************
```

4. 使用 cout 语句，输出如下图形。

```
   *
  ***
 *****
*******
```

第二章　基本数据类型与输入输出

数据是程序处理的对象，数据可以依其本身的特点进行分类。在数学中有整数、实数的概念，在日常生活中需要用字符串来表示人的姓名和地址，有些问题的回答只能是“是”或“否”（即逻辑“真”或“假”）。不同类型的数据有不同的处理方法，例如：整数和实数可以参加算术运算，但实数的表示又不同于整数，要保留一定的小数位；字符串可以拼接；逻辑数据可以参加“与”、“或”、“非”等逻辑运算。

我们编写计算机程序，目的就是为了解决客观世界中的现实问题。所以，高级语言提供了丰富的数据类型和运算。C++中的数据类型分为基本数据类型和非基本数据类型。

2.1　基本数据类型

基本数据类型包括字符型、整型、浮点型、双精度型和逻辑型，是C++内部预先定义的数据类型。整型就是整数类型，数学上的整数范围可以从负无穷到正无穷，但计算机的存储单元是有限的，所以程序设计语言所提供的整数类型的值总是在一定的范围之内。

相同的数据类型在不同位数的计算机上占的字节数是不同的，有16位计算机、32位计算机和64位计算机，但可以用sizeof()来获取每种数据类型所占字节数的大小。

程序P2_1：输出各种数据类型在本机上所占的字节数。

```
//P2_1 在 64 位计算机上输出各种数据类型所占的字节数，输出结果如图 2.1 所示。
#include<iostream>
using namespace std;
int main()
{
    cout<<"bool 类型占内存"<<sizeof(bool)<<"字节。"<<endl;
    cout<<"char 类型占内存"<<sizeof(char)<<"字节。"<<endl;
    cout<<"short int 类型占内存"<<sizeof(short int)<<"字节。"<<endl;
    cout<<"int 类型占内存"<<sizeof(int)<<"字节。"<<endl;
    cout<<"long int 类型占内存"<<sizeof(long int)<<"字节。"<<endl;
    cout<<"float 类型占内存"<<sizeof(float)<<"字节。"<<endl;
    cout<<"double 类型占内存"<<sizeof(double)<<"字节。"<<endl;
    return 0;
}
```

程序运行结果如图2.1所示。

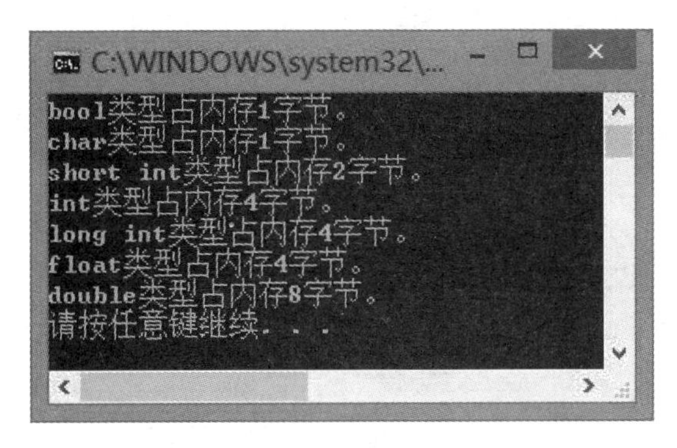

图 2.1　程序运行结果

如果变量的值超出了类型的规定范围，那么程序运行时就会发生溢出。从上面的运行结果可知，int 类型变量占 4 个字节，能表示最大数是 2147483647，如果再加 1，结果是多少呢？看下面的例题。

程序 P2_2：给 int 类型变量赋最大值，输出加 1 后的结果。输出结果如图 2.2 所示。

```
//P2_2 溢出
#include<iostream>
using namespace std;
int main()
{
    int x=2147483647;          //将最大数 2147483647 赋给 x
                               //占 4 个字节的 int 表示数的范围是-2147483648～2147483647
    unsigned int y=0;      //将最小数 0 赋给 y
                               //无符号整数占 4 个字节，表示数的范围是 0～4294967295
    x=x+1;
    cout<<x<<endl;
    y=y-1;
    cout<<y<<endl;
    return 0;
}
```

程序运行结果如图 2.2 所示。

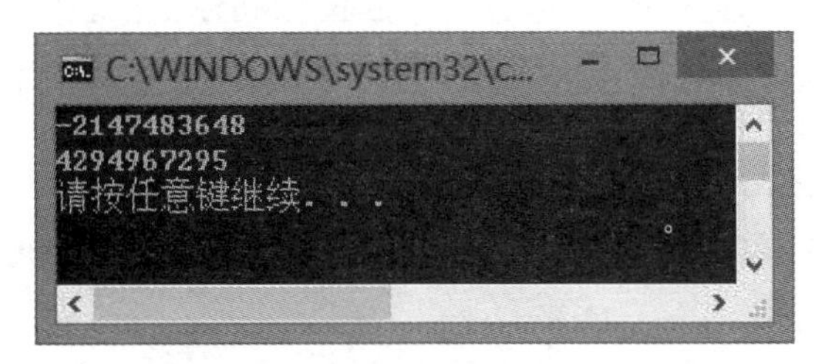

图 2.2　程序运行结果

从运行程序中可以看出，x 的值加 1 后，从最大值变为最小值，而 y 的值减 1 后，从最小值变为最大值。系统运行时并未报错，不注意这一点，程序运行时就可能发生意想不到的错误。

2.2 变量与常量

在程序运行期间其值可以改变的量称为变量，在程序运行期间其值不可以改变的量称为常量。

2.2.1 变量的命名规则

一个变量应该有一个名字，并在内存中占据一定的存储单元，在该存储单元中存放变量的值。请注意区分变量名和变量值这两个不同的概念，如图 2.3 所示。

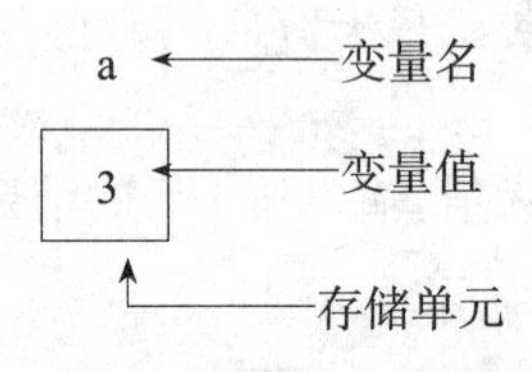

图 2.3 存储单元与变量

标识符是指用来标识某个实体的一个符号。在日常生活中，标识符是用来指定某个东西或人，要用到它、他或她的名字；在数学中解方程时，也常常用到这样或那样的变量名或函数名；在编程语言中，标识符是用户编程时使用的名字，对于变量、常量、函数、语句块也有名字；统称之为标识符。

标识符可能是字、编号、字母、符号，也可能是由上述元素所组成。

保留字指在C++语言中已经定义过的字，使用者不能再将这些字作为变量名或过程名使用。

变量名的命名规则：

(1) 构成只能是字母、数字和下划线。

(2) 首字符必须是字母或者下划线。

(3) 大小写不同的变量名表示两个不相同的变量。C++是大小写敏感的，如果把C++中的语句写成大写字母，就会造成错误。

变量名应该尽量符合变量里面存放东西的特征，在阅读代码的时候才能一目了然。我们介绍两种比较常用的变量名标记法：驼峰标记法和匈牙利标记法。驼峰标记法是以小写字母开头，下一个单词用大写字母开头，比如 numOfStudent、typeOfBook 等等，这些大写字母看起来像驼峰，因此得名。而匈牙利标记法是在变量名首添加一些字符来表示该变量的数据类型，比如 iNumOfStudent 是表示学生数的整型变量，fResult 是表示结果的浮点型变量等等。不过，如果一个程序实在是非常简单，那么用诸如 a、b、c 作为变量名也未尝不可，只要你能够记住这些变量存放什么数据就行了。

2.2.2 变量的赋值与初始化

C++变量应遵循先定义后使用的原则，定义变量的方法，是在类型后写上一个或多个变量名，中间用逗号隔开。如果在定义的同时给变量赋值，称变量的初始化。

程序 P2_3：求四个整数之和。

```
#include<iostream>
using namespace std;
int main()
{
    int a,b,c,sum;      //定义多个变量
    int d=90;      //定义变量的同时赋值，叫初始化
    a=1;      //先定义，后赋值
    b=2;
    c=3;
    sum=a+b+c+d;      //计算
    cout<<sum<<endl;      //输出计算结果
    return 0;
}
```

2.2.3　常量的定义

常量是定义以后，在程序运行中其值不能被改变的标识符。C++ 中定义常量可以用#define 和 const 两种方法。例如：

```
#define PRICE 10      //定义单价常量 10
const int PRICE=10;      //定义单价常量 10
```

#define 与 const 的比较

(1) const 常量有数据类型，而 define 定义的宏常量没有数据类型。编译器可以对前者进行类型安全检查，而对后者只进行字符替换，没有类型安全检查，并且在字符替换时可能会产生意料不到的错误(边际效应)。

(2) 有些集成化的调试工具可以对 const 常量进行调试，但是不能对宏常量进行调试。

程序 P2_4：从键盘输入圆柱体的底面半径和高，求它的表面积和体积。

```
#include<iostream>
using namespace std;
int main()
{
    double radius,high,area,volume;   //同时定义多个变量分别表示半径、高、表面积和体积
    const double PI=3.14;      //常量要求在定义的同时必须要赋值，以后不能修改。
    cout<<"请输入圆柱体的底面半径和高(中间用空格分开)"<<endl;   //输出提示信息
    cin>>radius>>high;      //输入半径和高
    area=2*PI*radius*radius+2*PI*radius*high;      //计算面积
    volume=PI*radius*radius*high;      //计算体积
    cout<<"底面半径为"<<radius<<",高为"<<high
        <<"的圆柱体，表面积是"<<area<<",体积是"<<volume<<"。"<<endl;
```

```
    return 0;
}
```

2.2.4 字符与字符串

用一对单引号括起来的符号，称为字符。如 'A'、'b'、'3'、'%' 等，都是字符。

还有一些特殊字符，具有特殊的含义，是以“\”开头的字符序列，称为转义字符。如：'\n' 表示换行；'\t' 表示制表符(横着跳格)；'\a' 表示响铃；'\v' 表示竖向跳格；'\b' 表示退格；'\r' 表示回车；'\\' 表示反斜杠字符；'\"' 表示双引号；'\ddd' 表示八进制数；'\xhh' 表示十六进制数。

程序 P2_5：对齐输出李明明同学的三门课成绩，输出结果如图 2.4 所示。

```
#include<iostream>
using namespace std;
int main()
{
    int english,chinese,math,cPlusPlus;     //定义变量
    english=99;     //赋值
    chinese=89;
    math=90;
    cPlusPlus=100;
    cout<<"李明明同学的考试成绩如下："<<endl<<endl;
    cout<<"英语"<<'\t'<<"语文"<<'\t'        //使用制表符，对整齐更美观
        <<"数学"<<'\t'<<"C++"<<endl;
    cout<<english<<'\t'<<chinese<<'\t'
        <<math<<'\t'<<cPlusPlus<<endl;
    cout<<endl;
    return 0;
}
```

程序运行结果如图 2.4 所示。

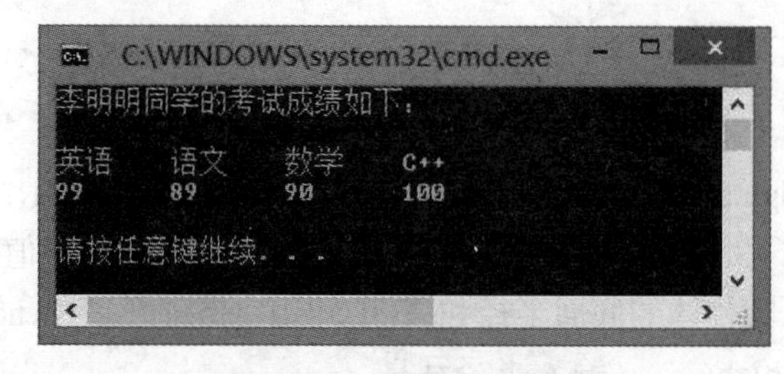

图 2.4 程序运行结果

在内存中，字符数据以 ASCII 码存储，用整数表示。如 'A' 的 ASCII 码值是 65，'a' 的 ASCII 码值是 97，'0' 的 ASCII 码值是 48 等。整数与字符之间可以相互赋值，但在输出时，整型变量以整数形式输出，字符变量以字符形式输出。

程序 P2_6:输入一个字母,输出该字母的 ASCII 值。

```
#include<iostream>
using namespace std;
int main()
{
    char alphabet;        //定义字符变量
    int asc;              //定义整型变量
    cin>>alphabet;        //输入一个字母
    asc=alphabet;   //将字符变量赋值整型变量
    cout<<asc<<endl;  //输出该字母的 ASCII 值
    return 0;
}
```

字符串是由一对双引号括起来的字符序列。C++ 字符串通常是由字符数组实现的。在后面字符数组中详细介绍。

2.3　输入与输出

计算机的标准输入设备是键盘,标准输出设备是显示器。

2.3.1　输入

cin 是C++标准输入流对象,它代表标准输入设备,如键盘。

使用方法:cin>>变量;功能是从键盘输入相应值给变量,即给变量赋值。如果要给多个变量输入值,格式为:cin>>变量 1>>变量 2>>变量 3;

该语句执行时,常常会让人摸不着头脑,如图 2.5 所示。

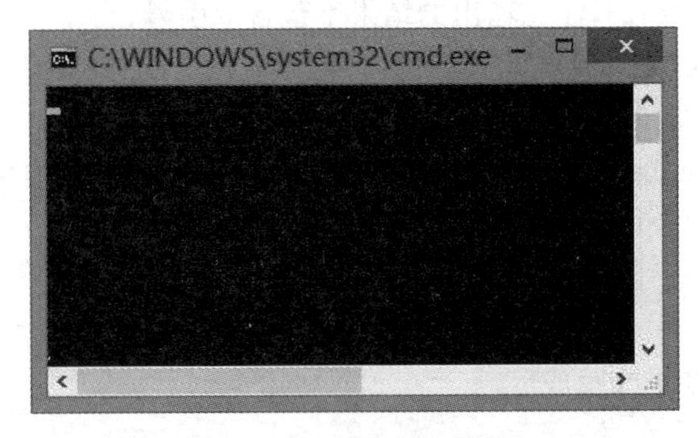

图 2.5　没有任何提示的输入

只看到左上角一个光标在闪,不知道要做什么,所以程序需要修改一下,增强交互性。在本语句之前,添加语句:cout<<"请输入三个整数(并用空格分开):";,重新运行程序,界面要比前面的友好得多,输入时各个数据之间用空格分开。

程序 P2_7:求三个数的乘积。输出结果如图 2.6 所示。

```
#include<iostream>
using namespace std;
int main()
{
    int a,b,c,multiply;     //定义变量
    cout<<"请输入三个整数(并用空格分开):"<<endl;     //输出提示信息
    cin>>a>>b>>c;     //输入
    multiply=a*b*c;     //计算
    cout<<"这三个数的积是"<<multiply<<endl;     //输出
    return 0;
}
```

程序运行结果如图 2.6 所示。

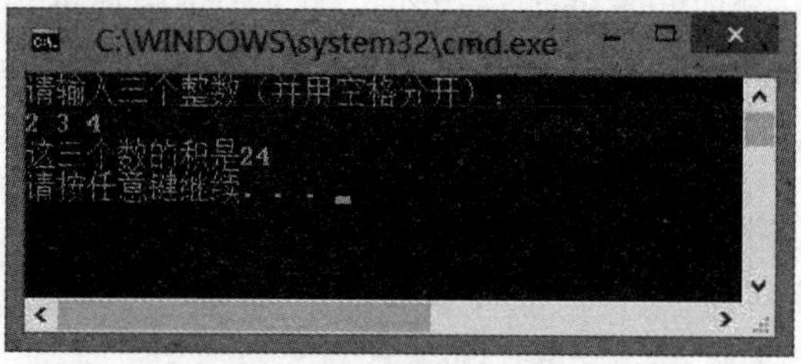

图 2.6 程序运行结果

2.3.2 输出

cout 是C++标准输出流对象,代表标准输出设备,如显示器。

(1) 输出项是变量,则输出变量值。如 int x=3; cout<<x;则输出变量 x 的值 3;

(2) 输出项是常量,直接输出常量值。如 cout<<2;输出 2;cout<<'a';输出字符 a;cout<<"abc123";则输出字符串 abc123,注意输出的结果不包含双引号;

(3) 输出项是表达式,先计算表达式的值,再输出该值。int a,b;a=3;b=5;cout<<(a+b);输出结果为 8;

(4) 在语句 cout<<"a+b="<<sum<<endl;中的 endl 输出项,是指输出换行,意思是,如果后面还有输出数据,则另起一行输出。如:

```
cout<<1;
cout<<2;
//输出结果为 12。如果改写成:
cout<<1<<endl;
cout<<2;
//则输出结果为:
    1
    2
```

endl 即 end line(结束行)意思。

(5) 语句 cout<<"a+b="<<sum<<endl;也可拆成多个语句，输出效果是一样的。

```
cout<<"a+b=";
cout<<sum;
cout<<endl;
```

2.3.3　控制符输出

流格式控制符定义在<iomanip>头文件中。

(1) setw(n)表示输出数据的宽度

默认情况下，输出内容需要多少个位置，cout 就仅仅占用那么多屏幕位置。使用 setw(n)，指定一个输出内容占用多少个位置，setw(n)每次只作用一个输出数据，所以，要想每个输出数据都设置宽度，必须每次都要写一遍 setw(n)。

程序 P2_8：setw(n)和 setfill('% ')示例。

```
#include<iostream>
#include<iomanip>
using namespace std;
int main()
{
    int i=6000;
    cout<<"1234567890123456789012345678901234567890"<<endl;
                //输出占位符，这样一眼看出下面的输出占了多少位置
    cout<<setw(3)<<i<<endl<<endl;
                //设置宽度为 3，小于数据的实际位数，则系统不理会该函数
    cout<<"1234567890123456789012345678901234567890"<<endl;
    cout<<setw(4)<<i<<endl<<endl;
                //设置的宽度刚好与数据宽度相等
    cout<<"1234567890123456789012345678901234567890"<<endl;
    cout<<setw(10)<<i<<endl<<endl;
                //设置的宽度大于数据宽度，前面空出来的位置用空格填充
    cout<<"1234567890123456789012345678901234567890"<<endl;
    cout<<i<<endl;
                //setw(n)每次只作用一个输出，所以要想每个数据输出都设置宽度，必须
                  每次都要写一遍 setw(n)
    cout<<"1234567890123456789012345678901234567890"<<endl;
    cout<<setw(20)<<i<<endl;  //前面会有 16 个空格
    cout<<"1234567890123456789012345678901234567890"<<endl;
    cout<<setfill('% ')<<setw(10)<<i<<endl<<endl;
          //改变填充符号，使用%代替空格，一次设置永久有效，要想改变，需重新设置
    cout<<setw(20)<<i<<endl<<endl;
    return 0;
```

```
}
```

(2) setprecision(n)设置一个浮点数的精度

可以指定一个浮点数打印几位数字，其中 n 是总位数，包括小数之前和之后的数字，超出的位数会被四舍五入。

(3) fixed 将一个浮点数以一个定点数的形式输出

一次设置永久有效，它会作用于后面所有的浮点数，要想改变，需重新设置。fixed 之后的 setprecison(n)表示保留 n 位小数。

程序 P2_9：setprecision(n)和 fixed 示例。输出结果如图 2.7 所示。

```
#include<iostream>
#include<iomanip>
using namespace std;
int main()
{
    doublenum=1.23456;
    cout<<setprecision(2)<<num<<endl;      //输出 1.2
    cout<<setprecision(4)<<num<<endl;      //输出 1.235
    cout<<setprecision(6)<<num<<endl;      //输出 1.23456
    cout<<setprecision(7)<<num<<endl;      //依然输出 1.23456，因为系统默认是 6 位有
                                              效数字
    cout<<fixed<<setprecision(7)<<num<<endl;
         //fixed 强制数据以小数的形式显示，输出 1.2345600，保留 7 位小数
    return 0;
}
```

程序运行结果如图 2.7 所示。

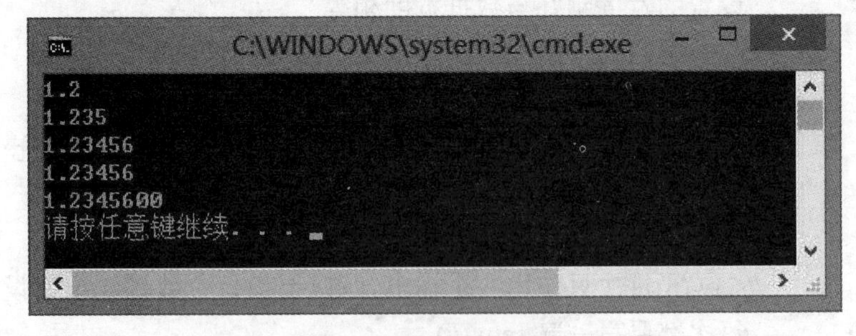

图 2.7　程序运行结果

(4) showpoint 将一个浮点数设置成含有小数，并结尾是 0 的形式输出，即使没有小数部分。

showpoint 与 setprecision（n）一起使用，showpoint 强制小数后面以 0 显示。

```
cout<<setprecision(6);
cout<<showpoint<<1.23<<endl;          //显示 1.23000
cout<<showpoint<<123.0<<endl;         //显示 123.000
```

(5) left 将输出内容左对齐
(6) right 将输出内容右对齐
大多数系统默认情况下为右对齐，可以使用 left，将输出格式左对齐。
程序 P2_10：left 示例，输出结果如图 2.8 所示。

```
#include<iostream>
#include<iomanip>
using namespace std;
int main()
{
    cout<<"系统默认是右对齐"<<endl;
    cout<<setw(8)<<1.23<<endl;
    cout<<setw(8)<<1.23456<<endl;
    cout<<"设置 left 后，左对齐"<<endl;
    cout<<left;
    cout<<setw(8)<<1.23<<endl;
    cout<<setw(8)<<1.23456<<endl;
    return 0;
}
```

程序运行结果如图 2.8 所示。

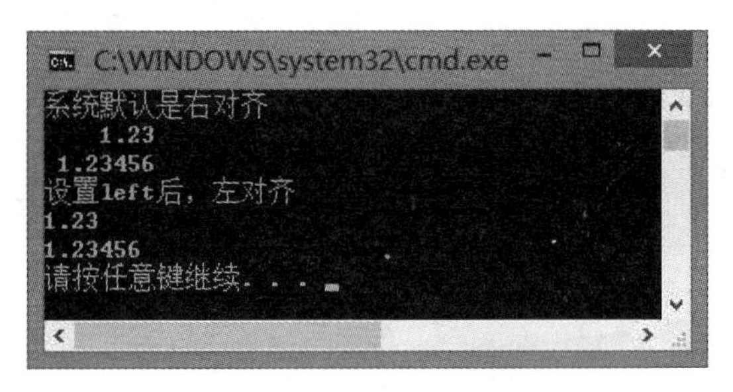

图 2.8　程序运行结果

习题 2

1. 设计一个程序，从键盘输入一个小写字母，将其转换成大写字母并输出。
提示：大小写字母的 ASCII 码相差 32，或者由 'a'~'A' 求得 32。
2. 阅读下列程序，理解数据类型转换，写出程序运行结果。

```
#include <iostream>
using namespace std;
int main()
{
```

```
    int a=32,b;
    double c=2.7,d;
    char e='D',f;
    b=a+c;          //a+c 是 double 类型，转换为 int，再赋值给 b
    d=a+c;
    f=a+e;          //a+e 是 int 类型，转换为 char，再赋值给 f
    cout<<"b="<<b<<endl;
    cout<<"d="<<d<<endl;
    cout<<"f="<<f<<endl;
    cout<<b+d+f<<endl;      //b+d+f 是 double 类型，直接输出结果
    return 0;
}
```

3. 用 sizeof 操作符，求出常用数据类型的字节长度，按如下格式打印：

```
Size  of  char     1  byte
Size  of  int      4  byte
```

4. 设计一个程序，从键盘输入两个非零整数，计算它们的商数和余数并输出。

提示：求商数可用运算符 '/'，求余数可用运算符 '%'。

5. 求圆面积，假定圆周率为常数 3.14159，半径通过键盘输入，计算圆面积，要求数据按域宽 10 位输出。

第三章　表达式和语句

程序是由一组语句组成，语句是一个表达式后接一个分号组成，而表达式是由运算符和操作数组成，运算符又称为操作符。操作符实现对操作数的处理，根据所需处理的操作数个数，可以将操作符分为一元、二元或三元操作符，它们分别需要一个、两个或三个操作数。为了准确理解，下面将统一称为运算符。运算符有很多种类，算术运算符、关系运算符、逻辑运算符、赋值运算符和其他运算符。

3.1　算术表达式

算术运算符，常用的包括“+、-、*、/、%”，分别表示加、减、乘、除和取余。运算符的优先级是：“*、/、%”大于“+、-”，相同优先级的运算符，将按照运算符出现的顺序以及运算符的结合性来决定求值的顺序。另外还有“++、--”称为自增、自减运算符。运算符所需要的操作数在程序设计中，有两种常用的存储方式——常量和变量。

程序 P3_1：求半圆周长。输出结果如图 3.1 所示。

```
#include<iostream>
using namespace std;
int main()
{
    float radius,length;        //定义单精度浮点型变量，分别存放半径和周长
    const float PI=3.1415926f;
        //定义常量 PI 等于 3.1415926，最后的 f 或 F 表示这个数是单精度浮点型 float，
        //如果不加，该数系统默认是双精度浮点型 double
    cout<<"请输入半径：";  //输出提示信息
    cin>>radius;
    length=2*radius+PI*radius;            //计算周长，先乘后加
    cout<<"这个半圆的周长："<<length<<endl;            //输出结果
    return 0;
}
```

程序运行结果如图 3.1 所示。

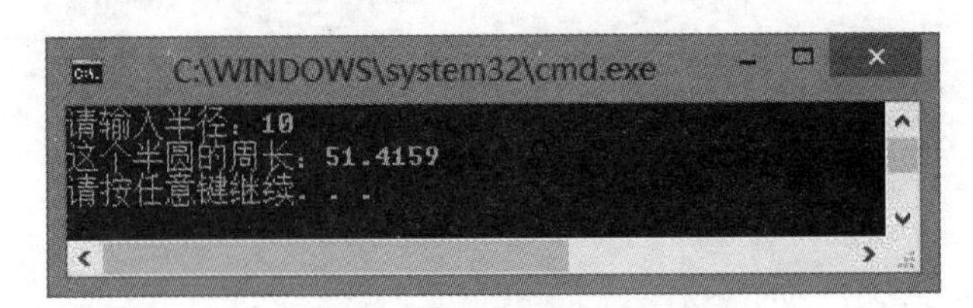

图 3.1　程序运行结果

(1) 赋值语句

用赋值运算符连接起来的表达式，叫赋值语句。赋值语句的语法格式为：

左值=表达式；

比如：

length=2*radius+PI*radius;

上述语句中等号称为赋值运算符。赋值运算符左边的表达式称为左值，它具有存储空间，并且要允许存储。赋值运算符的作用就是把表达式的结果传递给左值。具体的过程是先将右侧的表达式的值求出，然后再将它存放到左值中。所以在赋值运算符两边出现相同的变量也是允许的。比如 a=a+1 就是先把原来 a 的值和 1 相加，然后再把结果放回变量 a 中。

定义常量 PI 为单精度浮点数 float，将实数 3.1415926 赋值 PI，默认实数是 double 类型，如果不加 F 或 f，系统会有警告信息。

还有其他赋值运算符，如"+=、-=、*=、/=、%="，称复合赋值运算符。是将算术运算符与赋值运算符复合在一起，先执行算术运算，再赋值。如：

int a=78;

a-=8;　　//相当于 a=a-8;

(2) 算术表达式

在 P3_1 程序中，2*radius+PI*radius，称为算术表达式，它和平时数学上的表达式没有什么不同。如同四则运算一样，算术表达式中使用的是加减乘除和括号，运算的顺序也是遵循"括号最先，先乘除后加减"的原则。需要注意的是：在表达式中，乘号是不能够省略的，即 2a、4b 之类的数学表达式是无法被C++识别的。在算术表达式中，括号只有小括号一种，但可以有多重小括号。值得注意的是，中括号[]和大括号{}都是不允许使用在算术表达式中的，比如((a+b)*4)是正确的写法，而[(a+b)*4]却是错误的写法。

(3) 除、整除和取余

在C++中，"/"有两种含义：当除号两边的数均为整数时为整除，即商按整数存储；除号两边只要有一个是实型数据，做除法时小数部分予以保留，运算结果应当存放在实型变量中。

取余数的运算符为%，例如 7%3 的结果是 1。它和乘除法类似，在加减法之前执行运算。注意，在取余数运算符的两边都应该是整数，否则将无法通过编译。如果被除数是负数，不能整除，则余数为负。如-11%7，结果-4；-11%-7，结果-4。余数与被除数的符号一致。

程序 P3_2：整除与取除示例

```
#include<iostream>
using namespace std;
int main()
```

```
{
    int a=10,b=3;
    float c;
    c=a/b;            //因为 a 和 b 都是整数,整数与整数相除,输出 3
    cout<<c<<endl;
    c=a*1.0/b;            //a*1.0 后变为实数,输出 3.33333
    cout<<c<<endl;
    c=a% b;      //a 除以 b 的余数,是 1
    cout<<c<<endl;
    return 0;
}
```

(4) 自增与自减

所有整数类型和实数类型的变量,都可以使用一元运算符“++ ”或“--”,运算的结果是对操作数的值加 1 或减 1。以自增运算符为例,下面 3 行代码的效果是相同的。

```
i++;
++i;
i=i+1;
```

运算符在操作数之前,称为前缀运算符,在操作数之后,称为后缀运算符。

```
//P3_3 ++与-- 示例
#include<iostream>
using namespace std;
int main()
{
    float x=3.56f;  //定义实型变量 x,并初始化
    cout<<++x<<endl;  //前缀运算符:先自增再使用
    int i=2;  //定义整型变量
    cout<<i++<<endl;  //后缀运算符:先使用再自增
    cout<<i<<endl;
}
```

程序运行结果如图 3.2 所示。

图 3.2 程序运行结果

前缀运算符的作用是“先增减后使用”,如变量 x,加 1 后再输出 x 的值。后缀运算符的作用正好相反,“先使用再增减”,如变量 i,先输出 i 的值再加 1,如图 3.2 所示。

3.2 关系表达式

关系运算符,包括“<、<=、>、>=、==、!=”分别表示小于、小于等于、大于、大于等于、相等和不相等,优先级别:“<、<=、>、>=、”大于“==、!=”。关系运算符的优先级低于算术运算符。

用关系运算符将两个表达式连接起来的式子,称为关系表达式。关系表达式的一般形式可以表示为:

表达式　关系运算符　表达式

其中的“表达式”可以是算术表达式、关系表达式、逻辑表达式、赋值表达式或字符表达式。例如,下面都是合法的关系表达式:

a>b,a+b>b+c,(a==3)>(b==5), 'a'<'b', (a>b)>(b<c)

关系表达式的值是一个逻辑值,即“真”或“假”。例如,关系表达式“5==3”的值为“假”,“5>=0”的值为“真”。用数值1代表“真”,用0代表“假”。如果有以下赋值表达式:

```
a=5;
b=3;
c=2;
d=a>b;  //则d得到的值为1
f=a>b>c;  //因为a>b的结果为1,1>c吗? 否,所以f得到的值为0
```

逻辑型常量只有两个,即false(假)和true(真)。逻辑型变量要用类型标识符bool来定义,它的值只能是true和false之一。如:

```
bool found,flag=false;  //定义逻辑变量found和flag,并使flag的初值为false
found=true;  //将逻辑常量true赋给逻辑变量found
```

由于逻辑变量是用关键字bool来定义的,又称为布尔变量。逻辑型常量又称为布尔常量。在编译系统处理逻辑型数据时,将false处理为0,将true处理为1。因此,逻辑型数据可以与数值型数据进行算术运算。

如果将一个非零的整数赋给逻辑型变量,则按“真”处理。

```
bool flag;
flag=123;  //赋值后flag的值为true
cout<<flag;  //输出为数值1
```

如果关系运算符与条件运算符相结合,功能更强大。条件运算符“?:”,它的格式:

(条件表达式)? (条件为真时的表达式):(条件为假时的表达式);

程序P3_4:输入4个整数,经过比较,输出它们中的最大数。

```
#include<iostream>
using namespace std;
int main()
{
    int a,b,c,d,max;
    cout<<"请输入4个整数(用空格分开):"<<endl;  //输出提示信息
```

```
    cin>>a>>b>>c>>d;
    max=a>b?a:b;
        //?前的表达式,a>b 为真时,则把 a 赋值给 max,否则将 b 赋值给 max.
    max=c>max?c:max;   //c 大于 max,则把 c 赋值给 max,否则 max=max
    max=d>max?d:max;   //同上一条语句
    cout<<"它们中的最大值是:"<<max<<endl;   //输出比较结果
    return 0;
}
```

3.3 逻辑表达式

当需要用多个表达式表示指定的条件时,就需要用到逻辑运算符。C++ 提供 3 种逻辑运算符:&&(逻辑与)、||(逻辑或)、! (逻辑非)。

逻辑运算举例如下:

a && b,若 a,b 同时为真,则 a && b 为真。其他情况,则结果为假。

a||b,若 a,b 之一为真,则 a||b 为真,若 a,b 同时为假时,则结果为假。

!a,若 a 为真,则!a 为假;若 a 为假,则!a 为真。

在一个逻辑表达式中如果包含多个逻辑运算符,按以下的优先次序:

(1) !(非)→ &&(与)→||(或),即"!"为三者中最高的。

(2) 逻辑运算符中的"&&"和"||"低于关系运算符,"!"高于算术运算符。

例如:

(a>b) && (x>y)可写成 a>b && x>y

(a==b)||(x==y)可写成 a==b||x==y

(!a)||(a>b)可写成 !a||a>b

将两个关系表达式用逻辑运算符连接起来就成为一个逻辑表达式,上面几个式子都是逻辑表达式。逻辑表达式的一般形式可以表示为

表达式 逻辑运算符 表达式

逻辑表达式的值是一个逻辑量"真"或"假"。给出逻辑运算结果时,以数值 1 代表"真",以 0 代表"假",但在判断一个逻辑量是否为"真"时,采取的标准是:如果其值是 0 就认为是"假",如果其值是非 0 就认为是"真"。例如:

(1) 若 a=4,则!a 的值为 0。因为 a 的值为非 0,被认为"真",对它进行"非"运算,得到"假","假"以 0 代表。

(2) 若 a=4,b=5,则 a && b 的值为 1。因为 a 和 b 均为非 0,被认为是"真"。

(3) a,b 值同前,a-b||a+b 的值为 1。因为 a-b 和 a+b 的值都为非零值。

(4) a,b 值同前,!a||b 的值为 1。

(5) 4 && 0||2 的值为 1。

在C++中,整型数据可以出现在逻辑表达式中。在进行逻辑运算时,根据整型数据的值是 0 或非 0,把它作为逻辑量真或假,然后参加逻辑运算。通过前面例子可以看出:逻辑运算

结果不是0就是1,不可能是其他数值。而在逻辑表达式中作为参加逻辑运算的操作数可以是0“假”或任何非0的数值“真”。

实际上,逻辑运算符两侧的表达式不但可以是关系表达式或整数(0和非0),也可以是任何类型的数据,如字符型、浮点型或指针型等。系统最终以0和非0来判定它们属于“真”或“假”。例如 'c' && 'd' 的值为1。

关系运算符和逻辑运算符结合,可以巧妙地用一个逻辑表达式来表示一个复杂的条件。例如,要判别某一年(year)是否为闰年。闰年的条件是符合下面两者之一:① 能被4整除,但不能被100整除。② 能被400整除。例如2004、2000年是闰年,2005、2100年不是闰年。

可以用一个逻辑表达式来表示:

(year%4==0&&year%100!=0)||year%400==0

当给定year为某一整数值时,如果上述表达式值为真,则year为闰年;否则year为非闰年。注意表达式中括号内的不同运算符(%,!,&&,==)的优先顺序。

程序P3_5:输入年份,判断是否是闰年。

```
#include<iostream>
using namespace std;
int main()
{
    bool leap;  //定义变量
    int year;
    cout<<"请输入年份:"<<endl;
    cin>>year;
    leap=((year%4==0&&year%100!=0)||year%400==0)?true:false;
    if(leap)    //条件分支语句,如果为真,则输出是闰年;否则输出不是闰年。
    {
        cout<<year<<"是闰年。"<<endl;
    }
    else
    {
        cout<<year<<"不是闰年。"<<endl;
    }
    return 0;
}
```

3.4 其他运算符

除了算术、关系和逻辑运算符外,还有位运算符、逗号运算符、* 运算符、& 运算符等等,还有短路表达式。有些运算符在其后的章节中陆续学到,这里重点讲一下逗号运算符和短路表达式。

(1) 逗号运算符

用逗号将两个或两个以上的表达式连接起来的式子，叫逗号表达式。该表达式的值是组成逗号表达式中的最后一个表达式的值。

程序 P3_6：逗号运算符示例。

```
#include<iostream>
using namespace std;
int main()
{
    int a,b,c;
    a=1,b=2,c=a+b+3;   //使用逗号表达式，为多个变量连续赋值
    cout<<a<<','<<b<<','<<c<<endl;
    c=(a++,a+=b,a-b);              //将逗号表达式中最后一个表达式的值，给 c 赋值
    cout<<a<<','<<b<<','<<c<<endl;
    cout<<(a+b,b+c,a+b+c)<<endl;       //输出的是 a+b+c 的值
    return 0;
}
```

程序运行结果如图 3.3 所示。

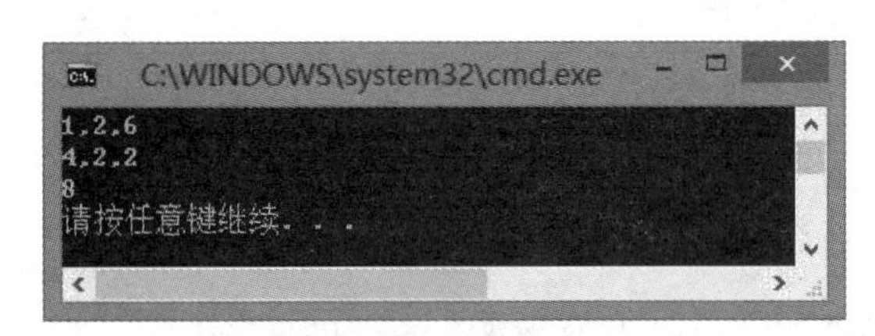

图 3.3 程序运行结果

(2) 短路表达式

当多个表达式用逻辑运算符连接，当前面表达结果出来就可以确定整个表达式的值，就不需要再计算后面的表达式，这种处理方式叫作短路表达式。

程序 P3_7：短路表达式示例。

```
#include<iostream>
using namespace std;
int main()
{
    int a=1,b=2,c=3;
    if(a>=1||b>=2||c>=3)       //变量的值在逻辑表达式中无变化，与短路表达式无关
    {
        cout<<a<<'\t'<<b<<'\t'<<c<<endl;
    }
    if(a++>=1||b++>=2||c++>=3)  //变量的值在逻辑表达式中有变化，与短路表达式
                                 有关
```

```
    {
        cout<<a<<'\t'<<b<<'\t'<<c<<endl;
    }
    return 0;
}
```

程序运行结果如图 3.4 所示。

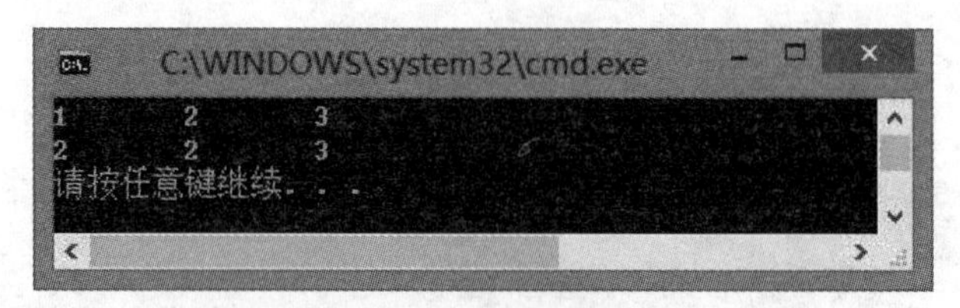

图 3.4　程序运行结果

说明：表达式(a>=1‖b>=2‖c>=3)，当 a>=1 为真时，整个表达式就为真值，后面的 b>=2‖c>=3 就不再比较。但由于变量 b 和 c 比较与不比较都不影响它们的值，因此这个短路表达式对变量 b、c 无影响。但在(a++>=1‖b++>=2‖c++>=3)表达式中可以看出，变量 a 发生了变化，而变量 b、c 因为短路没有再进行比较，它们的值没有变化，如图 3.4 所示。注意：在程序编码过程中，尽量避免短路造成的影响。

习题 3

1. 编程计算，7 整除-2 的结果是多少？-7%2 的结果是多少？
2. 从键盘输入一个整数，编程该数是否能被 3 整除。
3. 设计一个程序，从键盘输入一个三位正整数，分别输出其每个数值位上的数。

例如：

　　输入：123

输出如下：

　　个位数:3

　　十位数:2

　　百位数:1

提示：可采用求余数的方法计算每个数值位的数，并采用求商数的方法去掉个位上的数。

4. 设计一个程序，从键盘输入两个非零数 a 和 b，计算表达式$\frac{(a+1)(b-1)}{2ab}$的值。

提示：在C++表达式中，乘法运算符不能省略。

5. 从键盘输入一个三角形的底边和高，求面积。

第四章　过程化语句

程序语句按照出现的顺序依次执行，称为“顺序执行”。如果改变代码的执行顺序，就要使用控制结构，实现控制结构的语句，称为“过程化语句”。

4.1　if 语句

if 语句是根据表达式的值，选择要执行的语句。有三种结构，单分支（if 语句）、双分支（if-else 语句）和多分支（else-if 语句）。

(1) **单分支结构**，只设置一条路径，语法格式如下：

```
if (表达式)
{
    语句;
}
```

如果表达式为真值，则执行语句；多行语句，要用一对花括号括起来，只有一条语句，可以省略一对花括号。如果表达式为假值，语句结束。执行流程如图 4.1 中的(a)。

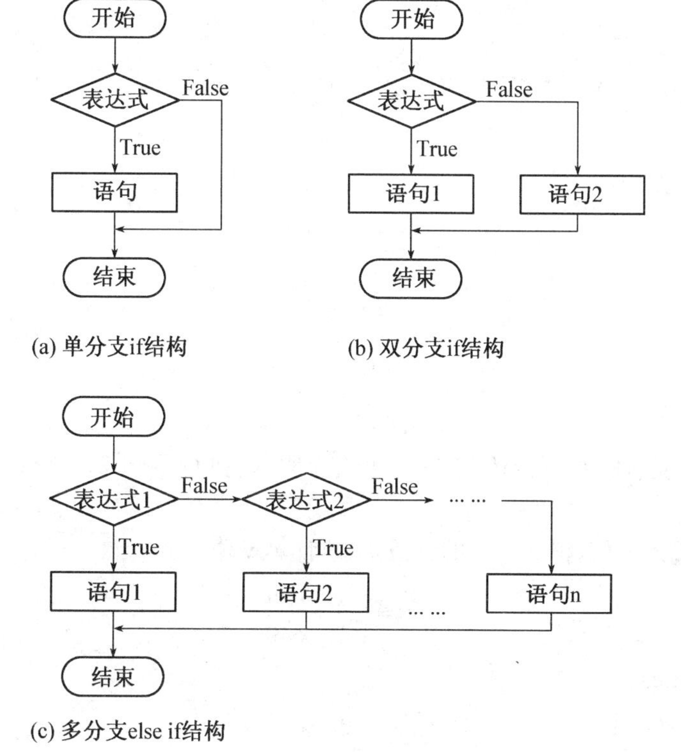

图 4.1　三种 if 选择结构流程图

程序 P4_1：输入三个数，累加其中正数之和。

```
#include<iostream>
using namespace std;
int main()
{
    float a,b,c,sum=0;
    cout<<"请输入三个数(用空格分开)";
    cin>>a>>b>>c;
    if(a>0)          //单分支条件判断
    {
        sum=sum+a;  //只有一条语句，也可以去掉一对花括号
    }
    if(b>0)
    {
        sum=sum+b;
    }
    if(c>0)
    {
        sum=sum+c;
    }
    cout<<"其中大于 0 的数，累加的结果是："<<sum<<endl;
    return 0;
}
```

(2) 双分支结构，设置两条路径，语法格式如下：

```
if (表达式)
{
    语句 1;
}
else
{
    语句 2;
}
```

如果表达式为真值，则执行语句 1；表达式为假，则执行语句 2。执行流程如图 4.1 中的(b)。

程序 P4_2：输入 x 值，根据下面的分段函数，计算 y 值。

$$y=\begin{cases}1, & x\geqslant 0\\ -1, & x<0\end{cases}$$

```
#include<iostream>
using namespace std;
```

```
int main()
{
    float x,y;
    cin>>x;
    if(x>=0)  //为真时，执行 y=1;
    {
        y=1;
    }
    else  //否则，执行 y=-1;
    {
        y=-1;
    }
    cout<<y<<endl;
    return 0;
}
```

(3) **多分支结构**，设置多条路径，语法格式如下：

```
if (表达式 1)
{
        语句 1;
}
else if (表达式 2)
{
        语句 2;
}
……
else if (表达式 n)
{
        语句 n;
}
else
{
        语句 n+1;
}
```

如果表达式 1 为真，则执行语句 1；否则继续判断表达式 2，如果为真，则执行语句 2；否则继续判断表达式 3，……，如果都为假，则执行 else 后的语句 n。执行流程如图 4.1 中的(c)。

程序 P4_3：输入 x 值，根据下面的分段函数，计算 y 值。

$$y=\begin{cases}1, & x>0\\ 0, & x=0\\ -1, & x<0\end{cases}$$

```
#include<iostream>
using namespace std;
int main()
{
    float x,y;
    cin>>x;
    if(x>0)      //为真时,执行 y=1;
    {
        y=1;
    }
    else if(x==0)   //否则,继续判断 x 是否等于 0,为真则执行 y=0;
    {
        y=0;
    }
    else   //否则执行 y=-1;
    {
        y=-1;
    }
    cout<<y<<endl;
    return 0;
}
```

4.2 switch 语句

switch 语句是根据一个表达式的多个可能取值来选择要执行的代码段,语法格式如下:

```
switch (表达式)
{
    case 常量表达式 1: 语句组 1;
    case 常量表达式 2:语句组 2;
    ……
    case 常量表达式 n: 语句组 n;
    [default:          语句组 n+1;]
}
```

switch 语句的执行过程:计算“表达式”的值,该值依次与 case 后面的常量表达式值进行比较,如果与某个常量表达值相等,就选择该 case 标号后的分支语句,遇到 break 跳出;如果没有匹配的值,则执行 default 标号后的分支;如果既没有匹配值也没有 default 标号,则跳出 switch 语句。

说明:(1) 表达式只能是整型、字符型或枚举型表达式,并与 case 后的常量表达式类型相匹配;(2) case语句起标号作用,不能重名;(3) 如果每个case分支都带有break语句,则case的顺序不影响执行结果。

switch语句都可以用else-if语句实现,反之则不行。switch语句可以提高程序可读性。

程序P4_4:输入学生分数,根据分数范围,输出学生成绩等级。100~90:优秀;89~80:良好;79~70:中等;69~60:及格;59~0:不及格。

```
#include<iostream>
using namespace std;
int main()
{
    int score;
    cout<<"请输入学生分数:"<<endl;
    cin>>score;
    switch(score/10)       //整数相除,结果还是整数
    {
        case 10:  //如果score=100,则从这里开始执行,直到break再跳出。
        case 9:
            cout<<"优秀"<<endl;
            break;
        case 8:
            cout<<"良好"<<endl;
            break;
        case 7:
            cout<<"中等"<<endl;
            break;
        case 6:
            cout<<"及格"<<endl;
            break;
        default:
            cout<<"不及格"<<endl;
            break;  //由于是最后一条语句,break可以省略
    }
    return 0;
}
```

也可以用else-if语句实现,代码如下,可以看出switch语句更直观。

```
#include<iostream>
using namespace std;
int main()
{
    int score;
```

```
    cout<<"请输入学生分数:"<<endl;
    cin>>score;
    if(score>=90&&score<=100)
    {
        cout<<"优秀"<<endl;
    }
    else if(score>=80&&score<=89)
    {
        cout<<"良好"<<endl;
    }
    else if(score>=70&&score<=79)
    {
        cout<<"中等"<<endl;
    }
    else if(score>=60&&score<=69)
    {
        cout<<"及格"<<endl;
    }
    else
    {
        cout<<"不及格"<<endl;
    }
    return 0;
}
```

4.3 while 语句

while 语句的语法格式如下：

```
while (表达式)
{
  语句;
}
```

执行过程如下：

(1) 计算循环条件表达式；

(2) 如果循环条件表达式的值为真,则执行第(3)步;如果表达式为假则结束循环；

(3) 执行循环体；

(4) 返回(1)。

while 语句的执行过程流程如图 4.2 所示。

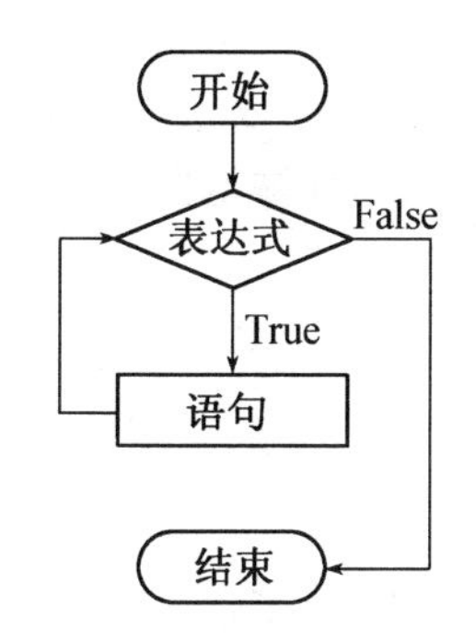

图 4.2　while 语句结构流程图

程序 P4_5：输入 6 个整数，将其中的正数相加，输出结果。

```
#include<iostream>
using namespace std;
int main()
{
    int count=0;      //计数器，统计输入数据的个数，先清 0
    int sum=0;      //用于累和，先清 0
    int number;
    cout<<"请输入 6 个整数(统计其中正数之和)"<<endl;   //输出提示信息
    while(count<6)      //不足 6 个继续输入数据
    {
        cin>>number;
        count++;   //输入一个数后，立即计数
        if(number>0)
        {
            sum=sum+number;
        }
    }
    cout<<"其中的正数之和是："<<sum<<endl;
    return 0;
}
```

do while 语句的语法格式如下：

```
do
{
  语句;
}
while (表达式);
```

执行过程如下：

（1）执行循环体；

(2) 计算表达式;
(3) 表达式的值为假时,结束循环;当表达式值为真时,转到(1)继续执行循环体语句。
do ...while 循环又称为直到型循环。循环体至少被执行一次,执行过程流程如图 4.3 所示。

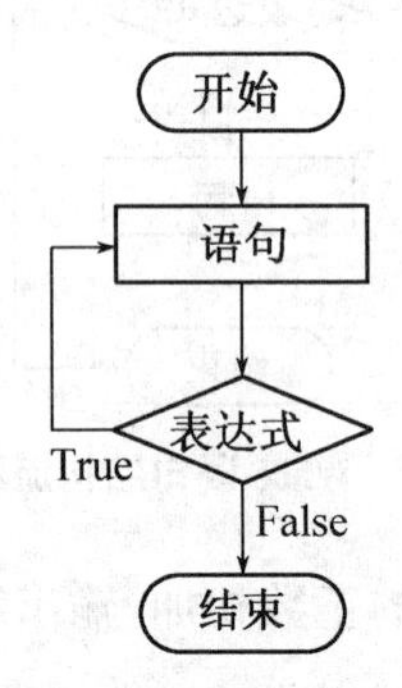

图 4.3　do ...while 语句结构流程图

程序 P4_6:从键盘获取一个三位的整数(100~999 之间),如不符合条件,将继续输入。

```
#include<iostream>
using namespace std;
int main()
{
    int number;
    do
    {
        cin>>number;
    }while(! (number>=100&&number<1000));      //不满足条件,将继续输入
    cout<<"这个三位的整数是"<<number<<endl;
    return 0;
}
```

4.4　for 语句

for 语句的语法格式如下:

```
for (循环变量赋初值; 条件表达式; 循环变量自增)
{
        语句;
}
```

执行过程如下:
(1) 循环变量赋初值;
(2) 如果循环条件表达式的值为真,则执行第(3)步;如果表达式为假则结束循环;
(3) 执行循环体;

(4) 循环变量自增;

(5) 返回(2)。

其中,在循环体执行后,要重新计算并判断条件表达式值,其值为真时,再次执行循环体,循环变量自增,再次条件判断,如此重复,构成循环。for 语句的执行过程流程如图 4.4 所示。

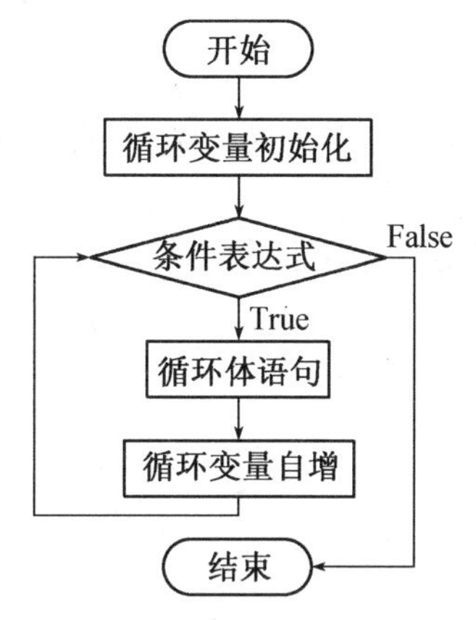

图 4.4　for 语句结构流程图

程序 P4_7:1+2+3+……+100=?

```
#include<iostream>
using namespace std;
int main()
{
    int i,sum=0;        //定义循环变量 i,sum 清 0,用于累和
    for(i=1;i<=100;i++)       //循环变量 i 赋初值,循环条件是 i<=100;循环变量 i 自增,每次
                               加 1
    {
        sum=sum+i;       //累和
    }
    cout<<"1+2+3+……+100="<<sum<<endl;
    return 0;
}
```

使用调试功能,理解更透彻。

4.5　continue 与 break

continue 终止本次循环,即跳过循环体中尚未执行的语句,接着进行下一次是否执行循环的判定。

程序 P4_8:输出 1~50 之间的不能被 3 整除的数。

```
#include<iostream>
```

```
using namespace std;
int main()
{
    int i;
    for(i=1;i<=50;i++)
    {
        if(i%3==0)      //被3整除终止本次循环,直接返回到i++,执行条件表达式
        {
            continue;      //跳过cout语句
        }
        cout<<i<<'\t';
    }
    cout<<endl;
    return 0;
}
```

break 语句的功能是终止循环,即跳出整个循环,开始执行循环体后面的语句。

程序 P4_9:1+2+3+……,求加到哪个数时,首次和超过 500,和是多少?

```
#include<iostream>
using namespace std;
int main()
{
    int i,sum;
    for(i=1,sum=0;i++)              //循环变量赋初值,可以是逗号表达式
    {                               //条件表达式省略,但分号不能省
        sum=sum+i;
        if(sum>500)   //超过500,立即跳出循环
        {
            break;
        }
    }
    cout<<"当加到"<<i<<"时,首次和超过500"<<endl;
    cout<<"1+2+3+……+"<<i<<"="<<sum<<endl;
    return 0;
}
```

习题 4

1. 有函数

$$y=\begin{cases}\sin x & x<0\text{ 时}\\ 2x+1 & 0\leqslant x<5\text{ 时}\\ x-10 & x\geqslant 5\text{ 时}\end{cases}$$

编写程序从键盘输入 x，输出函数值 y。

2. 从键盘输入年份和月份，计算该月的天数，并输出。

提示：有三种情况：1、3、5、7、8、10、12 月份有 31 天；4、6、9、11 月份有 30 天；2 月份若是闰年则有 29 天，否则是 28 天。

3. 猴子吃桃问题。

猴子第一天摘下若干桃子，当即吃了一半，还不过瘾，又多吃了一个。第二天早上又将剩下的桃子吃掉一半，又多吃一个。以后每天早上都吃掉前一天剩下的一半零一个。到第 10 天早上想再吃的时候，就只剩下一个桃子了。求第一天共摘多少桃子?

提示：该问题存在一个规律，剩下的加 1 乘 2 就是前一天桃子的数目，吃桃子共 9 天，根据这个规律可以用 for 循环计算出第一天猴子摘桃子的总数。

4. 寻找出 1~999 中能被 3 整除但不能被 5 整数的所有的整数，输出时每行打印 10 个整数。

提示：利用一个输出计数变量来控制每行打印 10 个整数。

5. 输入一行字符(输入以字符#结束)，分别统计其中字母和数字字符的个数。

提示：判断一个字符是否为数字字符：c>='0'&&c<='9'

6. 从键盘上输入任意多个正整数(输入以 0 作为结束)，计算其中偶数的和。

提示：可以利用死循环和 break,continue 语句来实现。

7. 在屏幕上打印以下图形。

```
*
***
*****
*******
*****
***
*
```

提示：利用双重循环，外重循环控制打印几行，内重循环控制每行打印几个星。

8. 寻找出 100~300 之间的所有素数，输出时每行打印 10 个素数。

提示：判断一个整数 n 是否为素数，只需将它除以 2~n-1(或 $2\sim\sqrt{n}$)内的所有整数。如果都不能整除，则 n 是素数。

9. Fibonacci 数列的定义如下：

(1) 当 n=1 时，$f_1=1$;

(2) 当 n=2 时，$f_2=1$;

(3) 当 n>2 时，$f_n=f_{n-1}+f_{n-2}$。

计算并输出 Fibonacci 数列的前 30 项的和。

10. 求 π 的近似公式为：

$$\frac{\pi}{2}=\frac{2}{1}\times\frac{2}{3}\times\frac{4}{3}\times\frac{4}{5}\times\cdots\frac{2n}{2n-1}\times\frac{2n}{2n+1}\times\cdots$$

其中,n=1,2,3,4,…。设计一个程序,求出当 n=1000 时的 π 的近似值。

提示:上述表达式右侧的通项为$\frac{2n}{2n-1}\times\frac{2n}{2n+1}$。

11. 字符串加密:给定一个字符串(以字符 '#' 作为输入结束),对字符串中的每一个字符进行加密,生成密文。加密规则如下:若字符为字母,则用该字母之后的第2个字母进行替换,如:字母 'A' 由字母 'C' 替换(注意:字母 'Z' 的下一个字母为字母 'A');小写字母与大写字母的替换规则一样;若字符为数字,则用该数字之后的第3个数字进行替换,如:数字 '0' 由数字 '3' 替换(注意:数字 '9' 的下一个数字为数字 '0');其他字符不进行替换。最后输出加密后的字符串。

例如:输入:Hello3?+@Xyz89#　　输出:Jgnnq6?+@Zab12

工程训练1　商品信息管理系统(条件选择篇)

利用条件语句的相关知识,完成《商品信息管理系统》的设计,实现对商品信息进行有效的管理。该系统的主要功能包括:商品信息录入、商品信息输出、商品销售、商品进货、统计库存不足的商品、统计营业额、统计销量最高和销量最低的商品、统计营业额最高和营业额最低的商品。具体功能介绍如下:

- **商品信息录入**

从键盘依次输入每种商品的初始信息,信息包括:商品数量和商品价格。每种商品维护着三种信息:商品库存量、商品价格和商品销售量。信息录入时,用输入的商品数量来初始化商品库存量,用输入的商品价格来初始化商品价格,并将商品销售量初始化为0。

- **商品信息输出**

将所有商品的信息依次输出到屏幕上显示,每种商品信息显示一行,输出的信息包括:商品库存量、商品价格和商品销售量。

- **商品销售**

根据商品编号(编号从1开始)对某种商品进行销售,销售时需指定具体的商品销售数量。在对商品进行销售之前,需要对输入的商品编号和商品销售数量的信息进行合法性检测,只有输入数据合法时,才能进行商品销售。若输入数据合法,则根据具体的商品编号和商品销售数量对某种商品进行销售,销售成功后,需要修改相应的商品的库存量和销售量的信息。注意:当库存量无法满足销售量需求时,同样不能进行商品销售。

- **商品进货**

根据商品编号(编号从1开始)对某种商品进行进货,进货时需指定具体的商品进货数量。在对商品进行进货之前,需要对输入的商品编号和商品进货数量的信息进行合法性检测,只有输入数据合法时,才能进行商品进货。若输入数据合法,则根据具体的商品编号和商品进货数量对某种商品进行进货,进货成功后,需要相应的修改该商品的库存量信息。

- **统计库存不足商品**

依次对所有商品的库存量进行检测，若某种商品的库存量为0，则将该商品输出，每行输出一种商品。

- **统计营业额**

依次对每种商品的营业额进行统计，并输出该商品的营业额统计结果，每行输出一种商品。商品营业额计算公式为：商品价格×商品销售量。同时，将所有商品的营业额进行相加，在最后一行显示所有商品的总营业额。

- **统计销量最高和销量最低的商品**

依次比较所有商品的销售量，从中找出销量最高和销量最低的商品。首先，定义两个变量分别用于存放最高销量和最低销量，初始时，将最高销量和最低销量都初始化为第一种商品的销售量。接下来，依次将其余商品的销售量与最高销量和最低销量进行比较。若当前商品的销售量大于最高销量，则将最高销量设置成该商品的销售量；此外，若当前商品的销售量小于最低销量，则将最低销量设置成该商品的销售量。

- **统计营业额最高和营业额最低的商品**

依次比较所有商品的营业额，从中找出营业额最高和营业额最低的商品。首先，定义两个变量分别用于存放最高营业额和最低营业额，初始时，将最高营业额和最低营业额初始化为第一种商品的营业额。接下来，依次将其余商品的营业额与最高营业额和最低营业额进行比较。若当前商品的营业额大于最高营业额，则将最高营业额设置成该商品的营业额；此外，若当前商品的营业额小于最低营业额，则将最低营业额设置成该商品的营业额。

下面给出程序的基本框架和设计思路，仅供大家参考。此外，完全可以自己来设计更合理的结构和代码。

```
#include <iostream>
using namespace std;
int main()
{
    int option;                              //功能提示菜单选项

    //简单起见，该系统只维护三种商品的基本信息和基本操作
    int num1,num2,num3;                      //三种商品的数量
    double price1,price2,price3;             //三种商品的价格
    int sell1=0,sell2=0,sell3=0;             //三种商品的销售量，初始化为0
    int product,n;                           //辅助变量

    while(true)                              //重复显示功能菜单
    {
        //输出功能提示菜单
        cout<<endl;
        cout<<"========================================"<<endl;
        cout<<"            商品信息管理系统功能菜单"<<endl;
```

```
cout<<"\t1. 输入商品信息"<<endl;
cout<<"\t2. 输出商品信息"<<endl;
cout<<"\t3. 销售商品"<<endl;
cout<<"\t4. 商品进货"<<endl;
cout<<"\t5. 统计库存不足商品"<<endl;
cout<<"\t6. 统计营业额"<<endl;
cout<<"\t7. 统计销量最高和销量最低的商品"<<endl;
cout<<"\t8. 统计营业额最高和营业额最低的商品"<<endl;
cout<<"\t9. 退出"<<endl;
cout<<"========================================="<<endl;
cout<<"请选择功能(1-9): ";

cin>>option;
switch(option)      //根据菜单选项完成相应的功能
{
    case 1:     //输入商品信息
          /* 依次输入三种商品的信息,信息包括:商品数量和商品价格。
          例如:
          cout<<"输入第一种商品的信息(数量、价格): ";
          cin>>num1>>price1;*/
        break;
    case 2:     //输出商品信息
          /* 依次输出三种商品的信息,信息包括:商品库存量、商品价格和
        商品销量。
          例如:
          cout<<"[商品一] 库存量: "<<num1<<",价格: "<<price1<<",销量: "
        <<sell1<<endl; */
        break;
    case 3:     //销售商品
          /* 根据商品编号来销售某种商品,并同时指定销售数量。
          例如:
          cout<<"请输入商品编号(1-3)和销售数量(>0): ";
          cin>>product>>n;      //输入商品编号和销售数量
          需要对输入的商品编号和销售数量进行合法性检测,当输入数据
        合法时再根据具体的商品编号和销售数量对某种商品进行销售。此
        外,只有在某种商品的库存量能够满足销售数量的需求时,才能对该商
        品进行销售。
          例如:
          switch(product)
```

```
            {
                case 1:
                //销售商品一
                break;
                case 2:
                //销售商品二
                break;
                case 3:
                //销售商品三
                break;
            } */
        break;
    case 4:     //商品进货
            /* 根据商品编号来对某种商品进行进货,并同时指定进货数量。
            例如:
            cout<<"请输入商品编号(1-3)和进货数量(>0): ";
            cin>>product>>n;      //输入商品编号和进货数量
            需要对输入的商品编号和进货数量进行合法性检测,当输入数据
        合法时再根据具体的商品编号和进货数量对某种商品进行进货。
            例如:
            switch(product)
            {
                case 1:
                //进货商品一
                break;
                case 2:
                //进货商品二
                break;
                case 3:
                //进货商品三
                break;
            } */
        break;
    case 5:     //统计库存不足商品
            /* 依次对每种商品的库存量进行检测,并输出所有库存量为 0 的
        商品。
            例如:
            if(num1==0)
                cout<<"商品一库存不足!"<<endl;*/
```

```
        break;
    case 6:     //统计营业额
          /* 依次对每种商品的营业额进行统计,并输出该商品的营业额统
        计结果。商品营业额计算公式为:商品价格×商品销售量。同时,将所
        有商品的营业额进行相加,在最后一行显示所有商品的总营业额。
          例如:
          cout<<"商品一营业额(元): "<<price1*sell1<<endl;
          cout<<"商品营业总额(元): "<<price1*sell1+price2*sell2+price3*
       sell3<<endl;*/
        break;
    case 7:     //统计销量最高和销量最低的商品
          /* 定义两个变量用来存放最高销量和最低销量,并将最高销量和
        最低销量初始化为第一种商品的销量,例如:
          int max_amount,min_amount;
          max_amount=sell1;
          min_amount=sell1;
          依次将其余商品的销售量与最高销量和最低销量进行比较,若该
        商品的销售量大于最高销量,则将最高销量设置成该商品的销售量;另
        外,若该商品的销售量小于最低销量,则将最低销量设置成该商品的销
        售量,例如:
          max_amount=(max_amount>sell2)? max_amount:sell2;
          min_amount=(min_amount<sell2)? min_amount:sell2;*/
        break;
    case 8:     //统计营业额最高和营业额最低的商品
          /* 定义两个变量用来存放最高营业额和最低营业额,并将最高营
        业额和最低营业额初始化为第一种商品的营业额,例如:
          double max_income,min_income;
          max_income=price1*sell1;
          min_income=price1*sell1;
          依次将其余商品的营业额与最高营业额和最低营业额进行比较,
        若该商品的营业额大于最高营业额,则将最高营业额设置成该商品的
        营业额;另外,若该商品的营业额小于最低营业额,则将最低营业额设
        置成该商品的营业额,例如:
          max_income=(max_income>price2*sell2)? max_income:(price2*sell2);
          min_income=(min_income<price2*sell2)? min_income:(price2*sell2);
        */
        break;
    case 9:     //退出
        exit(0);                        //退出程序
```

```
                break;
            default:                                            //非法输入
                cout<<"输入选项不存在！请重新输入！"<<endl;
        }
    }
    return 0;
}
```

第二单元

第五章　函　数

函数是将程序做成多个有独立功能的子程序，或者说是大功能的细化或拆解，这样使程序结构清晰，方便调试、阅读和理解。比如计算器，可以提供加减乘除的函数。C++ 程序就是由一系列函数组成，其中有一个 main()函数，称主函数。

5.1　函数的定义

函数定义相当于数学公式，参数相当于参与运算的数，返回值相当于结果。函数定义的语法格式如下：

```
返回类型函数名([形参表])
{
    语句块
}
```

函数定义包括 4 部分内容：

(1) 返回类型，如果函数有返回值，该返回类型与返回值类型一致，使用 return 语句将值返回。如果函数没有返回值，返回类型应为 void。

(2) 函数名，与变量的命名规则一样，尽可能反映函数的功能。如求最大值的函数用 max()，求和函数用 sum()，判断是否是闰年用 IsLeap()，判断是否是素数用 IsPrime()等等。

(3) 形参表，在小括号里的形式参数列表，可以有一个或多个参数，也可以没有参数。各个参数之间用逗号分开。用于向函数传递数值或从函数带回数值。

(4) 函数体，花括号中的语句块，实现该函数的功能。

程序 P5_1：定义函数 int Sum(int n)，求 1+2+……+n=？并在主函数中调用，在传递实参给形参时，要求大于等于 5。

```
#include<iostream>
using namespace std;
int Sum(int n);      //函数的声明
int main()
{
    int n;
    do
```

```
    {
        cout<<"n=";
        cin>>n;
        if(n>=5)   //要求输入的数要大于等于 5
        {
            cout<<"1+2+……+"<<n<<"="<<Sum(n)<<endl;   //函数的调用
        }
        else   //如果 n 值不符合条件,程序结束
        {
            break;
        }
    }while(1);
    return 0;
}
//1+2+……+n=?
int Sum(int n)   //函数的定义
{
    int tempSum=0;   //用于累和
    int i;
    for(i=1;i<=n;i++)
    {
        tempSum=tempSum+i;
    }
    return tempSum;          //返回值与函数返回类型要一致
}
```

程序运行结果如图 5.1 所示。

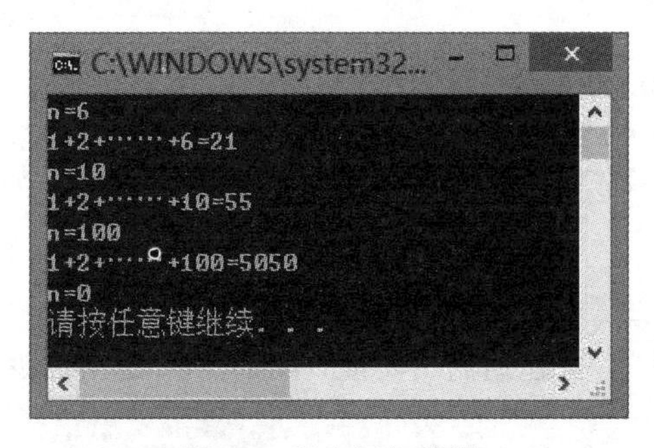

图 5.1　程序运行结果

5.2　函数的声明与调用

如果函数调用在函数定义的前面，要在使用前声明。**函数声明**的语法格式为：

返回类型函数名([参数表]);

就是函数定义的第一行，末尾加上分号。函数的定义是为了使用，就是函数调用。**函数调用**的语法格式为：

函数名(实参表)

实参列表与形参列表要一致，数据类型、参数个数以及参数的顺序都要一致。在函数的使用过程中，重点掌握三种形式:函数的定义、函数的声明和函数的调用。

程序 P5_2：定义函数 void Menu();输出计算器功能选项，定义函数 void Calculator(int option);根据参数 option 值，分别完成加、减、乘和除操作。在主函数中循环调用，直到退出为止。

```
#include<iostream>
using namespace std;
void Menu();  //函数声明，函数定义第一行加“;”
void Calculator(int option);  //函数声明
int main()
{
    int n;
    do
    {
        Menu();  //函数的调用
        cin>>n;
        if(n>=1&&n<5)
        {
            Calculator(n);  //函数调用
        }
    }while(n!=5);
    return 0;
}
void Menu()  //输出菜单，只起到输出功能，不需形参，也不需返回值
{
    system("cls");//清屏功能
    cout<<"      计算器菜单"<<endl;
    cout<<"      1. 加法"<<endl;
    cout<<"      2. 减法"<<endl;
    cout<<"      3. 乘法"<<endl;
```

```
    cout<<"        4. 除法"<<endl;
    cout<<"        5. 退出"<<endl;
    cout<<"请输入(1-5):";
}
void Calculator(int option)        //根据选项不同,进行不同计算,并输出,因此不需返回值
{
    double a,b,result;
    cout<<"请输入两个数:";        //输出提示信息
    cin>>a>>b;
    switch(option)
    {
        case 1:
            result=a+b;
            cout<<a<<"+"<<b<<"="<<result<<endl;
            break;
        case 2:
            result=a-b;
            cout<<a<<"-"<<b<<"="<<result<<endl;
            break;
        case 3:
            result=a*b;
            cout<<a<<"*"<<b<<"="<<result<<endl;
            break;
        case 4:
            result=a/b;
            cout<<a<<"/"<<b<<"="<<result<<endl;
            break;
    }
    system("pause");        //起到暂停作用,按任意键继续
}
```

5.3 函数的参数传递

函数参数的传递方式有两种,值传递和引用传递。值传递,表示实参将自己的“复制品”传递给形参,形参发生任何变化,都不影响实参;引用传递,表示实参传递自身给形参,形参发生任何变化,直接影响实参。

程序 P5_3:值传递与引用传递示例

```
#include<iostream>
```

```
using namespace std;
void PassVal(int n);   //函数声明
void PassRef(int &n);   //函数声明
int main()
{
    int number1=10,number2=20;
    PassVal(number1);   //函数调用
    cout<<"执行 PassVal(number1)后,number1="<<number1<<endl;
    cout<<endl;
    PassRef(number2);   //函数调用
    cout<<"执行 PassRef(number2)后,number2="<<number2<<endl;
    return 0;
}
void PassVal(int n)   //函数定义,值传递
{
    n=n+10;
    cout<<"PassVal: n="<<n<<endl;
}
void PassRef(int &n)      //引用传递要加"&"
{
    n=n+20;
    cout<<"PassRef: n="<<n<<endl;
}
```

程序运行结果如图 5.2 所示。

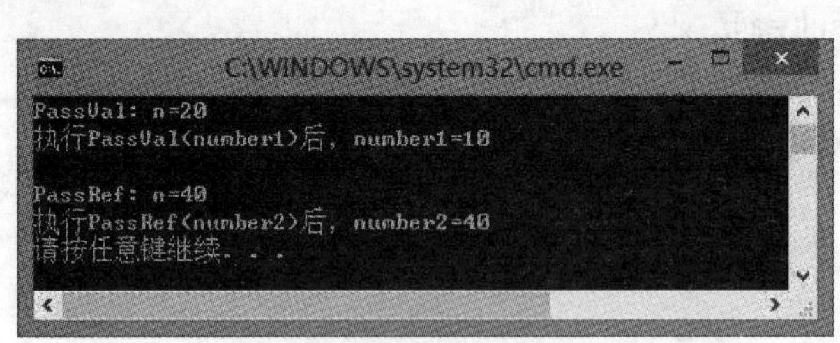

图 5.2　程序运行结果

5.4　递归函数

在调用一个函数的过程中又出现直接或间接地调用该函数本身,称为函数的递归调用。包含递归调用的函数称为递归函数。

程序 P5_4:使用递归方法,求 n!(n>0 时)。

步骤如下:

(1) 递归公式: $n! = \begin{cases} n*(n-1)! & n>1 \\ 1 & n=1 \end{cases}$

(2) 根据递归公式写出递归语句。

```
int factorial(int n)
{
    if(n>1)      //当 n>1 时,使用递归公式
    {
        return n*factorial(n-1);      //n! =n*  (n-1)!        n>1
    }
    else if(n==1)      //当 n=1 时,结束递归
    {
        return 1;
    }
    else      //当 n 等于其他值时,返回 0
    {
        return 0;
    }
}
```

说明:在递归公式中,要有结束递归的条件,否则将是无终止递归。函数调用机制,被调用函数运行的代码虽然与调用函数是同一个函数的代码体,但由于调用点、调用时状态、返回点的不同,可以看作是函数的一个副本,有独立的栈空间,数据也是无关的,函数之间利用参数传递和返回值来联系。

程序 P5_5:斐波那契(Fibonacci)数列的前两项$a_1=0,a_2=1$,之后每一项$a_n=a_{n-1}+a_{n-2}$。使用递归函数计算数列第 n 项,在主函数调用递归函数,输出前 10 项。

(1) 递归公式: $Fibonacci(n)=\begin{cases} 0 & n=1 \\ 1 & n=2 \\ Fibonacci(n-1)+Fibonacci(n-2) & n>2 \end{cases}$

(2) 根据递归公式写出递归语句。

```
#include<iostream>
using namespace std;
int Fibonacci(int n);   //函数声明
int main()
{
    int i;
    for(i=1;i<10;i++)
    {
        cout<<Fibonacci(i)<<'\t';      //函数调用
    }
```

```
    cout<<endl;
    return 0;
}
int Fibonacci(int n)   //函数定义
{
    if(n==1)   //当 n=1 时,值为 0
    {
        return 0;
    }
    else if(n==2)   //当 n=2 时,值为 1
    {
        return 1;
    }
    else if(n>=3)   //n>=3 时,是前两之和,递归公式
    {
        return (Fibonacci(n-1)+Fibonacci(n-2));
    }
    else   //其他情况,返回 0
    {
        return 0;
    }
}
```

可以看出,Fibonacci(int n)函数就是对数学递归公式的改写。在使用递归函数时,写出数学递归公式尤为重要,因为根据递归公式,轻松写出递归语句。

递归的目的是简化程序和易读懂,但在时间和空间上增加了系统开销,如果编写的递归函数可读性差,建议不使用或少使用递归。

程序 P5_6:假设有一头小母牛,从出生第四年起每年生一头小母牛,按此规律,用递归函数求第 n 年时有几头母牛?在主函数中列出前 10 年,每年小母牛的头数。

根据题意,列出递归公式:

$$\text{cattle}(n)=\begin{cases}1 & //n=1,2,3\\ \text{cattle}(n-1)+\text{cattle}(n-3) & //n>3\end{cases}$$

```
#include<iostream>
using namespace std;
long cattle(int n);      //函数声明
int main()
{
    int i;
    for(i=1;i<=10;i++)
    {
```

```
        cout<<cattle(i)<<'\t';      //函数调用
    }
    cout<<endl;
    return 0;
}
long cattle(int n)      //函数定义
{
    if(n==1||n==2||n==3)      //前三年,只有一头母牛
    {
        return 1;
    }
    else
    {
        return cattle(n-1)+cattle(n-3);      //从第4年开始就可以生小牛
    }
}
```

5.5 几种特殊的函数

5.5.1 内联函数

在函数返回类型前加上inline关键字,就称内联函数,也叫内嵌函数。程序编译时,编译器将程序中出现的内联函数调用表达式用内联函数的函数体来进行替代,提高程序的运行效率。内联函数一般适用于:(1) 一个函数被频繁调用;(2) 函数短,只有几行且不包含for、while、switch语句。

程序P5_7:从键盘输入一行字符,统计其中数字的个数。

```
#include<iostream>
using namespace std;
inline boolIsNumber(char ch);      //函数声明,必须加inline
int main()
{
    int count=0;      //统计数字个数
    char c;
    do
    {
        c=cin.get();
        if(IsNumber(c))          //函数调用
        {
```

```
            count++;
        }
    }while(c!='\n');
    cout<<"数字个数为"<<count<<"个"<<endl;
    return 0;
}
inline boolIsNumber(char ch)   //函数定义
{
    return (ch>='0'&&ch<='9')?true:false;
}
```

程序运行结果如图 5.3 所示。

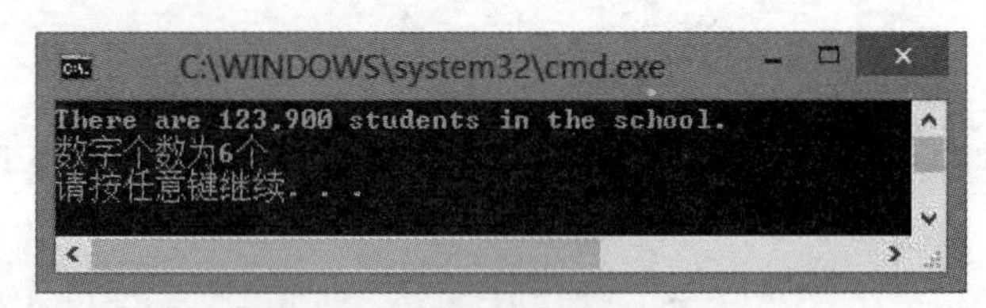

图 5.3　运行结果

5.5.2　重载函数

函数名相同而形参不同的两个或两个以上的函数，称为重载函数。重载函数应具有相同的功能。

程序 P5_8：写 4 个重载函数：

(1) int maxValue(int a,int b);　　//求两个整数的最大值

(2) int maxValue(int a,int b,int c);　　//求三个整数的最大值

(3) float maxValue(float a,float b);　//求两个实数的最大值

(4) float maxValue(float a,float b,float c);　//求三个实数的最大值

并在主函数中调用。

```
#include<iostream>
using namespace std;
int maxValue(int a,int b);   //函数声明
int maxValue(int a,int b,int c);
float maxValue(float a,float b);
float maxValue(float a,float b,float c);
int main()
{
    int n1=23,n2=89,n3=11;
    float f1=4.34f,f2=45,f3=90.12f;
    cout<<maxValue(n1,n2)<<endl;      //函数调用
```

```
    cout<<maxValue(n1,n2,n3)<<endl;      //系统根据参数调用对应的函数
    cout<<maxValue(f1,f2)<<endl;
    cout<<maxValue(f1,f2,f3)<<endl;
    return 0;
}
int maxValue(int a,int b)   //求两个整数的最大值
{
    return (a>b)? a:b;
}
int maxValue(int a,int b,int c)   //求三个整数的最大值
{
    int temp;
    temp=(a>b)? a:b;
    return c>temp? c:temp;
}
float maxValue(float a,float b)            //求两个实数的最大值
{
    return (a>b)? a:b;
}
float maxValue(float a,float b,float c)   //求三个实数的最大值
{
    float temp;
    temp=(a>b)? a:b;
    return (c>temp)? c:temp;
}
```

5.5.3 默认参数的函数

在函数调用时实参将值传递给形参，实参的个数应与形参相同、类型一致。如果有时多次调用同一函数时用同样的实参，那么就可以给形参一个默认值。

如有一个函数声明：

```
double areaCircle(double r=2.5);
```

指定 r 的默认值为 2.5，如果在调用此函数时，确认 r 的值为 2.5，就不必给出实参的值，如：

```
areaCircle( );   //相当于 areaCircle(2.5);
```

如果不想使形参取此默认值，则通过实参另行给出。

如：

```
areaCircle(7.5);   //形参得到的值为 7.5，而不是 2.5
```

如果有多个形参，可以使每个形参有一个默认值，也可以只对一部分形参指定默认值，另一部分形参不指定默认值。如有一个求圆柱体体积的函数，形参 h 代表圆柱体的高，r 为圆柱体半径。函数原型如下：

float volume(float h,float r=12.5); //只对形参 r 指定默认值 12.5

函数调用可以采用以下形式：

volume(45.6); //相当于 volume(45.6,12.5);

volume(34.2,10.4); //h 的值为 34.2，r 的值为 10.4

实参与形参的结合是从左至右顺序进行的，指定默认值的参数必须在形参列表中从右向左顺序定义，否则出错。例如：

```
void f1(float a,int b=0,int c,char d='a');      //不正确
void f2(float a,int c,int b=0,char d='a');      //从右向左顺序定义，正确
```

如果调用上面的 f2 函数，可以采取下面的形式：

```
f2(3.5,5,3,'x')          //形参的值全部从实参得到
f2(3.5,5,3)              //最后一个形参的值取默认值 'a'
f2(3.5,5)                //最后两个形参的值取默认值，b=0，d='a'
```

在调用有默认参数的函数时，实参的个数可以与形参的个数不同，实参未给定的，从形参的默认值得到值。这样更加灵活、简化编程和提高效率。有时也可以不用重载函数，而用带有默认参数的函数，如程序 P5_9。

程序 P5_9：求 2 个或 3 个正整数中的最大数，用带有默认参数的函数实现。

```
#include <iostream>
using namespace std;
int maxValue(int a,int b,int c=0);      //在函数声明中，形参 c 有默认值
int main( )
{
    int  a,b,c;
    cout<<"请输入三个正整数:";
    cin>>a>>b>>c;
    cout<<"maxValue("<<a<<","<<b<<","<<c<<")="
         <<maxValue(a,b,c)<<endl;           //输出 3 个数中的最大者
    cout<<"maxValue("<<a<<","<<b<<")="
         <<maxValue(a,b)<<endl;             //输出 2 个数中的最大者
    return 0;
}
int maxValue(int a,int b,int c)  //函数定义
{
    int temp;
    temp=(a>b)? a:b;
    return c>temp? c:temp;
}
```

程序运行结果如图 5.4 所示。

```
C:\WINDOWS\system32\cm...
请输入三个正整数: 34 12 89
maxValue(34,12,89)=89
maxValue(34,12)=34
请按任意键继续. . .
```

图 5.4　程序运行结果

在使用带有默认参数的函数时注意两点：(1) 如果函数的定义在函数调用之前，则应在函数定义中给出默认值。如果函数的定义在函数调用之后，则在函数调用之前需要有函数声明，此时必须在函数声明中给出默认值，在函数定义时不给出默认值；(2) 一个函数不能既作为重载函数，又作为有默认参数的函数。

习题 5

1. 有如下分段函数：

$$f(x)=\begin{cases} 2x+1, & x<-10 \\ 3x^2+5^x-6, & -10\leqslant x\leqslant 10 \\ e^x+2x^2+5, & x>10 \end{cases}$$

设计一个函数，根据 x 的值来计算相应的函数值 $f(x)$。并在主函数中调用该函数进行测试。

提示：求幂 a^x 的函数原型为 double pow(double a,double x); 求自然指数 e^x 的函数原型为 double exp(double x); 以上两个函数的声明都包含在头文件 cmath 中。

2. 有如下数列：

$$2,\frac{4}{3},\frac{8}{9},\frac{16}{27},\frac{32}{81},\cdots$$

设计一个函数，实现计算该数列的前 n 项和，并在主函数中调用该函数进行测试。

提示：寻找数列各项的变化规律，并且避免**整除**的发生。

3. 设计一个函数，实现计算如下表达式的值：

$$S=1-\frac{1}{2}+\frac{1}{3}-\frac{1}{4}+\frac{1}{5}-\frac{1}{6}+\cdots(+/-)\frac{1}{n}$$

并在主函数中调用该函数进行测试。

提示：寻找表达式右侧各个项的变化规律，并且避免**整除**的发生。

4. 设计一个函数，输出 100~999 范围内的所有“水仙花数”。“水仙花数”是一个三位数，其各个位数的立方和等于该数本身。例如：$153=1^3+5^3+3^3$。并在主函数中调用该函数进行测试。

提示：利用取余(%)和整除(/)操作来分离出各个位数。

5. 2500 多年前，数学大师毕达哥拉斯发现，220 与 284 两个数之间存在着奇妙的联系：

220 的真因数之和为：1+2+4+5+10+11+20+22+44+55+110=284

284 的真因数之和为：1+2+4+71+142=220

毕达哥拉斯把这样的数对 a,b 称为“相亲数”，即：a 的真因数(小于本身的因数)之和为 b，而b的真因数之和为a。

设计一个函数，实现判断两个正整数是否为“相亲数”。并在主函数中调用该函数进行测试。

提示：利用循环结构来寻找真因数，并利用累加器来计算真因数之和。

6. 已知一个数列的前两项分别为 $a_1=1$ 和 $a_2=2$，从第3项起的每一项与它前两项的关系如下：

$$a_n=2a_{n-1}+3a_{n-2} \quad (n>2)$$

设计一个递归函数，求该数列的第 n 项的值。并在主函数中调用该函数进行测试。

提示：先测试递归结束条件，再进行递归调用。

7. 有如下迭代公式用于求解某一正整数 a 的平方根：

$$x_{n+1}=\frac{\left(x_n+\dfrac{a}{x_n}\right)}{2}$$

其中，$x_1=a/2$。编写程序，利用上述迭代公式计算正整数 a 的平方根。要求：求近似平方根 x_n 通过递归函数来实现，并且当两个相邻近似平方根 x_{n+1} 和 x_n 之间的差值的绝对值小于 10^{-8} 时，计算结束。

提示：求绝对值的函数原型为：double abs(double x); 该函数的声明包含在头文件 cmath 中。先测试递归结束条件，再进行递归调用。

8. 定义两个重载函数 area，分别用来求圆和矩形的面积；定义两个重载函数 perimeter，分别用来求圆和矩形的周长。并在主函数中调用以上重载函数进行测试。

提示：函数名相同，形参数量不同可以构成重载。

9. 定义两个重载函数 computeDifference，分别用来计算三个整数中最大值与最小值的差值，以及三个浮点数中最大值与最小值的差值。并在主函数中调用以上重载函数进行测试。

提示：函数名相同，形参类型不同可以构成重载。

10. 定义一个 inline 函数 testing，实现判断一个整数是否为3的倍数，但不是5的倍数；定义一个带默认参数的函数 void print(int n,char t='* '); 实现打印 n 行图形，图形的符号由参数 t 决定。例如：

```
*              #              @
***            ###            @@@
*****          #####          @@@@@
*******        #######        @@@@@@@
n=4,t='*'      n=4,t='#'      n=4,t='@'
```

11. 根据下面的公式，用递归的方法编写函数求 n 阶勒让德多项式的值，在主程序中实现输入、输出。

$$P_n(x)=\begin{cases}1 & (n=0)\\ x & (n=1)\\ ((2n-1)*x*P_{n-1}(x)-(n-1)*P_{n-2}(x))/n & (n\geqslant 1)\end{cases}$$

根据递归公式写出递归代码。

提示：先将数学上的递归公式改为C++递归公式，再编程。

$$Polyn(n,x)=\begin{cases}1 & (n==0)\\ x & (n==1)\\ ((2*n-1)*x*Polyn(n-1,x)-(n-1)*Polyn(n-2,x))/n & (n>=1)\end{cases}$$

12. 定义两个重载函数 area，分别用来求圆和矩形的面积；定义两个重载函数 perimeter，分别用来求圆和矩形的周长。并在主函数中调用以上重载函数进行测试。

13. 编写一个函数，求两个正整数 M 和 N 的最大公约数。并在主函数中调用该函数进行测试。

分析：最大公约数就是能同时整除 M 和 N 的最大正整数，可用欧几里德法（也称辗转相除法）进行求解，步骤如下：

（1）输入两个自然数 M 和 N（确保 M≥N；若 M<N，则交换 M 和 N 的值）；

（2）求余数 R=M%N；

（3）置换数据：M=N;N=R;

（4）判断：当 R≠0 时，返回第(2)步；当 R=0 时，执行第(5)步；

（5）输出结果：M 为所求最大公约数。

工程训练 2 商品信息管理系统（函数与头文件篇）

利用函数与头文件的相关知识，完成《商品信息管理系统》的设计，实现对商品信息进行有效的管理。该系统的主要功能包括：商品信息录入、商品信息输出、商品销售、商品进货、统计库存不足商品、统计营业额、统计销量最高和销量最低的商品、统计营业额最高和营业额最低的商品。具体功能介绍如下：

- **商品信息录入**

该功能由一个单独的函数来实现。首先，在主函数中从键盘输入商品的种类，然后根据商品的种类调用一个相应的函数来完成每种商品信息的初始化，商品信息包括：商品数量和商品价格。每种商品维护着三种信息：商品库存量、商品价格和商品销售量。三种信息分别存放在三个数组中。函数调用时，商品种类、用于存放商品库存量和商品价格的数组作为实参传递给函数。在函数中进行信息录入时，用输入的商品数量来初始化商品库存量，用输入的商品价格来初始化商品价格。在主函数中将商品销售量初始化为 0。

- **商品信息输出**

该功能由一个单独的函数来实现。将所有商品的信息依次输出到屏幕上显示，每种商品信息显示一行，输出的信息包括：商品库存量、商品价格和商品销售量。函数调用时，商品种类、用于存放商品库量、商品价格以及商品销售量的数组作为实参传递给函数。

- **商品销售**

该功能由一个单独的函数来实现。根据商品编号（编号从 1 开始）对某种商品进行销售，销售时需指定具体的商品销售数量。在对商品进行销售之前，需要对输入的商品编号和商品销售数量的信息进行合法性检测，只有输入数据合法时，才能进行商品销售。若输入数据合法，则根据具体的商品编号和商品销售数量对某种商品进行销售，销售成功后，需要相应的修改该商品的库存量和销售量的信息。注意：当库存量无法满足销售量需求时，同样不能进行商品销售。函数调用时，商品种类、用于存放商品库存量以及商品销售量的数组作为实参传递给函数。

- **商品进货**

该功能由一个单独的函数来实现。根据商品编号(编号从1开始)对某种商品进行进货，进货时需指定具体的商品进货数量。在对商品进行进货之前，需要对输入的商品编号和商品进货数量的信息进行合法性检测，只有输入数据合法时，才能进行商品进货。若输入数据合法，则根据具体的商品编号和商品进货数量对某种商品进行进货，进货成功后，需要相应的修改该商品的库存量信息。函数调用时，商品种类以及用于存放商品库存量的数组作为实参传递给函数。

- **统计库存不足商品**

该功能由一个单独的函数来实现。依次对所有商品的库存量进行检测，若某种商品的库存量为0，则将该商品输出，每行输出一种商品。函数调用时，商品种类以及用于存放商品库存量的数组作为实参传递给函数。

- **统计营业额**

该功能由一个单独的函数来实现。依次对每种商品的营业额进行统计，并输出该商品的营业额统计结果，每行输出一种商品。商品营业额计算公式为：商品价格×商品销售量。同时，将所有商品的营业额进行相加，在最后一行显示所有商品的总营业额。函数调用时，商品种类、用于存放商品价格以及商品销售量的数组作为实参传递给函数。

- **统计销量最高和销量最低的商品**

该功能由一个单独的函数来实现。依次比较所有商品的销售量，从中找出销量最高和销量最低的商品。首先，定义两个变量分别用于存放最高销量和最低销量，初始时，将最高销量和最低销量都初始化为第一种商品的销售量。接下来，依次将其余商品的销售量与最高销量和最低销量进行比较。若当前商品的销售量大于最高销量，则将最高销量设置成该商品的销售量；此外，若当前商品的销售量小于最低销量，则将最低销量设置成该商品的销售量。函数调用时，商品种类以及用于存放商品销售量的数组作为实参传递给函数。

- **统计营业额最高和营业额最低的商品**

该功能由一个单独的函数来实现。依次比较所有商品的营业额，从中找出营业额最高和营业额最低的商品。首先，定义两个变量分别用于存放最高营业额和最低营业额，初始时，将最高营业额和最低营业额初始化为第一种商品的营业额。接下来，依次将其余商品的营业额与最高营业额和最低营业额进行比较。若当前商品的营业额大于最高营业额，则将最高营业额设置成该商品的营业额；此外，若当前商品的营业额小于最低营业额，则将最低营业额设置成该商品的营业额。函数调用时，商品种类、用于存放商品价格以及商品销售量的数组作为实参传递给函数。

下面给出程序的基本框架和设计思路，仅供大家参考。此外，完全可以自己来设计更合理的结构和代码。

包含主函数的源文件设计部分：

```
#include <iostream>
    /* 包含用户自定义的头文件，该头文件主要用于函数原型声明。
    例如：
```

```
    #include "functions.h"  */
using namespace std;
const int N=100;                    //符号常量,用于定义数组
int main()
{
    int option;                     //功能提示菜单选项

    int num[N];                     //商品的数量
    double price[N];                //商品的价格
    int sell1[N]={0};               //商品的销售量,初始化为 0
    int total;                      //商品种类

    while(true)                           //重复显示功能菜单
    {
        //输出功能提示菜单
        cout<<endl;
        cout<<"========================================"<<endl;
        cout<<"            商品信息管理系统功能菜单"<<endl;
        cout<<"\t1. 输入商品信息"<<endl;
        cout<<"\t2. 输出商品信息"<<endl;
        cout<<"\t3. 销售商品"<<endl;
        cout<<"\t4. 商品进货"<<endl;
        cout<<"\t5. 统计库存不足商品"<<endl;
        cout<<"\t6. 统计营业额"<<endl;
        cout<<"\t7. 统计销量最高和销量最低的商品"<<endl;
        cout<<"\t8. 统计营业额最高和营业额最低的商品"<<endl;
        cout<<"\t9. 退出"<<endl;
        cout<<2========================================"<<endl;
        cout<<"请选择功能(1-9): ";

        cin>>option;
        switch(option)      //根据菜单选项完成相应的功能
        {
            case 1:      //输入商品信息
                    /* 首先,输入商品的种类,然后调用相应的函数实现商品信息的
                录入。函数调用时,商品种类、用于存放商品库存量和商品价格的数组
                作为实参传递给函数。例如:
                    cout<<"输入商品的种类: ";
                    cin>>total;
```

```
            input(num,price,total);       //函数调用 */
        break;
    case 2:     //输出商品信息
            /* 调用相应的函数依次输出每种商品的信息,信息包括:商品库
        存量、商品价格和商品销量。函数调用时,商品种类、用于存放商品库
        存量、商品价格以及商品销售量的数组作为实参传递给函数。例如:
            output(num,price,sell,total);       //函数调用 */
        break;
    case 3:     //销售商品
            /* 调用相应的函数根据商品编号来销售某种商品。函数调用时,
        商品种类、用于存放商品库存量以及商品销售量的数组作为实参传递
        给函数。例如:
            sale(num,sell,total);       //函数调用 */
        break;
    case 4:     //商品进货
            /* 调用相应的函数根据商品编号来对某种商品进行进货。函数
        调用时,商品种类以及用于存放商品库存量的数组作为实参传递给函
        数。例如:
            stock(num,total);       //函数调用 */
        break;
    case 5:     //统计库存不足商品
            /* 调用相应的函数依次对每种商品的库存量进行检测,并输出所
        有库存量为0的商品。函数调用时,商品种类以及用于存放商品库存
        量的数组作为实参传递给函数。例如:
            lack(num,total);       //函数调用 */
        break;
    case 6:     //统计营业额
            /* 调用相应的函数依次对每种商品的营业额进行统计,并输出该
        商品的营业额统计结果。商品营业额计算公式为:商品价格×商品销
        售量。函数调用时,商品种类、用于存放商品价格以及商品销售量的数
        组作为实参传递给函数。例如:
            statistics(price,sell,total);       //函数调用 */
        break;
    case 7:     //统计销量最高和销量最低的商品
            /* 调用相应的函数统计销量最高和销量最低的商品。函数调用
        时,商品种类以及用于存放商品销售量的数组作为实参传递给函数。
            例如:
            minmaxAmount(sell,total);       //函数调用 */
        break;
```

```
            case 8:     //统计营业额最高和营业额最低的商品
                    /* 调用相应的函数统计营业额最高和营业额最低的商品。函数
                调用时,商品种类、用于存放商品价格以及商品销售量的数组作为实参
                传递给函数。例如:
                    minmaxIncome(price,sell,total);     //函数调用 */
                break;
            case 9:     //退出
                exit(0);                              //退出程序
                break;
            default:                                  //非法输入
                cout<<"输入选项不存在! 请重新输入!"<<endl;
        }
    }
    return 0;
}
```

包含功能函数定义的源文件设计部分(functions.cpp):

```
#include <iostream>
using namespace std;

//输入商品信息的函数实现部分
void input(int num[],double price[],int total)
{
        /* 根据商品的种类依次输入每种商品的信息,信息包括:商品数量和商品价格。
    通过循环语句,每次循环输入一种商品的信息。
        例如:
        for(int i=0; i<total; ++i)
        {
            cout<<"输入第"<<i+1<<"种商品的信息(数量、价格): ";
            cin>>num[i]>>price[i];
        } */
}

//输出商品信息的函数实现部分
void output(int num[],double price[],int sell[],int total)
{
        /* 根据商品种类依次输出每种商品的信息,信息包括:商品库存量、商品价格和商
    品销量。通过循环语句,每次循环输出一种商品的信息。
        例如:
```

```
        for(int i=0;i<total;++i)
            cout<<"[商品"<<i+1<<"] 库存量: "<<num[i]<<",价格: "<<price[i]<<",销量: "<<sell[i]<<endl;*/
}

//销售商品的函数实现部分
void sale(int num[],int sell[],int total)
{
        /* 根据商品编号来销售某种商品,并同时指定销售数量。
        例如:
        cout<<"请输入商品编号(1-"<<total<<")和销售数量(>0): ";
        int product,n;      //商品编号和销售数量
        cin>>product>>n;  //输入商品编号和销售数量
        需要对输入的商品编号和销售数量进行合法性检测,当输入数据合法时再根据具体的商品编号和销售数量对某种商品进行销售。此外,只有在某种商品的库存量能够满足销售数量的需求时,才能对该商品进行销售。
        例如:
        if(n>num[product-1])      //库存量不足
            cout<<"商品"<<product<<"库存量不足!"<<endl;
        else
        {
            num[product-1]-=n;
            sell[product-1]+=n;
            cout<<"商品"<<product<<"销售成功!"<<endl;
        } */
}

//商品进货的函数实现部分
void stock(int num[],int total)
{
        /* 根据商品编号来对某种商品进行进货,并同时指定进货数量。
        例如:
        cout<<"请输入商品编号(1-"<<total<<")和进货数量(>0): ";
        int product,n;      //商品编号和销售数量
        cin>>product>>n;  //输入商品编号和进货数量
        需要对输入的商品编号和进货数量进行合法性检测,当输入数据合法时再根据具体的商品编号和进货数量对某种商品进行进货。
        例如:
        else if(n<0)      //判断进货数量是否合法
```

```
            cout<<"进货数量不能为负值! "<<endl;
        else
        {
            num[product-1]+=n;
            cout<<"商品"<<product<<"进货成功! "<<endl;
        } */
}

//统计库存不足商品的函数实现部分
void lack(int num[],int total)
{
        /* 依次对每种商品的库存量进行检测,并输出所有库存量为 0 的商品。通过循
    环语句,每次循环检测一种商品的库存量。
        例如:
        for(int i=0; i<total; ++i)
            if(num[i]==0)
                cout<<"商品"<<i+1<<"库存不足! "<<endl;*/
}

//统计营业额的函数实现部分
double statistics(double price[],int sell[],int total)
{
        /* 依次对每种商品的营业额进行统计,并输出该商品的营业额统计结果。商品
    营业额计算公式为:商品价格×商品销售量。通过循环语句,每次循环统计一种商品
    的营业额,并将其叠加到总营业额上。
        例如:
        double sum=0.0;       //存放总营业额,初始化为 0
        for(int i=0; i<total; ++i)
        {
            cout<<"商品"<<i+1<<"营业额(元): "<<price[i]*sell[i]<<endl;
            sum+=price[i]*sell[i];   //叠加至总营业额
        }
        cout<<"商品营业总额(元): "<<sum<<endl;*/
    return sum;       //返回总营业额
}

//统计销量最高和销量最低的商品的函数实现部分
void minmaxAmount(int sell[],int total)
{
```

```
        /* 定义两个变量用来存放最高销量和最低销量,并将最高销量和最低销量初始
    化为第一种商品的销量,例如:
        int max_amount,min_amount;
        max_amount=sell[0];
        min_amount=sell[0];
        依次将其余商品的销售量与最高销量和最低销量进行比较,若该商品的销售量
    大于最高销量,则将最高销量设置成该商品的销售量;另外,若该商品的销售量小于
    最低销量,则将最低销量设置成该商品的销售量。通过循环语句,每次循环比较一种
    商品的销售量。
        例如:
        for(int i=1; i<total; ++i)
        {
            if(sell[i]>max_amount)
                max_amount=sell[i];
            if(sell[i]<min_amount)
                min_amount=sell[i];
        } */
}

//统计营业额最高和营业额最低的商品的函数实现部分
void minmaxIncome(double price[],int sell[],int total)
{
        /* 定义两个变量用来存放最高营业额和最低营业额,并将最高营业额和最低营
    业额初始化为第一种商品的营业额,例如:
        double max_income,min_income;
        max_income=price[0]*sell[0];
        min_income=price[0]*sell[0];
        依次将其余商品的营业额与最高营业额和最低营业额进行比较,若该商品的营
    业额大于最高营业额,则将最高营业额设置成该商品的营业额;另外,若该商品的营
    业额小于最低营业额,则将最低营业额设置成该商品的营业额。通过循环语句,每次
    循环比较一种商品的营业额。例如:
        for(int i=1; i<total; ++i)
        {
            if(price[i]*sell[i]>max_income)
                max_income=price[i]*sell[i];
            if(price[i]*sell[i]<min_income)
            min_income=price[i]*sell[i];
        } */
}
```

包含功能函数原型声明的头文件设计部分（functions.h）：

```
/* 对所有定义的功能函数进行函数原型声明，函数原型声明由函数头部分组
成。例如：
//输入商品信息的函数的原型声明
void input(int num[],double price[],int total);*/
```

第六章　数　组

数据类型相同元素的集合，就是数组。组成数组的各个变量成为数组的分量，也称为数组元素，有时也称为下标变量。数组有一维的，也有多维的。数组也有大小，数组的维数和大小是在定义数组时就确定的，程序运行时不能改变。

6.1　一维数组

6.1.1　一维数组的定义和初始化

一维数组的一般定义形式为：

类型说明符　数组名[常量表达式];

“类型说明符”指定数组元素的类型，“数组名”的命名规则与变量一样，方括号中的“常量表达式”的值表示数组元素的个数，它必须是一个整数。

例如，一个班级100名学生的数学成绩可保存在一个数组中，该数组可定义为：

```
float   Math [100];
```

这个定义会使得编译器分配100个连续的float变量的内存空间。数组元素的个数在编译时就必须固定，且最好定义为一个常量。这样，当数组元素的个数需要改变时，只要改变那个常量即可：

```
const int Num=100;
float Math [Num];
```

数组元素的下标从零开始计数，在Math数组中，第一个元素是Math [0]，第二个元素是Math [1]，以此类推，最后一个元素是Math [Num-1]。

又如，有以下数组的定义语句：

```
const int s=100;
int a[s];       //s是常量符号，a是具有s个元素的整型数组
float f[5];     //f是具有5个元素的实型数组
```

注意：如下语句数组定义有错误：

```
int s=100;
int a[s];       //错误! s是变量，C++不允许用变量定义数组的大小
float f[4.5];   //错误! 下标不允许为实型
```

与变量类似，在定义数组的同时可以为数组赋初值，称为数组的初始化。数组初始化的形式为：

数据类型　数组名[整型常量表达式]={常数1,常数2,…,常数n};

例如：

int a[5]={1,2,3,4,5};　//a[0]～a[4]元素的值依次为{}内的值

int a[]={1,2,3,4};　　//数组没有指明长度，长度由初始值的个数决定，即 4 个元素

int b[8]={1,2};　　　//b[0]和 b[1]元素的初值分别为 1 和 2，其余的元素系统自动赋 0

下列的语句是不允许的：

```
int a[10];
a={1,2,3,4};
```

这已经不是初始化了，是先定义了数组再对数组赋值。这种赋值方式是错误的。而下面的错误则在于过度赋值：

```
int a[5]={1,2,3,4,5,6};
```

常量的个数超过了数组的长度，这样的初始化也是不允许的。

6.1.2　一维数组元素的引用

用下标表示引用的数组元素，引用形式为：

数组名 [整型表达式]

其中：

(1) []为下标运算符，“整型表达式”的值表示对应元素在数组中的顺序。下标取值范围为 0 到数组元素个数减 1，分别表示第一个和最后一个元素。

(2) 数组元素可以像简单变量一样参与各种操作。

例如：已知如下数组、变量的定义和初始化。

```
int a[5]={1,2,3,4,5},i(2);          //i(2)相当于 i=2
a[3]=a[1]+a[2];  //赋值后 a[3]的值为 5
cout<<a[1+i];       //输出 a[3]元素的值
```

注意：对数组元素进行操作的时候，经常遇到的问题就是下标越界，即下标值超过数组的范围。C++ 中，数组越界时，编译器并不提示错误，但程序运行时会产生莫名其妙的结果，甚至产生严重的后果。

程序 P6_1：编写程序，测试下标越界。

```
#include <iostream>
using namespace std;
int main()
{
    int a[10]={0,1,2,3,4,5,6,7,8,9};
    cout<<"a[0]="<<a[0]<<endl;
    cout<<"a[9]="<<a[9]<<endl;
    cout<<"a[-1]="<<a[-1]<<endl;
    cout<<"a[10]="<<a[10];
    cout<<endl;
    return 0;
}
```

执行程序，运行结果如图6.1所示。数组a的合法下标为0～9，在程序中引入不合法数组元素a[-1]和a[10]，C++在编译的时候并没有提示任何错误信息，程序运行虽有结果，但显示的却是没有任何意义的值。

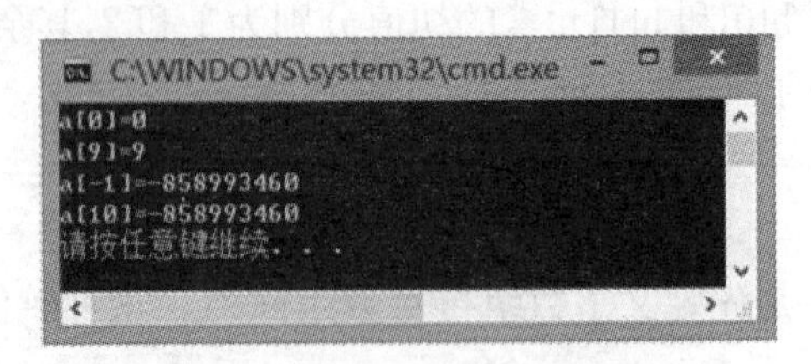

图6.1　程序P6_1运行结果

6.1.3　一维数组的应用举例

程序P6_2：定义整型数组包含10个元素，通过键盘对数组各个元素输入，再输出。

```
#include<iostream>
using namespace std;
#include<iomanip>        //setw()函数需要的头文件
const int N=10;
int main()
{
    int a[N],i;
    cout<<"输入10个整型数(数据之间用空格分开)，给数组赋值!"<<endl;
    for(i=0;i<N;i++)          //分别给各个元素赋值
    {
        cin>>a[i];
    }
    cout<<"数组的输出为:"<<endl;
    for(i=0;i<N;i++)          //分别输出数组的各个元素
    {
        cout<<a[i]<<setw(5);          //每个数据占5个字符位置
    }
    cout<<endl;
    return 0;
}
```

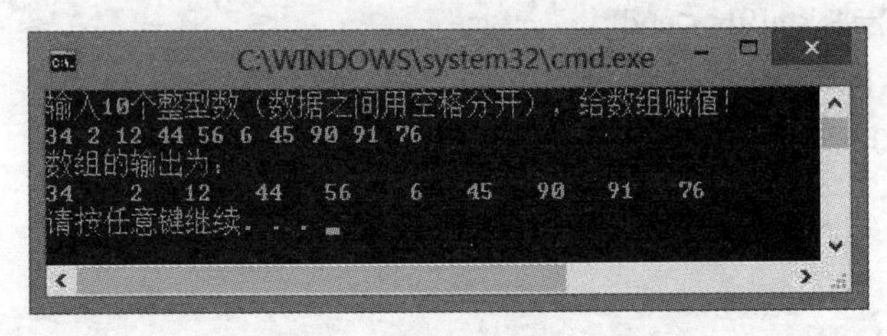

图6.2　程序P6_2运行结果

程序 P6_2 运行结果如图 6.2 所示。数组的输入输出不能简单地对数组名操作，使用循环依次对数组各个元素进行操作。程序中设置两个 for 循环，第一个用于给数组赋值，第二个用于输出数组。两个 for 循环各执行 10 次，i 分别取值 0~9，相应的 a[i]分别为 a[0]，a[1]，…，a[9]。

说明：

(1) 输入时，各数值之间以空格、回车符或 Tab 制表符作为分隔符，系统直到接收满 N 个数值的输入才结束，否则一直等待用户的输入。

(2) 输出时，各数值之间没有任何分隔符号，都在一行上输出。输出时程序通过 setw()函数控制输出数据的宽度，也可以用 '\t' 制表控制符进行格式控制。

程序 P6_3：一维数组求和以及求平均值，定义 int a[10]，并初始化，求数组各元素的和、平均值。

```
#include<iostream>
using namespace std;
int main()
{
    int i;
    int a[10]={1,2,3,4,5,6,7,8,9,10};      //定义数组并初始化
    double sum=0,ave;      //求和变量要初始化为 0
    for(i=0;i<10;i++)
    {
        sum=sum+a[i];      //累加
    }
    ave=sum/10;                //求平均值
    cout<<"数组元素的和为："<<sum<<endl;
    cout<<"数组元素的平均值为："<<ave<<endl;
    return 0;
}
```

注意：在该程序中，求和变量 sum 赋初值 0，如果不给 sum 赋初始值，sum 会有一个不可预测的数值，导致累加结果错误。另外，求平均值时要注意变量的类型不能是整型，否则结果按整除计算，容易出错。

程序 P6_4：一维数组的倒置，已知数组 int　a[5]={9,6,5,4,1}，把数组倒置后，再输出。

分析：所谓倒置就是把数组的元素逆序输出，并不是将数组下标从后往前输出。通过交换实现，把第 1 个元素和最后 1 个元素交换，第 2 个元素和倒数第 2 元素交换。依次类推，但要注意循环次数，如果数组是奇数个元素，则中间的元素不做处理。

```
#include<iomanip>
#define  N  5            //宏定义，定义 N=5，下面遇到 N 就用 5 来代替
int main()
{
    int a[N]={9,6,5,4,1},i,temp;   //5 替换 N，称宏替换
```

```
    cout<<"倒置前的数组为:"<<endl;
    for(i=0;i<N;i++)        //5 替换 N,以下类同
    {
        cout<<a[i]<<setw(5);
    }
    cout<<endl;
    for(i=0;i<N/2;i++)  //交换数据,实现数组倒置,次数为 N/2
    {
        temp=a[i];
        a[i]=a[N-i-1];
        a[N-i-1]=temp;
    }
    cout<<"倒置后的数组为:"<<endl;
    for(i=0;i<N;i++)  //输出时数组下标的变化,依然从 0 到 N-1
    {
        cout<<a[i]<<setw(5);
    }
    cout<<endl;
    return 0;
}
```

程序 P6_5:数组对称性判定。数组对称性是指数组的第 1 个元素和最后 1 个元素相等,第 2 个元素和倒数第 2 个元素相等,依此类推。比如,数组 a 中各个元素为{1,2,3,2,1},或{2,5,8,8,5,2},则数组 a 是对称数组;如果 a 中各个元素为{1,2,3,4,5},则 a 是不对称数组。

分析:数组 a[10],可以用循环语句对其进行对称性判定,循环控制变量 i 从 0~10/2 取值,分别比较 a[i]和 a[9-i]是否相等。如果出现一次比较不等,则可判定数组不对称;如果全部对应相等,则是对称数组。

```
#include<iostream>
using namespace std;
const int N=10;     //与宏替换比较,常量具有类型,更合适
int main()
{
    int i,a[N];
    cout<<"输入 10 个数组元素:"<<endl;
    for(i=0;i<N;i++)
    {
        cin>>a[i];
    }
    for(i=0;i<N/2;i++)
    {
```

```
        if(a[i]! =a[N-1-i])
        {
            break;
        }
    }
    if(i==N/2)
    {
        cout<<"数组是对称数组! ";
    }
    else
    {
        cout<<"数组不是对称数组! ";
    }
    cout<<endl;
    return 0;
}
```

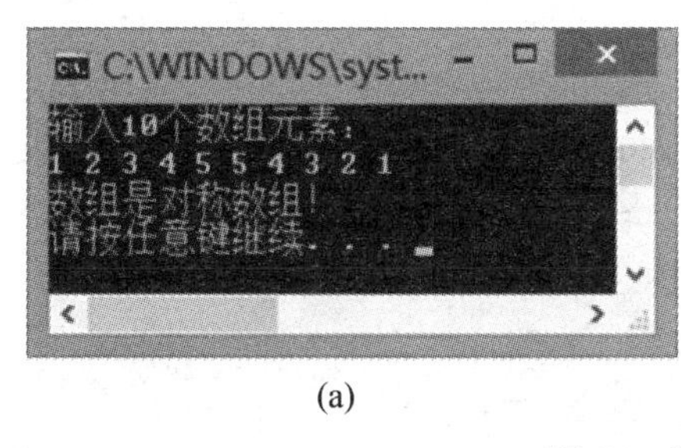

(a)

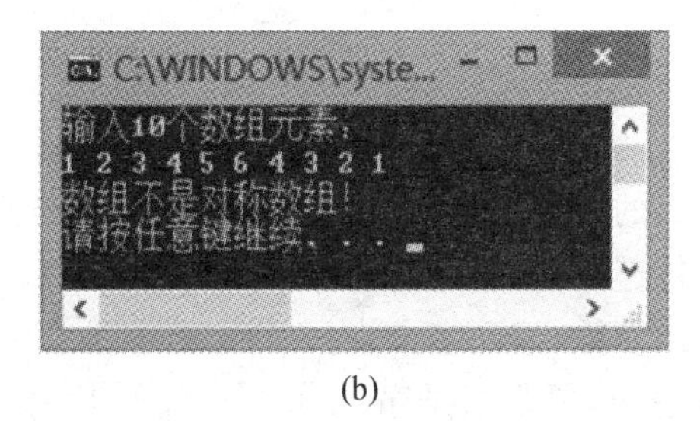

(b)

图 6.3　程序运行结果

执行程序,分别输入 10 个数据,显示结果如图 6.3(a)和(b)所示。在该程序中,不管是 for 循环还是 if 语句,即使语句体只有一条语句也使用花括号,目的使程序结构更加清晰。

程序 P6_6:定义函数 void searchMax(int a[],int N,int &max,int &maxi),在数组 a 中查找最大值及其位置,在主函数中定义数组 a 并初始化,调用 searchMax()函数,输出查找的结果。

分析:设置两个变量 max 和 maxi,max 用于存储最大值,maxi 用于存储最大值对应的下标。max 初始值为 a[0],maxi 的初始值为 0,把其他元素逐一与 max 做比较,比 max 大,则保存在 max 中,同时对应下标保存到 maxi 中。

```
#include<iostream>
using namespace std;
void searchMax(int a[],int N,int &max,int &maxi);    //max 和 maxi 是引用,用于返回结果
int main()
{
    int a[10]={2,22,20,50,45,71,90,15,88,76,};
    int max,maxi;
```

```
    searchMax(a,10,max,maxi);
    cout<<"最大值为:a["<<maxi<<"]="<<max<<endl;
    return 0;
}
void searchMax(int a[],int N,int &max,int &maxi)
{
    int i;
    max=a[0];  //先将数组中的第一个元素,赋给 max
    maxi=0;    //同时记下该元素的下标
    for(i=0;i<N;i++)
    {
        if(a[i]>max)  //如果比 max 大,就把值赋给 max
        {
            max=a[i];  //其余元素依次与最大值进行比较,一旦大于最大值则替换
            maxi=i;  //保存最大值下标
        }
    }
}
```

函数 void searchMax(int a[],int N,int &max,int &maxi),第一个参数 a[]传递的是数组,N 传递的是数组的元素个数,max 返回最大值,maxi 返回最大值下标。该函数后面两个参数使用的是引用传递方式,引用传递参数是指实参将自身传递给形参,当程序的结果不止一个时,就可以用引用参数,返回多个值。

程序 P6_7:数组排序(一)

插入排序的基本思想是:每一步将一个待排序的数据,按其大小插入前面已经排序的数据中适当位置上,直到全部插入完为止。

设已知数组为 a[10]={23,49,38,65,97,76,13,27,42,57},使用插入排序法,完成从小到大排序。

```
#include<iostream>
#include<iomanip>
using namespace std;
void insertSort(int a[],int n);
void display(int a[],int n);
int main()
{
    int a[10]={23,49,38,65,97,76,13,27,42,57};  //定义数组包含 10 个元素
    insertSort(a,10);
    display(a,10);
    return 0;
}
void insertSort(int a[],int n)  //插入排序
```

```
{
    int i,j,temp;
//第 1 个元素被看作是有序的,从第 2 个元素开始,将每个元素插入到有序的集合去
    for(i=1;i<n;i++)
    {
        if(a[i]<a[i-1])       //从小到大排序,后面的数据小于前面的数据,就要前移
        {
            temp=a[i];j=i-1;  //用 temp 将这个数据保存下来,j 记录前一个元素的下标
            do
            {
                a[j+1]=a[j];       //前面的元素后移
                j-- ;              //下标继续前移
            }while(temp<a[j]&&j>=0);       //如果依然比前面的元素小,就继续前移
            a[j+1]=temp;
        }
    }
}
void display(int a[],int n)       //输出数组各个元素
{
    int i;
    for(i=0;i<n;i++)
    {
        cout<<a[i]<<'\t';
    }
    cout<<endl;
}
```

程序 P6_8:数组排序(二)

冒泡排序方法,有 n 个数,完成升序排序:

(1) 从第一个元素开始,对数组中两两相邻的元素比较,将值较小的元素放在前面,值较大的元素放在后面,一轮比较完毕,最大的数就“沉”到了最后一个元素中;

(2) 然后对前 n-1 个数进行同(1)的操作,次最大数放入倒数第二个元素中,完成第二趟排序;依次类推,进行 n-1 趟排序后,所有数均有序。

设已知数组为 a[10]={12,4,24,51,8,6,9,3,2,7},对数组中的数据做升序排列。

分析:若某趟排序数组元素没有发生变化,说明数组已经有序,不必再继续排序。为了判断其有序性,增加一个变量 flag,用来标识有没有交换,若某趟排序没有发生交换,说明数组已经有序,结束排序。

```
#include<iostream>
using namespace std;
void bubbleSort(int a[],int n);
```

```
void display(int a[],int n);
int main()
{
    int a[10]={12,4,24,51,8,6,9,3,2,7};
    bubbleSort(a,10);
    display(a,10);
    return 0;
}
void bubbleSort(int a[],int n)   //插入排序完成
{
    int i,j,temp,flag;
    for(i=0;i<n-1;i++)   //共进行 n-1 轮交换
    {
        flag=0;   //设置标记,如果没有交换,证明已经排序完成
        for(j=0;j<n-1-i;j++)   //每次都是从第一个元素开始比较
        {
            if(a[j]>a[j+1])   //相邻元素两两比较
            {
                temp=a[j];
                a[j]=a[j+1];
                a[j+1]=temp;
                flag=1;   //有交换就置 1
            }
        }
        if(flag==0)       //没交换,就已经排序完成
        {
            break;
        }
    }
}
void display(int a[],int n)
{
    int i;
    for(i=0;i<n;i++)
    {
        cout<<a[i]<<'\t';
    }
    cout<<endl;
```

```
}
```

程序 P6_9:向数组中指定位置插入一个指定的值。

定义数组 int a[10]={49,15,83,20,84,79},可以连续向 a 数组插入元素,直到数组满为止。编写函数 void insertValue(int a[],int n,int value,int k),有 n 个元素的 a 数组,插入位置为 k,插入值为 value,实现插入操作。函数 void display(int a[],int n),输出数组中每个元素。

```
#include<iostream>
using namespace std;
void insertValue(int a[],int n,int value,int k);
void display(int a[],int n);
int main()
{
    int a[10]={49,15,83,20,84,79};
    int n,k,value;
    char ch='y';
    n=6;
    while(n<10 && ch=='y')
    {
        cout<<"数组元素:";
        display(a,n);
        cout<<"输入待插入元素及其位置:";
        cin>>value>>k;
        insertValue(a,n,value,k);
        n++;
        cout<<"插入元素后,数组:"<<endl;
        display(a,n);
        cout<<"----------------------------------------------------------------------------    "<<endl;
        cout<<"还继续插入吗?(y or n)"<<endl;
        cin>>ch;
    }
    if(n==10)
    {
        cout<<"数组已满,不能继续插入!"<<endl;
    }
    return 0;
}
void insertValue(int a[],int n,int value,int k)
{
    int i;
    for(i=n-1;i>=k;i-- )
```

```
        {
            a[i+1]=a[i];
        }
        a[k]=value;
    }
    void display(int a[],int n)
    {
        int i;
        for(i=0;i<n;i++)
        {
            cout<<a[i]<<'\t';
        }
        cout<<endl;
    }
```

程序 P6_10：向有序数组中插入一个元素，插入后使数组仍然有序。

在有序数组中插入一个数值，需要三步：(1) 首先需要在数组中找到待插入值的位置；(2) 把数组中的元素向后移动，空出待插入元素的位置；(3) 插入元素。

```
#include<iostream>
using namespace std;
void display(int a[],int n);
void orderlyInsert(int a[],int n,int value);
int main()
{
    int a[10]={12,22,23,45,56,78,91,94,100};      //该数组有 9 个有序元素
    int value;
    display(a,9);
    cout<<"请输入待插入元素：";
    cin>>value;
    orderlyInsert(a,9,value);
    display(a,10);
    return 0;
}
void orderlyInsert(int a[],int n,int value)
{
    //(1)找位置
    int i,k,j;
    for(i=0;i<n;i++)
    {
        if(value<a[i])
```

```
            {
                break;
            }
        }
        //后移
        k=i;
        j=n-1;
        while(j>k)
        {
            a[j+1]=a[j];
            j-- ;
        }
        //赋值
        a[k]=value;
    }
    void display(int a[],int n)
    {
        int i;
        for(i=0;i<n;i++)
        {
            cout<<a[i]<<'\t';
        }
        cout<<endl;
    }
```

程序 P6_11：数组元素的删除，随机生成 10 个互不相同的 1～100 之间的整数，存放在一维数组中，找出最大的值并删除该值。

(1) 函数 bool different(int a[],int n,int value)，用于判断 value 是否与数组其他元素相异；

(2) 函数 void display(int a[],int n)，显示数组每个元素；

(3) 函数 void deleteMax(int a[],int n)，删除数组中最大元素。

在主函数调用并测试。

```
#include<iostream>
using namespace std;
bool different(int a[],int n,int value);
void display(int a[],int n);
void deleteMax(int a[],int n);
int main()
{
    int a[10];
    int i,temp;
```

```
    for(i=0;i<10;i++)
    {
        temp=rand()%41+60;
        if(i==0)      //第一个元素直接赋值
        {
            a[i]=temp;
        }
        else if(different(a,i,temp))      //判断，如果是相异于其他元素，可赋值
        {
            a[i]=temp;
        }
        else   //即不是第一个元素，又不是相异的，只好重新生成随机数
        {
            i-- ;
        }
    }
    display(a,10);
    deleteMax(a,10);
    display(a,9);
    return 0;
}
void deleteMax(int a[],int n)
{
    int maxValue,j,i;
    maxValue=a[0];j=0;
    for(i=0;i<n;i++)      //找到最大值及下标位置
    {
        if(a[i]>maxValue)
        {
            maxValue=a[i];
            j=i;
        }
    }
    while(j<n-1)
    {
        a[j]=a[j+1];
        j++;
    }
}
```

```
bool different(int a[],int n,int value)
{
    int i;
    for(i=0;i<n;i++)
    {
        if(value==a[i])
        {
            return false;
        }
    }
    return true;
}
void display(int a[],int n)
{
    int i;
    for(i=0;i<n;i++)
    {
        cout<<a[i]<<'\t';
    }
    cout<<endl;
}
```

//说明：函数 void deleteMax(int a[],int n)中，也可以不使用 maxValue，只需记下最大值下标即可。

```
void deleteMax1(int a[],int n)
{
    int k,i;
    k=0;      //赋初始值，先将第一个元素作为最大值下标
    for(i=0;i<n;i++)
    {
        if(a[i]>a[k])      //如果比 a[k]大，k=i 即可
        {
            k=i;
        }
    }
    while(k<n-1)
    {
        a[k]=a[k+1];
        k++;
    }
```

}

说明:当我们多执行几遍时就会发现,每次产生的随机数是一样的,这时要改变随机种子,一般将系统当前时间作为种子,srand((unsigned)time(0))放在main()函数中第一行,这样生成的随机数更接近于实际意义上的随机数,并加上头文件"time.h"。

思考:该题目是先求出最大值,然后再移动元素删除最大值,该算法是解决相异数据的删除问题。如果要删除的数值是重复的,也可能是位置不连续的,该怎么处理呢?

6.1.4 一维数组在工程化实例中的应用

程序P6_12:求某个班100个学生的某门课程的平均成绩,然后输出平均成绩。

在学生管理系统中,学生的成绩需要进一步做其他处理,所以需要保存。在此可以利用数组解决数据的保存问题,把各学生的成绩保存在数组中,求出平均成绩后,就可以统计出高于平均成绩的人数了。该题为简单起见,成绩用随机数生成。

利用数组编写算法如下:

```
#include <iostream>
#include <time.h>
using namespace std;
int main()
{
    srand((unsigned)time(0));       //随机种子,每次可产生不同的随机数
    int mark[100],count=0;
    double average=0;
    int i;
    for(i=0;i<100;i++)
        {
            mark[i]=rand()%101;
            average+=mark[i];
        }
    average=average/100;
    for(i=0;i<100;i++)
        {
        if(mark[i]>=average)
            {
            count++;
            }
        }
    cout<<"平均分数为:"<<average<<endl;
    cout<<"高于平均分数的人数为:"<<count<<endl;
    return 0;
}
```

数组只能在一次运行时暂时保存数据，对于学生管理系统需要长期保存学生的数据，可以采用文件处理，在后续章节进一步讲解。

6.2　二维数组

二维数组相当于一个矩阵，需要用行和列两个下标来描述。二维数组的每一行相当于一个一维数组。

6.2.1　二维数组的定义和初始化

二维数组的定义形式：

数据类型　数组名[常量表达式 1][常量表达式 2];

其中，"常量表达式 1"代表了二维数组的行数，"常量表达式 2"代表了二维数组的列数。行、列下标都从零开始，其最大下标均比常量表达式的值小 1。例如：

```
float m[3][4];
```

定义了一个实型数组 m，共有 3 行 4 列，3×4=12 个元素。

可用下面的语句初始化：

```
float m[3][4]=
{
    {11.3,28.2,16.5,-7.1},
    {12.4,27.1,17.6,-5.7},
    {23.2,33.5,25.8,-1.3}
};
```

也可以采用如下的语句初始化：

```
int m[3][4]=
{
    11.3,28.2,16.5,-7.1,12.4,27.1,17.6,-5.7,23.2,33.5,25.8,-1.3
};
```

但是，按行初始化更直观、更通用。也可以初始化某一行中的部分元素。例如：

```
int   m[3][4]={{11.3},{12.4},{23.2}};
```

上面的语句仅初始化数组每一行的第一个元素，而其他元素未给初值，则其值为 0。

6.2.2　二维数组元素的引用

二维数组引用格式为：

数组名 [整型表达式][整型表达式];

其中，[]为下标运算符，"整型表达式"的值表示对应元素在数组中的顺序。其值的下标从 0 开始，最大值为数组行列个数减 1。

6.2.3 二维数组的应用举例

程序 P6_13：定义二维数组 2 行 3 列，产生[60,100]之间的随机数给该数组赋值，并输出。

分析：处理二维数组类似于一维数组，用一个二重循环语句。

```
#include <iostream>
#include<time.h>            //time(0)所需要的头文件
using namespace std;
int main()
{
    int a[2][3];
    int rowSize=2;
    int colSize=3;
    srand(time(0));            //定义随机种子，保证每次运行产生的随机数不同
    cout<<"输入数组："<<endl;
    for(int i=0;i<rowSize;i++)
     {
        for(int j=0;j<colSize;j++)
        {
            a[i][j]=rand()%41+60;      //产生[60,100]之间的随机数
        }
     }
    cout<<"输出数组："<<endl;
    for(int i=0;i<rowSize;i++)
    {
        for(int j=0;j<colSize;j++)
        {
            cout<<a[i][j]<<"\t";
        }
        cout<<endl;
    }
    return 0;
}
```

程序 P6_14：已知数组 a[3][3]={{34,56,43},{99,456,23},{11,76,234}}，求数组所有元素和及平均值。

```
#include <iostream>
using namespace std;
int main( )
{
    int a[3][3]={{34,56,43},{99,456,23},{11,76,234}};
```

```
    int sum=0;
    double ave;
    for (int i=0;i<3;i++)
    {
        for(int j=0;j<3;j++)
        {
            sum=sum+a[i][j];
        }
    }
    ave=sum/9.0;
    cout<<"数组的和为:"<<sum<<endl;
    cout<<"平均值为:"<<ave<<endl;
    return 0;
}
```

程序 P6_15:已知数组 a[3][3]={{34,56,43},{99,456,23},{11,76,234}},求该数组元素的最大值及最大值元素的下标。

与一维数组求最大(最小)值的方法相似,区别在于用两重循环来实现。先假定第一个元素为最大,同时保存其行、列的下标;然后利用两重循环逐一与最大(最小)值比较,一旦超过最大(最小)值就替换,同时也替换行、列下标。求最小值的方法相同。

```
#include <iostream>
using namespace std;
int main( )
{
    int a[3][3]={{34,56,43},{99,456,23},{11,76,234}};
    int max,imax,jmax;
    max=a[0][0];imax=0;jmax=0;
    for (int i=0;i<3;i++)
    {
        for(int j=0;j<3;j++)
        {
            if(a[i][j]>max)
            {
                max=a[i][j];
                imax=i;
                jmax=j;
            }
        }
    }
    cout<<"最大值为 "<<max<<endl;
```

```
        cout<<"最大值行下标 "<<imax<<endl;
        cout<<"最大值列下标 "<<jmax<<endl;
        return 0;
}
```

该程序是求最大值问题。在循环章节里，采用 for 循环求解最大值，输入一个数据比较一个数据，数据没有进行存储。这里是先把数据存放在数组中，依次和数组元素做比较，一维数组用一重循环比较，二维数组用二重循环比较。

程序 P6_16：已知矩阵 a[4][4]={{1,2,3,4},{5,6,7,8},{9,10,11,12},{13,14,15,16}}，求转置后的矩阵。

分析：矩阵转置实际就是将矩阵以对角线为轴线，将元素的行和列位置调换，即 a[i][j]与 a[j][i]交换。

```
#include <iostream>
using namespace std;
int main( )
{
    int a[4][4]={{1,2,3,4},{5,6,7,8},{9,10,11,12},{13,14,15,16}};
    cout<<"原矩阵 "<<endl;
    for(int i=0;i<4;i++)
    {
        for(int j=0;j<4;j++)
        {
            cout<<"\t"<<a[i][j];
        }
        cout<<endl;
    }
    for(int i=0;i<4;i++)      //以主对角线为轴线，交换元素
    {
        for(int j=0;j<i;j++)
        {
            int t=a[i][j];
            a[i][j]=a[j][i];
            a[j][i]=t;
        }
    }
    cout<<"转置后矩阵 "<<endl;
    for(int i=0;i<4;i++)
    {
        for(int j=0;j<4;j++)
        {
```

```
                cout<<"\t"<<a[i][j];
            }
            cout<<endl;
        }
        return 0;
    }
```

程序 P6_17：已知 2 行 3 列矩阵 a，3 行 4 列矩阵 b,矩阵 a 乘矩阵 b，得矩阵 c,输出 2 行 4 列的矩阵 c。

分析：由两个矩阵的乘积公式可知，两个矩阵 a[M][N]和 b[N][P]相乘，乘积 C 是 M×P 阶的矩阵，它的第 i 行和第 j 列的元素可以通过下面的公式求得。

$$c_{ij}=\sum_{k=0}^{n-1} a_{ik} b_{kj}$$

```
#include <iostream>
using namespace std;
const int M=2;
const int N=3;
const int P=4;
int main()
{
    int a[M][N]={{3,5,7},{4,6,8}};
    int b[N][P]={{1,4,7,10},{2,5,8,11},{3,6,9,12}};
    int c[M][P];
    for(int i=0;i<M;i++)
        for(int j=0;j<P;j++)
        {
            int s=0;  //求一个元素的值
            for(int k=0;k<N;k++)
            {
                s+=a[i][k]* b[k][j];
            }
            c[i][j]=s;
        }
    for(int i=0;i<M;i++)
    {
        for(int j=0;j<P;j++)
        {
            cout<<c[i][j]<<"\t";
        }
        cout<<endl;
```

```
        }
    }
```

注意:矩阵相乘时,第一个矩阵的列和第二个矩阵的行必须相同,否则不能进行相乘运算。

程序 P6_18:利用二维数组编程打印杨辉三角形的前六行。

分析:杨辉三角形由$(a+b)^n$ 展开式系数构成,其中 n=0,1,2,3,4,…该三角形的规律是每行第一列的元素都是 1,对角线元素也都是 1,从第 3 行开始,其他元素的值都等于上一行同一列元素与前一列元素之和。我们可以按此规律计算各个元素的值并存入数组中,然后按行输出每个元素的值。

```
#include<iostream>
using namespace std;
const int N=6;
int main()
{
    int a[N][N];
    for(int i=0;i<N;i++)
    {
        for(int j=0;j<N;j++)
        {
            a[i][j]=0;  //数组各元素赋初值 0
        }
    }
    for(int i=0;i<N;i++)
    {
        a[i][0]=1;
        a[i][i]=1;  //第一列和对角线元素都设置为 1
    }
    for(int i=2;i<N;i++)
    {
        for(int j=1;j<i;j++)
        {
            a[i][j]=a[i-1][j-1]+a[i-1][j];  //计算每一行中间元素的值
        }
    }
    for(int i=0;i<N;i++)
    {
        for(int j=0;j<=i;j++)
        {
            cout<<"\t"<<a[i][j];
```

```
        }
        cout<<endl;
    }
    return 0;
}
```

6.2.4 二维数组在工程化实例中的应用

程序 P6_19:定义 a[6][7]={ {1,65,76,78,87,89},

```
                         {2,99,78,56,69,89},
                         {3,67,76,77,58,67},
                         {4,55,76,87,99,97},
                         {5,56,65,75,88,89}
                       };
```

a 是 6 行 7 列的数组,前 5 行存放 5 名学生的成绩,第 6 行存放各门课程的平均成绩,1~6 列分别存放学生的学号和各门课程的成绩,第 7 列存放每个学生的最高成绩。编程求出每个学生各门课程的最高成绩和平均成绩。

```
#include<iostream>
#include<iomanip>
using namespace std;
const int M=6;
const int N=7;
int main()
{
    int i,j;
    double ave,max;
    double  a[M][N]={ {1,65,76,78,87,89},
                      {2,99,78,56,69,89},
                      {3,67,76,77,58,67},
                      {4,55,76,87,99,97},
                      {5,56,65,75,88,89}
                    };
    for(i=0;i<M-1;i++)   //查找每个学生的最高成绩
    {
        max=a[i][1];
        for(j=2;j<N-1;j++)
        {
            if(max<a[i][j]) max=a[i][j];
        }
        a[i][6]=max;
```

```
    }
    for(j=1;j<N-1;j++)   //计算各门课程的平均成绩
    {
        ave=0;
        for(i=0;i<M-1;i++)
        {
            ave+=a[i][j];
        }
        a[5][j]=ave/5.0;
    }
    cout<<"最高成绩和平均成绩如下:"<<endl;
    cout<<setw(8)<<"学号"<<setw(8)<<"课程 1"<<setw(8)<<"课程 2"
        <<setw(8)<<"课程 3"<<setw(8)<<"课程 4"<<setw(8)<<"课程 5"
        <<setw(8)<<"最高分"<<endl;
    for(i=0;i<M-1;i++)
    {
        for(j=0;j<N;j++)
        {
            cout<<setw(8)<<a[i][j];
        }
        cout<<endl;
    }
    cout<<setw(8)<<"平均分";
    for(j=1;j<N-1;j++)
    {
        cout<<setw(8)<<a[M-1][j];
    }
    cout<<endl<<endl;
    return 0;
}
```

6.3 字符数组

当数组中的元素都是由一个个字符组成时,便称之为字符数组。C++中,用一维的字符数组表示字符串。

6.3.1 字符数组的定义和初始化

数组的每一个元素存放字符串的一个字符,并附加一个空字符,表示为 '\0',添加在字符串的末尾，以识别字符串的结束。如果一个字符串有 n 个字符，则至少需要有 n+1 个元素的字符数组来保存它。例如，一个字符 'a' 仅需要一个字符变量就可以保存，而字符串"a"需要有两个元素的字符数组来保存，一个元素存字符 'a'，另一个元素存空字符 '\0'。

字符数组定义的一般形式：

char 数组名[常量表达式];

例如：

```
char   s[5];                    //定义一维字符数组
char str[10][10];               //定义二维字符数组
```

字符数组也可以在定义时初始化：

```
char str[17]={'T','h','i','s',' ','i','s',' ','a',' ','s','t','r','i','n','g','\0'};
```

对数组的各元素分别赋予字符值，并加上字符串结束标记。

如果花括号中提供的初值个数超过数组长度，将产生错误，如果初值个数少于数组长度时，剩余的元素自动用空格补足。

字符数组的长度也可以用初值个数来确定，例如：

```
char str[]={'T','h','i','s',' ','i','s',' ','a',' ','s','t','r','i','n','g','\0'};
```

字符数组 str 的长度为 17。

也可以用整个字符串常量来初始化字符数组。

```
char s1[]="example";
char s2[20]="another example";
```

在第一种情形下，数组分配 8 个字符的空间，分别保存字符串的 7 个字符和一个结尾符 '\0'。第二种情形申请了 20 个字符的空间，但仅 16 个字符位置被占用，即 15 个字符串字符和一个结尾符 '\0'。注意：字符串的长度并不包括结尾符。在上面的两个例子中我们常采用第一种形式，即不显式指定字符串的长度，而由编译器自行确定字符数组的长度。

6.3.2 字符数组应用举例

1. 字符数组的键盘输入和屏幕输出

字符串可以用 cout 输出，例如：

```
char s1[]= "example" ;
cout<<"The string s1 is " <<s1 <<endl;
```

用 cin 可实现字符数组的输入，例如：

```
char s1[20];
cin>>s1;
cout<<"The string s1 is " <<s1 <<endl;
```

使用键盘输入" example "，则输出结果为：

The string s1 is example

如果键盘输入的字符串中有空格，就需要在空格的地方分成两个或多个子字符串，放在字符数组中。例如：

```
char firstname [12],surname[12];
cout<<"Enter name ";
```

```
cin>>firstname;
cin>>surname;
cout<<"The name entered was "<<firstname <<" "<<surname;
```

执行上面的语句，键盘输入"Ian Aitchison"，屏幕输出结果如下：

The name entered was Ian Aitchison

注意：只有字符数组才可以使用 cin 或 cout 后直接跟数组名进行输入或输出，其他类型的数组不可以。

程序 P6_20：求字符数组的长度。

```
#include <iostream>
using namespace std;
const int MAXLEN=80;
int main(void)
{
    char str[MAXLEN+1];
    int lengthOfString;
    cout("Input a string:");
    cin>>str;
    int i=0;
    while(str[i]!='\0')
      i++;
    lengthOfString=i;
    cout<<"The length of this string is "<<lengthOfString <<endl;
    return 0;
}
```

运行结果：

```
Input a string:world
The length of this string is 5
```

程序 P6_21：从键盘输入一行带空格的字符串并输出。

在利用 cin 可以读入一个字符串，当遇到空格符时就认为字符串结束了，因此不能用它们来输入一行带空格的字符串。为实现带空格的字符串输入，就要程序逐个检查输入的字符，只有遇到换行符 '\n' 时才停止读入，程序如下：

```
#include <iostream>
using namespace std;
const int MAXLEN=80;
int main(void)
{
     char s[MAXLEN];
     int i;
     i=0;
```

```
    char c;
    while((c=getchar())!='\n')
    {
        s[i++]=c;
    }
    s[i]='\0';
    cout<<s<<endl;
    cin>>s;
    return 0;
}
```

运行该程序,输入"How are you",则屏幕打印:

How are you

这个程序用 getchar()逐个读入字符,当不是换行符时,就把读入的字符送到字符数组 line 中。i++使字符数组每得到一个字符后,就将下标后移一位,准备存放下一个字符,当遇到'\n'时,不把 '\n' 送进数组 line,而是在最后加一个字符串结束标志 '\0',构成一个字符串,输出用 cout。

程序 P6_22:从键盘输入一行带空格的字符串并输出,使用 cin.get()。

```
#include <iostream>
using namespace std;
const int MAXLEN=80;
int main(void)
{
    char s[MAXLEN];
    cin.get(s,MAXLEN);
    cout<<s<<endl;
    return 0;
}
```

说明:使用 cin.get()函数更方便。

程序 P6_23:把两个字符串连接起来。

```
#include <iostream>
using namespace std;
const int LENGTH=40;
int main()
{
    char str1[LENGTH+1],str2[LENGTH+1];
    char result[2 * LENGTH+1];
    int len1,len2;
    cout<<"Input the first string:"<<endl;
    cin>>str1;
```

```
    cout<<"Input the second string."<<endl;
    cin>>str2;
    len1=0;
    while(str1[len1]!='\0')
    {
        result[len1]=str1[len1];
        len1 ++;
    }
    len2=0;
    while(str2[len2]!='\0')
    {
        result[len1]=str2[len2];
        len1++;
        len2++;
    }
    result[len1]='\0';
    cout<<result<<endl;
return 0;
}
```

运行该程序并输入：

Input the first string:

Good↙

Input the second string:

bye↙

运行结果为：

Goodbye

程序中第一个循环把 str1 的内容送到 result 中，但没有送 '\0'，从第一个字符串的末尾位置开始，第二个循环把 str2 送到 result 中，同样没有送 '\0'，因此在最后我们为新的字符串加一个 '\0' 表示字符串的结束，最后用 cout()输出这个字符串。

6.3.3 字符数组在工程化实例中的应用

要求：在学生管理系统中，已知某班级有 10 个学生，给定一个学生的姓名，查找该学生是否在该班级中。

思路分析：可以用一个 10 行 9 列的二维字符数组保存已有学生的姓名，每行相当于一个一维数组，保存一名学生姓名，用一个一维的字符数组存放要查找的学生姓名。这样查找姓名就是一维字符数组的比较。

实现程序如下：

```
#include<iostream>
const int N=2;
```

```
const int M=20;
int main()
{
    char name[M],student[N][M];
    int i,j;
    cout<<"输入"<<N<<"个学生的姓名:"<<endl;
    for(i=0;i<N;i++)
        cin>>student[i];   //student[i]相当于一维数组,采用成批赋值方式
    cout<<"输入要查找的学生姓名:"<<endl;
    cin>>name;
    for(i=0;i<N;i++)
    {
        for(j=0;j<M;j++)
        {
            if(student[i][j]!=name[j])
                break;
        }
        if(j==M)
        {
            cout<<"该学生在该班级中!"<<endl;
            break;
        }
    }
    if(i==N) cout<<"该学生不在该班级中!"<<endl;
    return 0;
}
```

习题 6

1. 设计一个程序,从键盘输入 10 个整数,将其中能被 2 整除、或能被 3 整除、或能被 5 整除的整数累加求和。

提示:利用一维数组来存放 10 个整数,判断整数 n 是否能被 i 整除:n%i==0。

2. 设计一个程序,计算 50 个学生《C++ 程序设计》课程期末考试的及格率和优秀率。**说明:**总分为 100 分,60 分以上(含 60 分)为及格,85 分以上(含 85 分)为优秀。

提示:利用一维数组来存放 50 个学生的考试成绩。通过两个计数器分别统计及格学生和优秀学生的数量。

3. 设计一个程序,寻找 10 个正整数中的**最大偶数**,若该组数据中不存在偶数,则输出**"未发现偶数"**。

提示：利用一维数组来存放 10 个整数。判断整数 n 是否为偶数：n%2==0。

计算一组数据中的最大值的算法如下：

- 假定第一个数据为当前最大值；
- 对于其余的数据，依次与当前最大值进行比较。若某个数据的值大于当前最大值，则将该数据的值作为新的当前最大值。

4. 有如下数列：

$$a_n=\begin{cases}2, & n=1\\ 2a_{n-1}-1, & n>1\end{cases}$$

设计一个函数来计算该数列的前 *n* 项的值，并将其存放在一维数组中，该函数的原型如下：void term(long *a*[ ],int n);其中，形参数组 *a* 即为存放数列前 *n* 项值的数组。再设计一个函数来计算该数列的前 *n* 项的和，该函数的原型如下：long sum(long *a*[ ],int n);其中，形参数组 *a* 中存放着数列的前 *n* 项的值，函数的返回值为该数列前 *n* 项的和。在主函数中分别调用以上两个函数进行测试，分别计算该数列的前 30 项的值以及前 30 项的和。

提示：调用一个包含数组形参的函数时，传递的对应实参应为相同基类型的数组的数组名。在函数体内对形参数组所做的修改会直接影响函数调用时对应的实参数组。

5. 小明发现了一个奇妙的数字。它的**平方**和**立方**正好把 0~9 的 10 个数字每个用且只用了一次。你能猜出这个数字是多少吗？

提示：通过取余(%)和整除(/)操作来分离出一个数各个位上的数字，并利用 bool 类型的一维数组来判断某个数字是否出现了。

6. 找矩阵的鞍点。矩阵的鞍点是指一个 N(N<=30)阶方阵中的某元素，该元素为所在行的最大值，并为所在列的最小值。

7. 判断一个整数是否为回文数。回文数是指对称数字，比如 121，23432 等。

提示：把要判断的整数的各个位上的数字取出来存放在数组中，如果数组是对称数组，则该数是回文数，否则不是回文数。

8. 编写函数：

(1) 在一个二维数组中形成以下形式的 *n* 阶矩阵：

$$\begin{pmatrix}1&1&1&1&1\\2&1&1&1&1\\3&2&1&1&1\\4&3&2&1&1\\5&4&3&2&1\end{pmatrix}$$

(2) 去掉靠边元素，生成新的 *n*-2 阶矩阵，并输出；

(3) 求矩阵主对角线下元素之和；

(4) 以方阵形式输出数组。

9. 从键盘输入整数 *n*，使用随机函数产生 *n* 个整数，分别使用冒泡法和选择法进行排序，使其按照从小到大的顺序输出。在主函数中调用，输出排序后的结果。

工程训练3 商品信息管理系统(数组与循环篇)

利用数组和循环语句的相关知识,完成《商品信息管理系统》的设计,实现对商品信息进行有效的管理。该系统的主要功能包括:商品信息录入、商品信息输出、商品销售、商品进货、统计库存不足商品、统计营业额、统计销量最高和销量最低的商品、统计营业额最高和营业额最低的商品。具体功能介绍如下:

- **商品信息录入**

首先从键盘输入商品的种类,然后根据商品的种类依次输入每种商品的初始信息,信息包括:商品数量和商品价格。每种商品维护着三种信息:商品库存量、商品价格和商品销售量。三种信息分别存放在三个数组中。信息录入时,用输入的商品数量来初始化商品库存量,用输入的商品价格来初始化商品价格,并将商品销售量初始化为0。

- **商品信息输出**

将所有商品的信息依次输出到屏幕上显示,每种商品信息显示一行,输出的信息包括:商品库存量、商品价格和商品销售量。

- **商品销售**

根据商品编号(编号从1开始)对某种商品进行销售,销售时需指定具体的商品销售数量。在对商品进行销售之前,需要对输入的商品编号和商品销售数量的信息进行合法性检测,只有输入数据合法时,才能进行商品销售。若输入数据合法,则根据具体的商品编号和商品销售数量对某种商品进行销售,销售成功后,需要相应的修改该商品的库存量和销售量的信息。注意:当库存量无法满足销售量需求时,同样不能进行商品销售。

- **商品进货**

根据商品编号(编号从1开始)对某种商品进行进货,进货时需指定具体的商品进货数量。在对商品进行进货之前,需要对输入的商品编号和商品进货数量的信息进行合法性检测,只有输入数据合法时,才能进行商品进货。若输入数据合法,则根据具体的商品编号和商品进货数量对某种商品进行进货,进货成功后,需要相应的修改该商品的库存量信息。

- **统计库存不足商品**

依次对所有商品的库存量进行检测,若某种商品的库存量为0,则将该商品输出,每行输出一种商品。

- **统计营业额**

依次对每种商品的营业额进行统计,并输出该商品的营业额统计结果,每行输出一种商品。商品营业额计算公式为:商品价格×商品销售量。同时,将所有商品的营业额进行相加,在最后一行显示所有商品的总营业额。

- **统计销量最高和销量最低的商品**

依次比较所有商品的销售量,从中找出销量最高和销量最低的商品。首先,定义两个变量分别用于存放最高销量和最低销量,初始时,将最高销量和最低销量都初始化为第一种商品的销售量。接下来,依次将其余商品的销售量与最高销量和最低销量进行比较。若当前商品的销售量大于最高销量,则将最高销量设置成该商品的销售量;此外,若当前商品的销售量小于最低销量,则将最低销量设置成该商品的销售量。

- **统计营业额最高和营业额最低的商品**

依次比较所有商品的营业额,从中找出营业额最高和营业额最低的商品。首先,定义两个变量分别用于存放最高营业额和最低营业额,初始时,将最高营业额和最低营业额初始化为第一种商品的营业额。接下来,依次将其余商品的营业额与最高营业额和最低营业额进行比较。若当前商品的营业额大于最高营业额,则将最高营业额设置成该商品的营业额;此外,若当前商品的营业额小于最低营业额,则将最低营业额设置成该商品的营业额。

下面给出程序的基本框架和设计思路,仅供大家参考。此外,完全可以自己来设计更合理的结构和代码。

```
#include <iostream>
using namespace std;
const int N=100;                        //符号常量,用于定义数组
int main()
{
    int option;                         //功能提示菜单选项

    int num[N];                         //商品的数量
    double price[N];                    //商品的价格
    int sell1[N]={0};                   //商品的销售量,初始化为0
    int total;                          //商品种类
    int product,n;                      //辅助变量

    while(true)                                 //重复显示功能菜单
    {
        //输出功能提示菜单
        cout<<endl;
        cout<<"========================================"<<endl;
        cout<<"            商品信息管理系统功能菜单"<<endl;
        cout<<"\t1. 输入商品信息"<<endl;
        cout<<"\t2. 输出商品信息"<<endl;
        cout<<"\t3. 销售商品"<<endl;
        cout<<"\t4. 商品进货"<<endl;
        cout<<"\t5. 统计库存不足商品"<<endl;
        cout<<"\t6. 统计营业额"<<endl;
        cout<<"\t7. 统计销量最高和销量最低的商品"<<endl;
        cout<<"\t8. 统计营业额最高和营业额最低的商品"<<endl;
        cout<<"\t9. 退出"<<endl;
        cout<<"========================================"<<endl;
        cout<<"请选择功能(1-9): ";
```

```
cin>>option;
switch(option)      //根据菜单选项完成相应的功能
{
    case 1:     //输入商品信息
            /* 首先输入商品的种类,然后根据商品的种类依次输入每种商品
        的信息,信息包括:商品数量和商品价格。通过循环语句,每次循环输
        入一种商品的信息。
            例如:
            cout<<"输入商品的种类: ";
            cin>>total;
            for(int i=0;i<total;++i)
            {
                cout<<"输入第"<<i+1<<"种商品的信息(数量、价格): ";
                cin>>num[i]>>price[i];
            } */
        break;
    case 2:     //输出商品信息
            /* 依次输出每种商品的信息,信息包括:商品库存量、商品价格和
        商品销量。通过循环语句,每次循环输出一种商品的信息。
            例如:
            for(int i=0;i<total;++i)
                cout<<"[商品"<<i+1<<"] 库存量: "<<num[i]<<",价格: "<<
        price[i]<<",销量: "<<sell[i]<<endl;*/
        break;
    case 3:     //销售商品
            /* 根据商品编号来销售某种商品,并同时指定销售数量。
            例如:
            cout<<"请输入商品编号(1-"<<total<<")和销售数量(>0): ";
            cin>>product>>n;      //输入商品编号和销售数量
            需要对输入的商品编号和销售数量进行合法性检测,当输入数据
        合法时再根据具体的商品编号和销售数量对某种商品进行销售。此
        外,只有在某种商品的库存量能够满足销售数量的需求时,才能对该商
        品进行销售。
            例如:
            if(n>num[product-1])      //库存量不足
                cout<<"商品"<<product<<"库存量不足! "<<endl;
            else
            {
                num[product-1]-=n;
```

```
            sell[product-1]+=n;
            cout<<"商品"<<product<<"销售成功!"<<endl;
        } */
    break;
case 4:     //商品进货
        /* 根据商品编号来对某种商品进行进货,并同时指定进货数量。
        例如:
        cout<<"请输入商品编号(1-"<<total<<")和进货数量(>0): ";
        cin>>product>>n;  //输入商品编号和进货数量
        需要对输入的商品编号和进货数量进行合法性检测,当输入数据
    合法时再根据具体的商品编号和进货数量对某种商品进行进货。
        例如:
        else if(n<0)      //判断进货数量是否合法
            cout<<"进货数量不能为负值!"<<endl;
        else
        {
            num[product-1]+=n;
            cout<<"商品"<<product<<"进货成功!"<<endl;
        } */
    break;
case 5:     //统计库存不足商品
        /* 依次对每种商品的库存量进行检测,并输出所有库存量为 0 的
    商品。通过循环语句,每次循环检测一种商品的库存量。
        例如:
        for(int i=0;i<total;++i)
            if(num[i]==0)
                cout<<"商品"<<i+1<<"库存不足!"<<endl;*/
    break;
case 6:     //统计营业额
        /* 依次对每种商品的营业额进行统计,并输出该商品的营业额统
    计结果。商品营业额计算公式为:商品价格×商品销售量。通过循环
    语句,每次循环统计一种商品的营业额,并将其叠加到总营业额上。
        例如:
        double sum;  //存放总营业额
        sum=0.0;                    //初始化为 0
        for(int i=0;i<total;++i)
        {
            cout<<"商品"<<i+1<<"营业额(元): "<<price[i]*sell[i]<<endl;
            sum+=price[i]*sell[i];  //叠加至总营业额
        }
```

```
        cout<<"商品营业总额(元): "<<sum;*/
    break;
case 7:     //统计销量最高和销量最低的商品
```

/* 定义两个变量用来存放最高销量和最低销量，并将最高销量和最低销量初始化为第一种商品的销量，例如：

```
int max_amount,min_amount;
max_amount=sell[0];
min_amount=sell[0];
```

依次将其余商品的销售量与最高销量和最低销量进行比较，若该商品的销售量大于最高销量，则将最高销量设置成该商品的销售量；另外，若该商品的销售量小于最低销量，则将最低销量设置成该商品的销售量。通过循环语句，每次循环比较一种商品的销售量。

例如：

```
for(int i=1;i<total;++i)
{
    if(sell[i]>max_amount)
        max_amount=sell[i];
    if(sell[i]<min_amount)
        min_amount=sell[i];
} */
    break;
case 8:     //统计营业额最高和营业额最低的商品
```

/* 定义两个变量用来存放最高营业额和最低营业额，并将最高营业额和最低营业额初始化为第一种商品的营业额，例如：

```
double max_income,min_income;
max_income=price[0]*sell[0];
min_income=price[0]*sell[0];
```

依次将其余商品的营业额与最高营业额和最低营业额进行比较，若该商品的营业额大于最高营业额，则将最高营业额设置成该商品的营业额；另外，若该商品的营业额小于最低营业额，则将最低营业额设置成该商品的营业额。通过循环语句，每次循环比较一种商品的营业额。例如：

```
for(int i=1;i<total;++i)
{
    if(price[i]*sell[i]>max_income)
        max_income=price[i]*sell[i];
    if(price[i]*sell[i]<min_income)
        min_income=price[i]*sell[i];
} */
```

```
            break;
        case 9:      //退出
            exit(0);                                    //退出程序
            break;
        default:                                        //非法输入
            cout<<"输入选项不存在！请重新输入！"<<endl;
        }
    }
    return 0;
}
```

第三单元

第七章　指　针

通过变量名访问存储单元，使用存储单元中的数据，进行诸如存储、运算、读取等操作。还有一种方式，通过地址访问存储单元，这就是指针，因此C++语言拥有在运行时获取和操纵内存地址的能力。

7.1　指针概念

指针就是内存的地址，指针变量就是用于存放地址的变量。

指针变量的定义格式如下：

数据类型 * 指针变量名;

说明：(1) “*”是定义指针的符号；(2) 数据类型是表示指针所指向存储单元存放数据的类型；(3) 如何区别指针的值与指针所指向的值？指针的值就是指针变量的值，其内容是地址；该地址的存储单元存放的是数据，这个数据称为该指针所指向的值，因此指针的值与指针所指向的值是不同的。

```
int ival=42;          //定义整型变量并赋初值
int *ip=&ival;        //ip 存放变量 ival 的地址，或者说 ip 是指向变量 ival 的指针
```

这里的“&”是取地址符号，这条语句的含义就是将变量 ival 的地址赋给指针变量 ip。如图 7－1 所示，ip 指针变量的值是 1000，是 ival 的地址，ip 指针所指向的值是 42，也就是 ival 变量的值。也可以用简易的图形表示，如图 7－2 所示，指针 ip 指向了 ival，可以通过指针 ip 来访问 ival，使用间接运算符“*”。

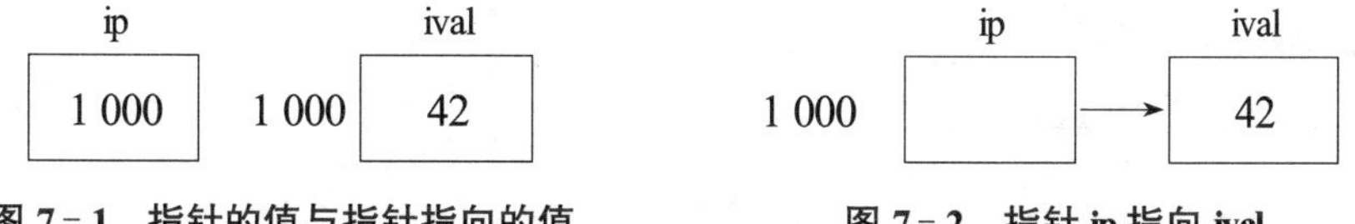

图 7－1　指针的值与指针指向的值　　　图 7－2　指针 ip 指向 ival

程序 P7_1：使用指针变量，处理指针指向的数据，加 10 后输出。

```
#include<iostream>
using namespace std;
int main()
{
```

```
    int a=90;
    int *ipa=NULL;          //将指针变量ipa初始化为NULL值,称为空指针
    ipa=&a;                 //"&"取地址运算符,将a的地址赋给指针变量ipa
    *ipa=*ipa+10;           //"*"间接运算符,将指针变量ipa指向的数据加10
    cout<<"*ipa="<<*ipa<<endl;        //输出运算后的结果,*ipa=100
    cout<<"a="<<a<<endl;              //输出a的值,a=100
    return 0;
}
```

说明:指针变量的赋值,一种是同类型指针变量相互赋值;另一种是同类型变量的地址赋值给指针变量。注意,不能将一个作为地址的整数赋值给指针变量。

程序P7_2:指针变量赋值举例。

```
#include<iostream>
using namespace std;
int main()
{
    double t=12;
    double *dpt1,*dpt2;
    dpt1=&t;//可以将变量的地址赋给指针变量
    cout<<*dpt1<<endl;//输出指针变量dpt1指向的值
    dpt2=dpt1;//同类型的指针相互赋值
    cout<<*dpt2<<endl;//输出指针变量dpt2指向的值
//  dpt2=1000;//错,不能将整数赋值给指针变量,即使这个数值作为地址也不行
    return 0;
}
```

程序P7_3:使用指针变量将数组中各个元素求和并输出。

```
#include<iostream>
using namespace std;
int main()
{
    double a[6]={1.1,2,3.1,5,6.8,10};
    double sum=0;
    double *dpa=NULL;
    int i;
    dpa=a;            //将指针指向数组的首地址
    for(i=0;i<6;i++)
    {
        sum=sum+*dpa;
        dpa++;//指针加1,表示指针指向下一个元素
    }
```

```
    cout<<sum<<endl;
    return 0;
}
```

说明:数组名是指针常量,存放的是数组的首地址,指向数组的第一个元素。如果是double指针,指针加1表示指针指向下一个double数据;指针减1操作是使指针p指向前一个double数据。

程序P7_4:使用指针变量,统计字符串中数字字符的个数,并输出。

```
#include<iostream>
using namespace std;
int main()
{
    char str[40]="these are 12345 books";
    char *cps=NULL;
    int count=0;
    cps=str;              //cps 指向字符串的首地址
    while(*cps!='\0')      //'\0' 是字符串的结束标记
    {
        if(*cps>='0'&&*cps<='9')      //判断是否是数字字符
        {
            count++;
        }
        cps++;      //指针加 1,表示指针指向下一个字符
    }
    cout<<count<<endl;
    return 0;
}
```

说明:使用字符数组处理字符串,str是指针常量,存放的是字符串的首地址,指向字符数组的第一个元素。字符指针变量加1或减1,表示指针指向后一个字符或前一个字符。因此,类型指针的加减,分别表示指针的前后移动。

7.2 指针常量

一个指针涉及到两个变量,一是指针本身,二是指针指向的对象。若对这两个变量分别加以const限制,可得到不同的常量。

7.2.1 常量指针

常量指针表示指向常量的指针,在指针定义语句的类型前加const,表示指向的对象是常量。

常量指针的定义格式如下：

const 数据类型 *指针变量名;

程序 P7_5:常量指针的使用。

```
#include<iostream>
using namespace std;
int main()
{
    const int a=78;
    const int b=28;
    int c=18;
    const int *pi=&a;      //常量指针 pi 指向常量 a
    cout<<*pi<<endl;
    pi=&b;                 //常量指针 pi 指向常量 b
//  *pi=*pi+1;         //错,该存储单元的数据就是常量,不可修改
//  b=b+1;             //错,常量不可修改
    cout<<*pi<<endl;
    pi=&c;                 //常量指针 pi 指向变量 c
    cout<<*pi<<endl;
//  *pi=*pi+1;         //错,pi 指向后,该单元就不能通过常量指针修改其内容
    c=c+1;      //通过变量 c,可以修改其内容
    cout<<*pi<<endl;
    return 0;
}
```

说明:如果常量指针指向的是常量,则该存储单元的数据不能修改;如果常量指针指向的是变量,则通过常量指针不能修改指向的内容,但可以通过变量修改。

7.2.2 指针常量

指针常量表示指针本身是常量,即不能改变指针的“指向”。指针常量的定义格式如下:

数据类型 *const 指针变量名;

在定义指针常量时必须初始化,就像常量初始化一样。

程序 P7_6:指针常量的使用。

```
#include<iostream>
using namespace std;
int main()
{
    int b=28;
    int* const pi=&b;      //定义指针常量 pi,并初始化
    *pi=*pi+1;             //指针所指向的内容是可以变化的
    cout<<*pi<<endl;
```

```
    int c=90;
//  pi=&c;            //错,指针 pi 一旦赋值,不能再改
    const int d=10;
//  int *const pd=&d;      //错,不能将一个常量的地址赋给指针常量
    char ch[]="asdf";
    char *const pc=ch;          //指针常量 pc,指向字符串"asdf"
    cout<<pc<<endl;
//  pc="dfgh";            //错,pc 不能改变指向
    *pc='b';            //pc 指向的内容是可以改变的
    cout<<pc<<endl;
    return 0;
}
```

说明:(1) 指针常量定义时必须初始化;(2) 指针常量一旦赋值,不能再改;但指针所指向的内容是可以改变的;(3) 给字符指针赋值时,尽量使用字符数组,少使用字符串常量。

7.2.3 常量指针常量

常量指针常量是指可以定义一个指向常量的指针常量。指针常量的定义格式如下:

const 数据类型 *const 指针变量名;

例如:

```
    const int ci=7;
    int ai=14;
    const int *const cpc=&ci;        //指向常量的指针常量
    const int *const cpi=&ai;
//  cpi=&ci;                 //错,指针值不能修改
//  *cpi=39;                 //错,不能修改所指向的对象
    ai=39;
```

cpc 和 cpi 都是指向常量的指针常量,它们既不允许修改指针值,也不允许修改*cpc 的值。如果初始化的值是变量地址(如 &ai),那么不能通过该指针来修改该变量的值。即“*cpi=39;”是错误的。但“ai=39;”是合法的。

7.3 指针数组

数组元素为指针的数组称之为指针数组。指针数组可以让每个数组元素指向不同的内存块,实现对不同大小的内存块的数据统一管理。

指针数组的一般定义形式为:

类型标识符 * 指针数组[元素个数];

程序 P7_7:从键盘输入一组字符串,使用指针数组对它们进行由小到大的顺序排列并输出。

```
#include<iostream>
using namespace std;
int main()
{
    char ch[5][20];
    char *pch[5];
    int i,j;
    for(i=0;i<5;i++)
    {
        cin.getline(ch[i],20);          //键盘输入字符串,给字符数组赋值
        pch[i]=ch[i];      //将各字符串的首地址传递给指针数组各元素
    }
    //排序
    for(i=0;i<4;i++)//冒泡排序法,由小到大排序
    {
        for(j=0;j<4-i;j++)
        {
            if(strcmp(pch[j],pch[j+1])>0)   //字符串的比较要使用strcmp()函数
            {
                char temp[20];
                strcpy(temp,pch[j]);            //字符串赋值要使用strcpy()函数
                strcpy(pch[j],pch[j+1]);
                strcpy(pch[j+1],temp);
            }
        }
    }
    cout<<"排序后的结果:"<<endl;
    for(i=0;i<5;i++)
    {
        cout<<pch[i]<<endl;
    }
    return 0;
}
```

说明:用指针数组可以轻松完成多个字符串排序的问题。指针数组的数组名是指针常量。指针具有类型,那么指针数组名是什么类型呢?指针数组名是指向指针的指针,即二级指针。

7.4　指针与函数

7.4.1　指针作函数参数

函数的参数不仅可以是整型、实型、字符型等数据，还可以是指针。它的作用是将一个变量的地址传送到另一个函数中。

程序 P7_8：使用指针作为函数参数，看下面的程序，结果会有什么不同？

```
#include<iostream>
using namespace std;
void swap1(int* pa,int* pb);
void swap2(int* pa,int* pb);
int main()
{
    int a=23,b=90;
    swap1(&a,&b);
    cout<<"经过 swap1()转换后的结果："<<endl;
    cout<<"a="<<a<<endl;
    cout<<"b="<<b<<endl;
    swap2(&a,&b);
    cout<<"经过 swap2()转换后的结果："<<endl;
    cout<<"a="<<a<<endl;
    cout<<"b="<<b<<endl;
    return 0;
}
void swap1(int* pa,int* pb)
{
    int temp=*pa;                //指针所指向的内容进行了交换
    *pa=*pb;
    *pb=temp;
}
void swap2(int* pa,int* pb)
{
    int *temp;
    temp=pa;           //指针的值进行了交换，与 a,b 的值无关
    pa=pb;
    pb=temp;
}
```

说明：虽然都是将指针作为函数的形式参数，但函数体中交换的内容不同，对实参的影响也不一样。

7.4.2 指针作函数返回值

返回指针的函数称为指针函数。定义指针型函数的一般形式为：

```
类型说明符 * 函数名(形参表)
    {
        ……                /*函数体*/
    }
```

其中函数名之前加了"*"号表明这是一个指针型函数，即返回值是一个指针。类型说明符表示了返回的指针值所指向的数据类型。

程序 P7_9：本程序是通过指针函数，输入一个 1～7 之间的整数，输出对应的星期名。

```
#include<iostream>
using namespace std;
char *day_name(int n);
int main()
{
    int i;
    char *day_name(int n);
    cout<<"输入一个 1～7 之间的整数"<<endl;
    cin>>i;
    if(i<0) exit(1) ;//如果输入数据非法，直接退出
    cout<<"对应的星期名：";
    cout<<day_name(i)<<endl;
    return 0;
}

char *day_name(int n)
{
    static char *name[]={ "Illegal day",//字符指针数组，可以存放多个字符串
                          "Monday",
                          "Tuesday",
                          "Wednesday",
                          "Thursday",
                          "Friday",
                          "Saturday",
                          "Sunday"};
    return((n<1||n>7) ? name[0]: name[n]);
}
```

说明:(1) 指针型函数 day_name,它的返回值指向一个字符串。该函数中定义了一个静态指针数组 name。name 数组初始化赋值为八个字符串,分别表示各个星期名及出错提示。形参 n 表示与星期名所对应的整数。在主函数中,把输入的整数 i 作为实参,在 cout 语句中调用 day_name 函数并把 i 值传送给形参 n。day_name 函数中的 return 语句包含一个条件表达式,n 值若大于 7 或小于 1,则把 name[0]指针返回主函数并输出出错提示字符串“Illegal day”。否则返回主函数输出对应的星期名。主函数中“if(i<0) exit(1);”其语义是,如输入为负数(i<0)则中止程序运行退出程序。exit 是一个库函数,exit(1)表示发生错误后退出程序,exit(0)表示正常退出。(2) 注意函数指针变量和指针型函数这两者在写法和意义上的区别,如 int(*p)()和 int *p()是两个完全不同的量。int (*p)()是一个变量说明,说明 p 是一个指向函数入口的指针变量,该函数的返回值是整型量,(*p)的两边的括号不能少。int *p()则不是变量说明而是函数说明,说明 p 是一个指针型函数,其返回值是一个指向整型量的指针,*p 两边没有括号。作为函数说明,在括号内最好写入形式参数,这样便于与变量说明区别。(3) 指针函数不能把在它内部说明的具有局部作用域的数据地址作为返回值。

7.4.3　函数指针

指向函数的指针变量称为“函数指针变量”。函数指针变量定义的一般形式为:

类型说明符　(* 指针变量名)();

其中“类型说明符”表示被指函数的返回值的类型。“(* 指针变量名)”表示“*”后面的变量是定义的指针变量。最后的空括号表示指针变量所指的是一个函数。例如:

int (*pf)();

表示 pf 是一个指向函数入口的指针变量,该函数的返回值(函数值)是整型。

程序 P7_10:用函数指针变量实现对函数的调用。

```
#include<iostream>
using namespace std;
int max(int a,int b);
int main()
{
    int(*pmax)(int,int);//定义函数指针,一定要与函数同型
    int x,y,z;
    pmax=max;
    cout<<"请输入两个数:"<<endl;
    cin>>x>>y;
    z=(*pmax)(x,y);
    cout<<x<<"和"<<y<<"最大值是:"<<z<<endl;
    return 0;
}
int max(int a,int b)
{
    if(a>b)
```

```
        return a;
        else
        return b;
    }
```

说明:定义的函数指针,一定要与对应的函数同型,也就是说,返回值类型相同、形参类型及个数都相同,才可以将该函数名给函数指针赋值。

7.5 动态数组

前面所学的数组是静态的,在编译之前数组元素的个数是已知的,如果碰到数组元素个数未知,只能事先估计一个相当大的空间,防止程序在运行过程中溢出。但可以使用动态数组来解决这个问题,使用运算符 new 开辟程序所需要的内存空间,并且返回新分配的内存地址,用完后,使用运算符 delete 释放内存。

程序 P7_11:先输入数据个数,再输入具体数据,使用动态数组,将这些元素由小到大的顺序排序。

```
#include<iostream>
using namespace std;
int main()
{
    int n;        //元素个数
    int i,j;
    double sum=0;
    double *dp;     //定义指针
    cout<<"请输入元素的个数:"<<endl;
    cin>>n;
    cout<<"输入"<<n<<"个数据:"<<endl;
    dp=new double[n];  //指针指向动态数组空间的首地址
    for(i=0;i<n;i++)//输入
    {
        cin>>dp[i];
    }
    for(i=0;i<n-1;i++)
    {
        for(j=0;j<n-1-i;j++)
        {
            if(dp[j]>dp[j+1])
            {
                double temp;
```

```
                temp=dp[j];
                dp[j]=dp[j+1];
                dp[j+1]=temp;
            }
        }
    }
    cout<<endl;
    cout<<"由小到大进行排序:"<<endl;
    for(i=0;i<n;i++)//输出
    {
        cout<<dp[i]<<"  ";
    }
    cout<<endl;
    return 0;
}
```

说明:当输入数据的个数是在未知的情况下,无法确定动态数组的大小,因而不能使用动态数组来实现。但可以使用 vector(向量),vector 是C++ 中的一种数据结构,确切的说是一个类。它相当于一个动态的数组,当程序员无法知道自己需要的数组规模多大时,用其来解决问题可以达到最大节约空间的目的。

程序 P7_12:从键盘输入若干个整数,直到输入-1,就结束,统计元素之和及平均值,并输出,使用 vector 实现。

```
#include<iostream>
#include<vector>        //使用 vector 要用到的头文件
using namespace std;
int main()
{
    vector <int>a;          //创建 vector 对象 a
    int number,i=0;
    int sum=0;
    do
    {
        cin>>number;
        if(number==-1)
        {
            break;
        }
        a.push_back(number);        //在 a 的尾部追加数据

    }while(1) ;
```

```
    vector<int>::iterator it;//定义迭代器
    for(it=a.begin();it!=a.end();it++)//使用迭代器访问元素
    {
        sum=sum+*it;
    }
    cout<<"这些数据之和:"<<sum<<endl;
    cout<<"这些数据平均值是:"<<sum* 1.0/a.size()<<endl;
    return 0;
}
```

习题 7

1. 设计一个程序，利用指针来计算两个浮点数的最大值，并利用指针来交换这两个浮点数的值。

提示：指针在进行间接引用之前，必须进行初始化或赋值。取地址运算符：&；间接引用运算符：*。

2. 设计一个程序，计算 50 个产生于 30~500 范围内的随机整数的最小值。

要求：利用一维数组来存放产生的 50 个随机数，并利用指针间接访问数组中的每一个元素，从而实现最小值的计算。

提示：

(1) 随机整数生成函数的原型如下：int rand();该函数的声明包含在头文件 cstdlib 中。通过 rand()%m+n 操作可以产生一个[n,m+n-1]范围内的随机整数。

(2) 通过指向一维数组的指针操作数组元素：

- 定义一个与数组类型相同的指针变量
- 将数组的首地址(数组名或数组中第一个元素的地址)赋给指针变量
- 通过指针移动、指针位移或指针下标的方式来访问数组元素

3. 设计一个程序，将存放在一维整型数组中的负整数都移至数组的开始位置。例如：若原数组中的数据存放顺序为：2 -3 4 -2 5 7，则移动后数组中的数据存放顺序为：-2 -3 2 4 5 7 或 -3 -2 2 4 5 7。

要求：利用指针来操作一维数组元素，包括：通过指针来寻找负整数，以及通过指针来移动数组元素的位置。

提示：当找到一个负整数时，可以先将从开始位置至该负整数之前的元素整体向右移动一个位置，然后将该负整数直接放在数组的开始位置。

4. 设计一个程序，计算某个班级的学生《C++ 程序设计》课程考试的平均分和不及格率。其中，试卷总分为 100 分，成绩低于 60 分为不及格。

要求：班级人数事先不确定，具体人数在程序运行后从键盘输入获得。并且，从堆空间上动态申请数组空间来存放整个班级学生的考试成绩。

提示：在堆空间上动态申请数组空间的格式：**new type[size]**;同时返回一个指向数组空间开

始位置的指针。释放堆空间数组的格式：**delete [ ] pointer**。

5. 设计一个函数，求一组整数中奇数的和与偶数的和之间的差值。函数原型如下：**long evenOdd(long *arr,int n)**;其中，指针形参 arr 指向存放一组整数的数组的开始位置，形参 n 为数组的维度。这组整数中奇数的和与偶数的和之间的差值由函数的返回值返回。在主函数中调用该函数进行测试。

提示：指针作形参时，传递的对应实参可以是指针、变量地址或数组名。

6. 设计一个函数，求一组浮点数的最大值和最小值。

函数原型：**double minmax(double *arr,int n,double *minValue)**;其中，指针形参 arr 指向存放一组浮点数的数组的开始位置，形参 n 为数组的维度。这组浮点数中的最大值由函数的返回值返回，最小值则由指针形参 minValue 来返回。在主函数中调用该函数进行测试。

提示：通过指针形参，一个函数可以返回多个值。

7. 设计一个程序，将给定字符串中的小写字母转换成大写字母，同时将字符串中的数字字符用 '$' 字符进行替换。

要求：利用字符指针来存储和操作字符串。

提示：在堆空间上动态申请一个字符数组空间来存放输入的字符串，并通过字符指针指向该字符数组空间。堆空间不再使用时，必须要及时释放掉。

第八章　引　用

8.1　引用的概念

引用就是某一变量(或目标)的一个别名,对引用的改动实际就是对目标的改动。引用的定义形式为:

类型标识符 & 引用名=目标变量名;

例如,

```
int a;         //定义整型变量
int &ra=a;     //定义引用 ra,它是变量 a 的引用,即别名
```

说明:

(1) & 在此不是求地址运算,而是起标识作用。

(2) 类型标识符是指目标变量的类型。

(3) 声明引用时,必须同时对其进行初始化。

(4) 引用声明后,相当于目标变量名有两个名称,即该目标原名称和引用名,且不能再把该引用名作为其他变量名的别名。

ra=1;等价于 a=1;

(5) 声明一个引用,不是新定义了一个变量,它只表示该引用名是目标变量名的一个别名,它本身不是一种数据类型,因此引用本身不占存储单元,系统也不给引用分配存储单元。因此对引用求地址,就是对目标变量求地址。&ra 与 &a 相等。

(6) 不能建立数组的引用。数组名表示集合空间的起始地址,不是名副其实的数据类型,所以无法建立一个数组的别名。

8.2　引用的应用

1. 引用作为参数

引用的一个重要作用就是作为函数的参数,称为引用传递。引用传递,形参值的变化直接影响实参,两者同步变化。

程序 P8_1:定义交换函数,实现两个整数的交换,函数的形参使用引用传递,定义主函数,测试交换函数,并输出结果。

```
#include<iostream>
using namespace std;
```

```
void swap(int &p1,int &p2);
int main()
{
    int a,b;
    cin>>a>>b;
    cout<<"交换前 a="<<a<<",b="<<b<<endl;
    swap(a,b);
    cout<<"交换后 a="<<a<<",b="<<b<<endl;
}
void swap(int &p1,int &p2) //形参 p1、p2 都是引用
{
    int p;
    p=p1;
    p1=p2;
    p2=p;
}
```

说明:(1) 在被调函数中对形参变量的操作就是对其相应的目标对象的操作。(2) 使用引用传递函数的参数,在内存中并没有产生实参的副本,它直接对实参操作,因此节省内存空间。

如果既要利用引用提高程序的效率,又要保护传递给函数的数据不在函数中被改变,就应使用常引用。

2. 常引用

常引用定义形式为:

const 类型标识符 & 引用名=目标变量名;

用这种方式的引用,不能通过引用对目标变量的值进行修改,从而使引用的目标成为const,达到了引用的安全性,但通过值传递效果更好。

3. 引用作为返回值

要以引用返回函数值,则函数定义形式为:

类型标识符 & 函数名(形参列表及类型说明)

{函数体}

说明:

(1) 以引用返回函数值,定义函数时需要在函数名前加"&"符号;

(2) 用引用返回一个函数值的最大好处是,在内存中不产生被返回值的副本。

4. 引用总结

(1) 在引用的使用中,单纯给某个变量取个别名是毫无意义的,引用的目的主要用于在函数参数传递中,解决大块数据或对象的传递效率和空间不如意的问题。

(2) 用引用传递函数的参数,能保证参数传递中不产生副本,提高传递的效率,且通过const 的使用,保证了引用传递的安全性。

(3) 引用与指针的区别是,指针通过某个指针变量指向一个对象后,对它所指向的变量间接操作。程序中使用指针,程序的可读性差;而引用本身就是目标变量的别名,对引用的操作

就是对目标变量的操作。

(4) 使用引用的时机。流操作符“<<”和“>>”、赋值操作符“=”的返回值、拷贝构造函数的参数、赋值操作符“=”的参数等情况都推荐使用引用。

习题 8

1. 以下引用定义中，哪些是不合法的？为什么？如何改正？

```
int   ival=1.01;
const   int   cval=1.01;
(a) int   &rval1=1.01;
(b) const int &rval2=1.01
(c) int &rval2=ival;
(d) const int &rval4=ival;
(e) int &rval5=cval;
(f) const int   &rval6=cval;
```

2. 设计一个函数，通过引用形参来返回一维数组中的最大值和最小值。
3. 引用的好处是什么？
4. C++中引用和取地址的区别？
5. 阅读程序，写出程序运行结果。

```
#include<iostream>
using namespace std;
int main()
{
    int a=10;
    int &b=a;
    cout<<"b="<<b<<endl;
    return 0;
}
```

6. 下面5个函数哪个能成功进行两个数的交换？自行设计主函数并测试。

```
void swap1(int p,int q)
{
    int temp;
    temp=p;
    p=q;
    q=temp;
}
void swap2(int *p,int *q)
{
```

```
    int *temp;
    *temp=*p;
    *p=*q;
    *q=*temp;
}
void swap3(int *p,int *q)
{
    int *temp;
    temp=p;
    p=q;
    q=temp;
}
void swap4(int *p,int *q)
{
    int temp;
    temp=*p;
    *p=*q;
    *q=temp;
}
void swap5(int &p,int &q)
{
    int temp;
    temp=p;
    p=q;
    q=temp;
}
```

7. 编写程序，调用传递引用的参数，实现两个字符串变量的交换。

第九章　结　构

集合中的数据都是同一类型，可以用数组来存放，如果是不同类型，就需要用结构来存放。

9.1　结构的定义

结构是将多种不同类型的数据封装在一起，用户自定义的一种数据类型。

结构类型定义的一般形式：

```
struct 结构名
{
    数据类型标识符 1 变量名 1；
    数据类型标识符 2 变量名 2；
        …………
    数据类型标识符 n 变量名 n；
};
```

“struct”是结构的关键字，“结构名”必须是C++的有效标识符，花括号中间的部分是数据成员说明列表，它是由变量说明语句构成的一个语句序列，最后结束符是分号，不可省略。

例如：

```
struct teacher
{
    int ID;        //教师工号
    char name[12];      //教师姓名
    double salary;   //教师工资
};
```

定义了一个teacher结构数据类型，包含三个数据成员，分别是整型数据ID表示教师工号、字符数组name表示教师姓名和双精度类型salary表示教师工资，用这三个数据成员可以描述教师的基本情况。

9.2　结构变量

定义结构变量，有三种方式：第一、先定义结构类型，再定义结构类型变量，这是最常用的方法；第二、在定义结构类型的同时定义结构变量；第三、直接说明结构变量。重点介绍第一种方式。

程序 P9_1：自定义教师结构，包含三个成员，分别是工号、姓名和工资，再定义该结构变量，结构变量赋值并输出。

```
#include<iostream>
using namespace std;
struct teacher  //先定义结构
{
    int ID;      //教师工号
    char name[12];          //教师姓名
    double salary;  //教师工资
};
int main()
{
    teacher teach1;                //再定义结构变量 teach1
    teach1.ID=1001;                //对 teach1 变量的各个成员赋值
    strcpy(teach1.name,"zhangsan");      //C++中字符串不可直接赋值，需使用 strcpy 函数
    teach1.salary=3000;
    cout<<"教师工号："<<teach1.ID<<'\t'        //输出变量 teach1 的各个成员
        <<"教师姓名："<<teach1.name<<'\t'
        <<"教师工资："<<teach1.salary<<endl;
    return 0;
}
```

运行结果如图 9.1 所示。

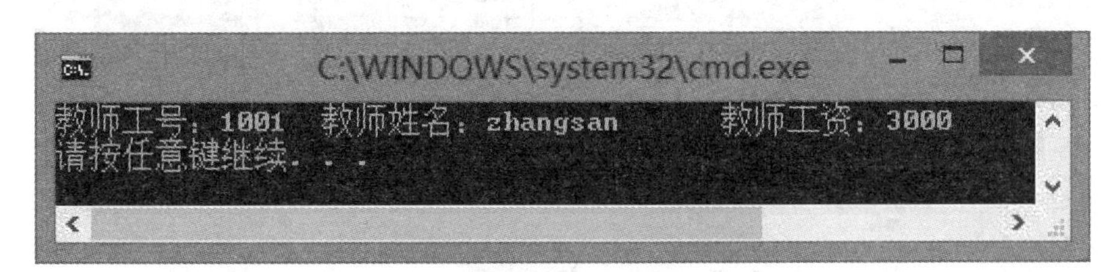

图 9.1　程序 P9_1 的运行结果

一个结构变量只能存放一名教师信息，如果要存储多名教师信息，就使用结构数组。

程序 P9_2：定义教师结构数组包含 5 名教师，并初始化。输出数组中所有教师的信息。

```
#include<iostream>
using namespace std;
struct teacher//先定义结构
{
    int ID;//教师工号
    char name[12];//教师姓名
    double salary;//教师工资
};
```

```
int main()
{
    teacher teachs[5]={                        //数组元素初始化
        1001,"zhangli",3000,
        1002,"xuming",6000,
        1003,"wangwu",3500,
        1004,"guxinyu",4500,
        1005,"wentian",4000
    };
    int i;
    for(i=0;i<5;i++)
    {
        cout<<"教师工号:"<<teachs[i].ID<<'\t'          //输出变量 teach1 的各个成员
        <<"教师姓名:"<<teachs[i].name<<'\t'
        <<"教师工资:"<<teachs[i].salary<<endl;
    }
    return 0;
}
```

运行结果如图 9.2 所示。

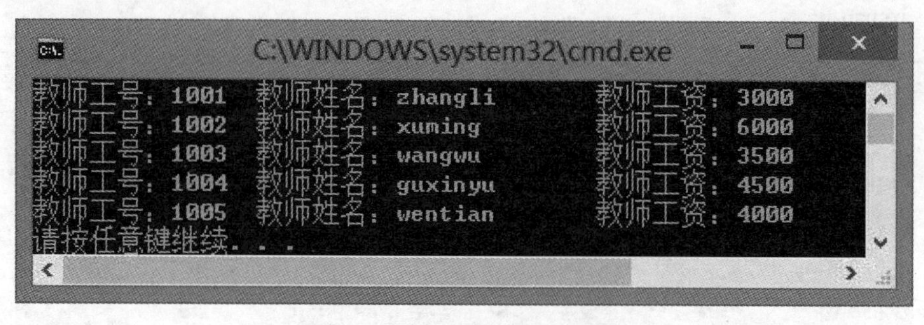

图 9.2 程序 P9_2 的运行结果

9.3 结构应用

在定义的结构类型中,如果包含指向自身结构的指针,我们称该结构为结点。

```
struct  node
{
    char name[20];
    node* next;
};
```

name 成员含有结构中的实际信息,node 成员是指向另一个 node 的指针。这种结点通过每个 node 的 next 成员链接起来，能用于构造任意长的结构链，称为链表，如图 9.3 所示。

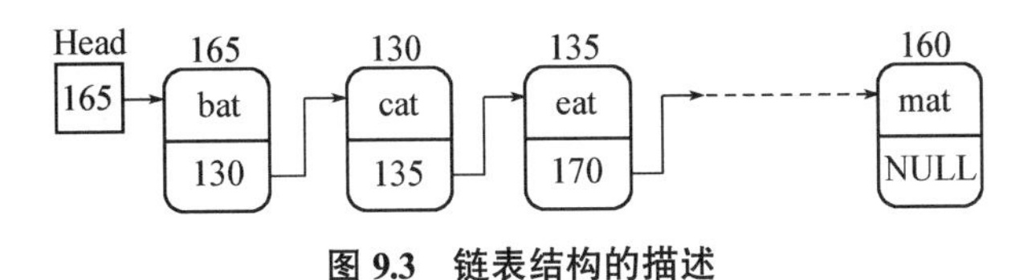

图 9.3　链表结构的描述

链表用一组任意的存储单元来存放表的结点，这组存储单元即可以是连续的，也可以是不连续的。结点的逻辑次序和物理次序不一定相同。而结构数组**的大小是固定的**，逻辑次序和物理次序是相同的。

程序 P9_3：创建包含三个结点的链表，遍历链表并输出各个结点的值。

```
#include<iostream>
using namespace std;
struct list          //定义结点，包含指向自身结点的指针，称为结点
{
    int data;        //数据域
    list *next;      //指针域
};
int main()
{
    list *head=NULL;      //链表的头指针，指向链表的第一个结点
    list *tail=NULL;      //链表的尾指针，指向链表的最后一个结点
    list *p=NULL;         //指向链表当前结点的指针
    p=new list;           //p 指向新创建的结点
    p->data=12;           //给新结点数据域赋值
    p->next=NULL;
    head=p;       //head 指向第一个结点
    tail=p;       //因为只有一个结点，tail 也指向该结点
    p=new list;        //p 指向新创建的第二个结点
    p->data=22;        //给新结点数据域赋值
    p->next=NULL;
    tail->next=p;   //让第一个结点的指针域指向新结点
    tail=p;         //尾指针指向第二个结点
    p=new list;          //p 指向新创建的第三个结点
    p->data=32;          //给新结点数据域赋值
    p->next=NULL;
    tail->next=p;   //让第二个结点的指针域指向新结点
    tail=p;         //尾指针指向第三个结点
    //创建了包含三个结点的链表，下面遍历链表，并输出。
    p=head;         //p 指向第一个结点
```

```
    while(p!=NULL)              //如果 p 不等于 NULL,则输出 p 指向结点的数据
    {
        cout<<p->data<<"  ";
        p=p->next;              //p 指向下一个结点
    }
    cout<<endl;
    return 0;
}
```

图 9.4　程序 P9_3 的运行结果

运行结果如图 9.4 所示。对链表的操作要使用三个指针,分别为头指针、尾指针和当前指针。这是一个简单原始的创建链表程序,创建过程使用循环完成,用单独的函数来实现。

程序 P9_4:使用 list *creatList(int n)创建含 n 个结点的链表,void showList(list *head)遍历链表并输出数据。

```
#include<iostream>
using namespace std;
struct list//定义结点,包含指向自身结点的指针,称为结点
{
    int data;           //数据域
    list *next;         //指针域
};
list *creatList(int n);         //创建包含 n 个元素的链表
void showList(list *head);      //遍历链表
int main()
{
    list *head;
    head=creatList(5) ;
    showList(head);
    return 0;
}
list *creatList(int n)
{
    list *head=NULL;        //链表的头指针,指向链表的第一个结点
    list *tail=NULL;        //链表的尾指针,指向链表的最后一个结点
```

```
    list *p=NULL;           //指向链表当前结点的指针
    int i=0;
    while(i<5)
    {
        p=new list;              //p 指向新创建的结点
        p->data=12+i* 10;            //给新结点数据域赋值
        p->next=NULL;
        if(head==NULL)
        {
            head=p;              //head 指向第一个结点
            tail=p;
        }
        else
        {
            tail->next=p;
            tail=p;
        }
        i++;
    }
    return head;
}
void showList(list *head)
{
    list *p;
    p=head;              //p 指向第一个结点
    while(p! =NULL)              //如果 p 不等于 NULL,则输出 p 指向结点的数据
    {
        cout<<p->data<<"   ";
        p=p->next;              //p 指向下一个结点
    }
    cout<<endl;
}
```

运行结果如图 9.5 所示。

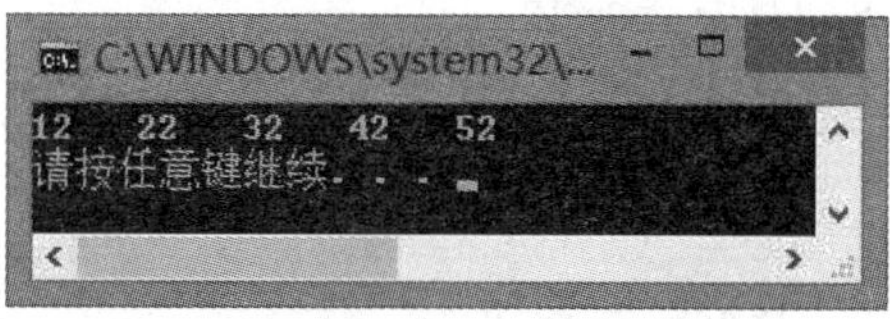

图 9.5　程序 P9_4 的运行结果

习题 9

1. 阅读程序写结果：

```
#include<iostream>
using namespace std;
struct  S
{
    int  a,b;
} data[2]={10,100,20,200};      //定义结构的同时声明结构数组
int main()
{
    S  p=data[1];//定义结构变量并赋初值
    cout<<++(p.a)<<endl;//输出结构成员加 1 后的值
    return 0;
}
```

2. 下面结构体的定义语句中，错误的是(　　)。

   A) struct　ord{int　x;　int　y;　int　z;}struct　ord　a;

   B) struct　ord{int　x;　int　y;　int　z;};struct　ord　a;　//先定义结构，再声明变量

   C) struct　ord{int　x;　int　y;　int　z;} a;　　//定义结构同时声明结构变量

   D) struct　{int　x;　int　y;　int　z;} a;　　//直接声明结构变量

3. 设有定义：

   struct complex

   { int real,image;} data1={1,8},data2;则以下赋值语句中错误的是(　　)。

   A) data2=(2,6);

   B) data2=data1;

   C) data2.real=data1.real;

   D) data2. image=data1.image;

4. 当定义一个结构体变量时，系统为它分配的内存空间是(　　)。

   A) 结构中一个成员所需的内存容量

   B) 结构中第一个成员所需的内存容量

   C) 结构体中占内存容量最大者所需的容量

   D) 结构中各成员所需内存容量之和

5. 阅读程序，回答问题。

```
#include<iostream>
using namespace std;
#pragma pack(1)      //紧缩字节存放
struct  student
```

```
{
    char   name[10];
    int   score[50];
    float   average;
}stud1;
int main()
{
    cout<<sizeof(char)* 10<<endl;
    cout<<sizeof(int)* 50<<endl;
    cout<<sizeof(float)<<endl;
    cout<<sizeof(stud1)<<endl;
    return 0;
}
```

(1) 写出程序运行结果。

(2) 查阅课外资料解决问题:如果将#pragma pack(1)语句去掉,运行结果有变化吗?想一想为什么?

6. 如果有下面的定义和赋值,下面哪一项不可以输出 n 中 data 的值。

```
struct   SNode {
unsigned id;
int data;
}n,*p;
p=&n;
```

1) p.data B) n.data C) p-> data D) (* p).data

7. 设计一个程序,完成一名教师的工作量的计算。教师的信息包括:姓名、性别、出生日期(年、月、日)、3 门专业课的课时数、3 门专业课的课程系数、工作量。从键盘输入信息来初始化教师的姓名、性别、出生日期、3 门专业课的课时数以及 3 门专业课的课程系数,计算并输出该教师的工作量。

工作量计算公式为:课程 1 的课时数* 课程 1 系数+课程 2 的课时数* 课程 2 系数+……+课程 n 的课时数* 课程 n 系数

要求:定义两个结构类型分别表示日期(年、月、日)和教师信息,并且教师信息结构中的出生日期成员通过结构成员来表示。

提示:访问结构成员的成员需要使用多个点运算符。

8. 设计一个程序,计算某个班级 50 名学生《C++程序设计》课程期末考试的平均分和不及格率(**说明:**试卷总分为 100 分,60 分以下为不及格)。

要求:

(1) 定义一个结构类型来存放一名学生的信息,学生信息包括:姓名、性别、学号、《C++程序设计》课程期末考试成绩。

(2) 定义一个函数从键盘输入数据来初始化一名学生的信息。

(3) 定义一个函数来输出一名学生的信息。

(4) 定义一个函数来计算50名学生《C++程序设计》课程期末考试的平均分，平均分通过函数返回值返回。

(5) 定义一个函数来计算50名学生《C++程序设计》课程期末考试的不及格率，不及格率通过函数返回值返回。

提示：通过结构数组来存放50名学生的信息。结构类型作函数形参时，可以通过结构引用形参或结构指针形参来降低函数调用时的空间和时间的开销。

9. 设计一个程序，来管理超市中的商品信息。一件商品的信息包括：商品名称、商品单价、商品数量。

要求：

(1) 利用链表结构来存放超市中的所有商品信息。

(2) 程序运行后循环输出以下提示菜单来进行功能选择：

```
1. 打印商品信息
2. 查询商品信息
3. 增加商品信息
4. 删除商品信息
5. 退出
输入菜单编号执行相应功能：
```

功能分解：

- **打印商品信息**：定义一个函数，打印超市中所有商品的信息。
- **查询商品信息**：定义一个函数，根据商品名称查询并打印该商品的信息。
- **增加商品信息**：定义一个函数，增加一件新商品的信息。
- **删除商品信息**：定义一个函数，根据商品名称查询并删除该商品的信息。
- **退出**：结束程序的执行。

工程训练4　商品信息管理系统(结构篇)

利用函数与结构的相关知识，完成《商品信息管理系统》的设计，实现对商品信息进行有效的管理。定义结构来维护一种商品的信息。每种商品维护着三种信息，包括：商品库存量、商品价格以及商品销售量。该系统的主要功能包括：商品信息录入、商品信息输出、商品销售、商品进货、统计库存不足商品、统计营业额、统计销量最高和销量最低的商品、统计营业额最高和营业额最低的商品。具体功能介绍如下：

- **商品信息录入**

该功能由一个单独的函数来实现。首先，在主函数中从键盘输入商品的种类，然后根据商品的种类调用一个相应的函数来完成每种商品信息的初始化，商品信息包括：商品数量和商品价格。每种商品维护着三种信息：商品库存量、商品价格和商品销售量。三种信息用一个结构类型来保存。函数调用时，商品种类以及用于所有商品信息的结构数组作为实参传递给函数。在函数中进行信息录入时，用输入的商品数量来初始化商品库存量，用输入的商品价格来初始化商品价格。在主函数中将商品销售量初始化为0。

• **商品信息输出**

该功能由一个单独的函数来实现。将所有商品的信息依次输出到屏幕上显示，每种商品信息显示一行，输出的信息包括：商品库存量、商品价格和商品销售量。函数调用时，商品种类以及用于存放所有商品信息的结构数组作为实参传递给函数。

• **商品销售**

该功能由一个单独的函数来实现。根据商品编号(编号从 1 开始)对某种商品进行销售，销售时需指定具体的商品销售数量。在对商品进行销售之前，需要对输入的商品编号和商品销售数量的信息进行合法性检测，只有输入数据合法时，才能进行商品销售。若输入数据合法，则根据具体的商品编号和商品销售数量对某种商品进行销售，销售成功后，需要相应的修改该商品的库存量和销售量的信息。注意：当库存量无法满足销售量需求时，同样不能进行商品销售。函数调用时，商品种类以及用于存放所有商品信息的结构数组作为实参传递给函数。

• **商品进货**

该功能由一个单独的函数来实现。根据商品编号(编号从 1 开始)对某种商品进行进货，进货时需指定具体的商品进货数量。在对商品进行进货之前，需要对输入的商品编号和商品进货数量的信息进行合法性检测，只有输入合法数据时，才能进行商品进货。若输入数据合法，则根据具体的商品编号和商品进货数量对某种商品进行进货，进货成功后，需要相应的修改该商品的库存量信息。函数调用时，商品种类以及用于存放所有商品信息的结构数组作为实参传递给函数。

• **统计库存不足商品**

该功能由一个单独的函数来实现。依次对所有商品的库存量进行检测，若某种商品的库存量为 0，则将该商品输出，每行输出一种商品。函数调用时，商品种类以及用于存放所有商品信息的结构数组作为实参传递给函数。

• **统计营业额**

该功能由一个单独的函数来实现。依次对每种商品的营业额进行统计，并输出该商品的营业额统计结果，每行输出一种商品。商品营业额计算公式为：商品价格×商品销售量。同时，将所有商品的营业额进行相加，在最后一行显示所有商品的总营业额。函数调用时，商品种类以及用于存放所有商品信息的结构数组作为实参传递给函数。

• **统计销量最高和销量最低的商品**

该功能由一个单独的函数来实现。依次比较所有商品的销售量，从中找出销量最高和销量最低的商品。首先，定义两个变量分别用于存放最高销量和最低销量，初始时，将最高销量和最低销量都初始化为第一种商品的销售量。接下来，依次将其余商品的销售量与最高销量和最低销量进行比较。若当前商品的销售量大于最高销量，则将最高销量设置成该商品的销售量；此外，若当前商品的销售量小于最低销量，则将最低销量设置成该商品的销售量。函数调用时，商品种类以及用于存放所有商品信息的结构数组作为实参传递给函数。

• **统计营业额最高和营业额最低的商品**

该功能由一个单独的函数来实现。依次比较所有商品的营业额，从中找出营业额最高和营业额最低的商品。首先，定义两个变量分别用于存放最高营业额和最低营业额，初始时，将最高营业额和最低营业额初始化为第一种商品的营业额。接下来，依次将其余商品的营业额与最高营业额和最低营业额进行比较。若当前商品的营业额大于最高营业额，则将最高营业额设置成该商品的营业额；此外，若当前商品的营业额小于最低营业额，则将最低营业额设置成该商品的营业额。函数调用时，商品种类以及用于存放所有商品信息的结构数组作为实参传递给函数。

下面给出程序的基本框架和设计思路，仅供大家参考。此外，完全可以自己来设计更合理的结构和代码。

用于保存一种商品信息的结构类型设计部分：

```
/* 定义用于保存一种商品信息的结构类型，每种商品维护着三种信息，包括：商品库
存量、商品价格以及商品销售量。这三种信息作为结构的成员进行定义。
例如：
struct Product
{
    int num;                          //商品库存量
    double price;                     //商品价格
    int sell;                         //商品销售量
};
结构类型的定义可以放在头文件中。*/
```

包含主函数的源文件设计部分：

```
#include <iostream>
    /* 包含用户自定义的头文件，该头文件主要用于函数原型声明和结构类型定义。
    例如：
    #include "functions.h" */
using namespace std;
const int N=100;                          //符号常量，用于定义数组
int main()
{
    int option;                           //功能提示菜单选项
    Product prod[N]={{0,0.0,0}};          //商品信息结构数组
    int total;                            //商品种类
    while(true)                           //重复显示功能菜单
    {
        //输出功能提示菜单
        cout<<endl;
        cout<<"========================================="<<endl;
        cout<<"          商品信息管理系统功能菜单"<<endl;
        cout<<"\t1. 输入商品信息"<<endl;
        cout<<"\t2. 输出商品信息"<<endl;
        cout<<"\t3. 销售商品"<<endl;
        cout<<"\t4. 商品进货"<<endl;
        cout<<"\t5. 统计库存不足商品"<<endl;
```

```
cout<<"\ t6. 统计营业额"<<endl;
cout<<"\ t7. 统计销量最高和销量最低的商品"<<endl;
cout<<"\ t8. 统计营业额最高和营业额最低的商品"<<endl;
cout<<"\ t9. 退出"<<endl;
cout<<"========================================"<<endl;
cout<<"请选择功能(1-9): ";

cin>>option;
switch(option)       //根据菜单选项完成相应的功能
{
    case 1:      //输入商品信息
            /* 首先,输入商品的种类,然后调用相应的函数实现商品信息的
        录入。函数调用时,商品种类以及用于存放所有商品信息的结构数组
        作为实参传递给函数。例如:
            cout<<"输入商品的种类: ";
            cin>>total;
            input(prod,total);              //函数调用 */
        break;
    case 2:      //输出商品信息
            /* 调用相应的函数依次输出每种商品的信息,信息包括:商品库
        存量、商品价格和商品销量。函数调用时,商品种类以及用于存放所有
        商品信息的结构数组作为实参传递给函数。例如:
            output(prod,total);             //函数调用 */
        break;
    case 3:      //销售商品
            /* 调用相应的函数根据商品编号来销售某种商品。函数调用时,
        商品种类以及用于存放所有商品信息的结构数组作为实参传递给函
        数。例如:
            sale(prod,total);               //函数调用 */
        break;
    case 4:      //商品进货
            /* 调用相应的函数根据商品编号来对某种商品进行进货。函数
        调用时,商品种类以及用于存放所有商品信息的结构数组作为实参传
        递给函数。例如:
            stock(prod,total);              //函数调用 */
        break;
    case 5:      //统计库存不足商品
            /* 调用相应的函数依次对每种商品的库存量进行检测,并输出所
        有库存量为 0 的商品。函数调用时,商品种类以及用于存放有商品信
```

```
        息的结构数组作为实参传递给函数。例如：
            lack(prod,total);            //函数调用 */
        break;
    case 6:     //统计营业额
            /* 调用相应的函数依次对每种商品的营业额进行统计,并输出该
        商品的营业额统计结果。商品营业额计算公式为:商品价格×商品销
        售量。函数调用时,商品种类以及用于存放所有商品信息的结构数组
        作为实参传递给函数。例如：
            statistics(prod,total);            //函数调用 */
        break;
    case 7:     //统计销量最高和销量最低的商品
            /* 调用相应的函数统计销量最高和销量最低的商品。函数调用
        时,商品种类以及用于存放所有商品信息的结构数组作为实参传递给
        函数。例如：
            minmaxAmount(prod,total);            //函数调用 */
        break;
    case 8:     //统计营业额最高和营业额最低的商品
            /* 调用相应的函数统计营业额最高和营业额最低的商品。函数
        调用时,商品种类以及用于存放所有商品信息的结构数组作为实参传
        递给函数。例如：
            minmaxIncome(prod,total);            //函数调用 */
        break;
    case 9:     //退出
        exit(0);                                 //退出程序
        break;
    default:                                     //非法输入
        cout<<"输入选项不存在! 请重新输入!"<<endl;
    }
  }
  return 0;
}
```

包含功能函数定义的源文件设计部分(functions.cpp)：

```
#include <iostream>
  /* 包含用户自定义的头文件,该头文件主要用于函数原型声明和结构类型定义。
  例如：
  #include "functions.h" */
using namespace std;

//输入商品信息的函数实现部分
```

```
void input(Product prod[],int total)
{
    /* 根据商品的种类依次输入每种商品的信息，信息包括：商品数量和商品价格。
  通过循环语句，每次循环输入一种商品的信息。
    例如：
    for(int i=0;i<total;++i)
    {
        cout<<"输入第"<<i+1<<"种商品的信息(数量、价格): ";
        cin>>prod[i].num>>prod[i].price;
    } */
}

//输出商品信息的函数实现部分
void output(Product prod[],int total)
{
    /* 根据商品种类依次输出每种商品的信息，信息包括：商品库存量、商品价格和
  商品销量。通过循环语句，每次循环输出一种商品的信息。
    例如：
    for(int i=0;i<total;++i)
        cout<<"[商品"<<i+1<<"] 库存量: "<<prod[i].num<<",价格: "<<prod[i].price
  <<",销量: "<<prod[i].sell<<endl;*/
}

//销售商品的函数实现部分
void sale(Product prod[],int total)
{
    /* 根据商品编号来销售某种商品，并同时指定销售数量。
    例如：
    cout<<"请输入商品编号(1-"<<total<<")和销售数量(>0): ";
    int product,n;              //商品编号和销售数量
    cin>>product>>n;//输入商品编号和销售数量
    需要对输入的商品编号和销售数量进行合法性检测，当输入数据合法时再根据
  具体的商品编号和销售数量对某种商品进行销售。此外，只有在某种商品的库存量
  能够满足销售数量的需求时，才能对该商品进行销售。
    例如：
    if(n>prod[product-1].num)                    //库存量不足
        cout<<"商品"<<product<<"库存量不足！"<<endl;
    else
    {
```

```
            prod[product-1].num-=n;
            prod[product-1].sell+=n;
            cout<<"商品"<<product<<"销售成功! "<<endl;
        } */
}

//商品进货的函数实现部分
void stock(Product prod[],int total)
{
        /* 根据商品编号来对某种商品进行进货,并同时指定进货数量。
        例如:
        cout<<"请输入商品编号(1-"<<total<<")和进货数量(>0): ";
        int product,n;          //商品编号和销售数量
        cin>>product>>n;//输入商品编号和进货数量
        需要对输入的商品编号和进货数量进行合法性检测,当输入数据合法时再根据
    具体的商品编号和进货数量对某种商品进行进货。
        例如:
        else if(n<0)            //判断进货数量是否合法
            cout<<"进货数量不能为负值! "<<endl;
        else
        {
            prod[product-1].num+=n;
            cout<<"商品"<<product<<"进货成功! "<<endl;
        } */
}

//统计库存不足商品的函数实现部分
void lack(Product prod[],int total)
{
        /* 依次对每种商品的库存量进行检测,并输出所有库存量为0的商品。通过循
    环语句,每次循环检测一种商品的库存量。
        例如:
        for(int i=0;i<total;++i)
            if(prod[i].num==0)
                cout<<"商品"<<i+1<<"库存不足! "<<endl;*/
}

//统计营业额的函数实现部分
double statistics(Product prod[],int total)
```

```
{
    /* 依次对每种商品的营业额进行统计，并输出该商品的营业额统计结果。商品
   营业额计算公式为：商品价格×商品销售量。通过循环语句，每次循环统计一种商品
   的营业额，并将其叠加到总营业额上。
    例如：
    double sum=0.0;            //存放总营业额,初始化为 0
    for(int i=0;i<total;++i)
    {
        cout<<"商品"<<i+1<<"营业额(元): "<<prod[i].price*prod[i].sell<<endl;
        sum+=prod[i].price*prod[i].sell;   //叠加至总营业额
    }
        cout<<"商品营业总额(元): "<<sum<<endl;*/
   return sum;       //返回总营业额
}

//统计销量最高和销量最低的商品的函数实现部分
void minmaxAmount(Product prod[],int total)
{
    /* 定义两个变量用来存放最高销量和最低销量，并将最高销量和最低销量初始
   化为第一种商品的销量，例如：
    int max_amount,min_amount;
    max_amount=prod[0].sell;
    min_amount=prod[0].sell;
    依次将其余商品的销售量与最高销量和最低销量进行比较，若该商品的销售量
   大于最高销量，则将最高销量设置成该商品的销售量；另外，若该商品的销售量小于
   最低销量，则将最低销量设置成该商品的销售量。通过循环语句，每次循环比较一种
   商品的销售量。
    例如：
    for(int i=1;i<total;++i)
    {
        if(prod[i].sell>max_amount)
            max_amount=prod[i].sell;
        if(prod[i].sell<min_amount)
            min_amount=prod[i].sell;*/
}

//统计营业额最高和营业额最低的商品的函数实现部分
void minmaxIncome(Product prod[],int total)
{
```

/* 定义两个变量用来存放最高营业额和最低营业额，并将最高营业额和最低营业额初始化为第一种商品的营业额，例如：

```
double max_income,min_income;
max_income=prod[0].price*prod[0].sell;
min_income=prod[0].price*prod[0].sell;
```

依次将其余商品的营业额与最高营业额和最低营业额进行比较，若该商品的营业额大于最高营业额，则将最高营业额设置成该商品的营业额；另外，若该商品的营业额小于最低营业额，则将最低营业额设置成该商品的营业额。通过循环语句，每次循环比较一种商品的营业额。例如：

```
for(int i=1;i<total;++i)
{
    if(prod[i].price*prod[i].sell>max_income)
        max_income=prod[i].price*prod[i].sell;
    if(prod[i].price*prod[i].sell<min_income)
        min_income=prod[i].price*prod[i].sell;
} */
}
```

包含功能函数原型声明和结构类型定义的头文件设计部分(functions.h)：

/* 结构类型的定义可以放在该头文件中。

对所有定义的功能函数进行函数原型声明，函数原型声明由函数头部分组成。例如：

```
//输入商品信息的函数的原型声明
void input(Product prod[],int total);*/
```

第十章　模块化程序设计

通常,一个软件的应用程序是由多个源文件组成,每个源文件包含若干个函数的定义,其中只有一个源文件具有主函数 main(),而其他的文件不能含有 main()。模块化程序设计的特点:(1) 各模块相对独立、功能单一、结构清晰、接口简单;(2) 控制了程序设计的复杂性;(3) 提高模块的可靠性;(4) 缩短开发周期;(5) 避免程序开发的重复劳动;(6) 易于维护和功能扩充。

10.1　存储类型

1. 外部存储类型

在两个或多个源程序之间进行数据传递,就使用外部存储类型,用 extern 来修饰。

程序 P10_1:在另一个源程序中定义圆周长和面积函数,在当前源程序中调用,半径定义为全局变量。

```
//--------------------------------------------------------------
//------------                  P10_1              -----------
//--------------------------------------------------------------
#include<iostream>
using namespace std;
double Perimeter();
double Area();
double radius;              //圆的半径,全局变量
int main()
{
    cout<<"请输入圆的半径:"<<endl;
    cin>>radius;
    cout<<"圆的周长:"<<Perimeter()<<endl;
    cout<<"圆的面积:"<<Area()<<endl;
    return 0;
}
//------------------------------------------------------------------
//---------------              P10_1_1          ------------------
//------------------------------------------------------------------
extern double radius;//外部存储变量,由另一个源程序定义
double Perimeter()
```

```
{
    return 3.14*radius*2;
}
double Area()
{
    return 3.14*radius*radius;;
}
```

说明：在使用 extern 对某个变量进行外部变量声明之前，要确保该变量已经在某个源文件中定义过，并且只在该程序中定义过。

2. 静态存储类型

如果源文件中的全局变量不想被其他源文件所用，也不能被其他源文件修改，要保证变量的值是可靠的，就使用静态存储类型。用 static 修饰的全局变量，就称为静态全局变量，该变量只在定义它的源程序中可用。

程序 P10_2：在另一个源程序中定义静态全局变量初始化为 100，再定义函数 Addone()将该变量加 1 并输出；在当前源程序中定义相同名称的全局变量并初始化为 10，在主函数加 1 并输出，再调用 Addone()，观察运行结果。

```
//------------------------------------------------------------
//------------                P10_2              -----------
//------------------------------------------------------------
#include<iostream>
using namespace std;
void Addone();
int number=10;          //定义 number 为全局变量
int main()
{
    number++;
    cout<<"main()函数中的 number="<<number<<endl;
    Addone();
}
//------------------------------------------------------------
//------------                P10_2_1            -----------
//------------------------------------------------------------
#include<iostream>
using namespace std;
static int number=100;
void Addone()
{
    number++;
    cout<<"Addone 函数中 number="<<number<<endl;
```

```
}
```

说明:通过运行结果可以看出,静态存储类型的变量,只能在定义它的程序范围内使用。

10.2 多文件结构

将若干个函数的声明放在一个头文件中,将不同函数的定义写在不同的文件中,再用一个文件写主函数,调用其他文件中的函数,实现多文件的管理。

程序 P10_3:采用多文件管理,头文件存放函数声明语句,再定义其他两个文件,求圆的面积和矩形面积,再定义一个文件,存放主函数,调用求面积的函数并输出。

```
//-----------------------------------------------------------
//------------          P10_3.prg           -----------
//-----------------------------------------------------------
/* P10_3_1.h:存放函数的声明
P10_3.cpp:主函数
P10_3_2.cpp:求圆面积
P10_3_3.cpp:求矩形面积 */
//-----------------------------------------------------------
//------------       P10_3_1.h:函数声明       -----------
//-----------------------------------------------------------
double CircleArea(double radius);
double RectangleArea(double width,double length);

//-----------------------------------------------------------
//------------       P10_3.cpp: main()       -----------
//-----------------------------------------------------------
#include<iostream>
using namespace std;
#include"P10_3_1.h"
int main()
{
    double radius=10,width=3,length=90;
    cout<<"圆的面积:"<<CircleArea(radius)<<endl;
    cout<<"矩形的面积:"<<RectangleArea(width,length)<<endl;
}

//-----------------------------------------------------------
//---------     P10_3_2.cpp: CircleArea()     ---------
//-----------------------------------------------------------
```

```
double CircleArea(double radius)
{
    return 3.14*radius*radius;
}

//------------------------------------------------------------
//------        P10_3_3.cpp: RectangleArea()         ------
//------------------------------------------------------------
double RectangleArea(double width,double length)
{
    return width*length;
}
```

10.3 编译预处理

编译器在编译源程序以前，要由预处理程序对源程序文件进行预处理。预处理程序提供了一些编译预处理指令和预处理操作符。预处理指令都要由“#”开头，每个预处理指令必须单独占一行，而且不能用分号结束，可以出现在程序文件中的任何位置。

1. #include 指令

#include 指令也叫文件包含指令，用来将另一个源文件的内容嵌入到当前源文件该点处。其实我们一般就用此指令来包含头文件。#include 指令有两种写法：

#include <文件名>

使用这种写法时，会在C++安装目录的 include 子目录下寻找<>中标明的文件，通常叫做按标准方式搜索。

#include "文件名"

使用这种写法时，会先在当前目录也就是当前工程的目录中寻找""中标明的文件，若没有找到，则按标准方式搜索。

2. #define 和#undef 指令

用#define 可以定义符号常量，比如，#define PI 3.14 这条指令定义了一个符号常量 PI，它的值是 3.14。但一般更常用的是在声明时用 const 关键字修饰。

用#undef 来删除由#define 定义的宏，使其不再起作用。

3. 条件编译指令

用条件编译指令可以实现某些代码在满足一定条件时才会参与编译，这样我们可以利用条件编译指令将同一个程序在不同的编译条件下生成不同的目标代码。

条件编译指令有 5 种形式：

a. 第一种形式：

#if　常量表达式

程序正文 //当“常量表达式”非零时本程序段参与编译

#endif

b. 第二种形式：

#if 常量表达式

程序正文 1 //当“常量表达式”非零时本程序段参与编译

#else

程序正文 2 //当“常量表达式”为零时本程序段参与编译

#endif

c. 第三种形式：

#if 常量表达式 1

程序正文 1 //当“常量表达式 1”非零时本程序段参与编译

elif 常量表达式 2

程序正文 2 //当“常量表达式 1”为零、“常量表达式 2”非零时本程序段参与编译

...

elif 常量表达式 n

程序正文 n //当“常量表达式 1”、...、“常量表达式 n-1”均为零、“常量表达式 n”非零时本程序段参与编译

#else

程序正文 n+1 //其他情况下本程序段参与编译

#endif

d. 第四种形式：

#ifdef 标识符

程序段 1

#else

程序段 2

#endif

如果“标识符”经#defined 定义过，且未经 undef 删除，则编译程序段 1，否则编译程序段 2。

e. 第五种形式：

#ifndef 标识符

程序段 1

#else

程序段 2

#endif

如果“标识符”未被定义过，则编译程序段 1，否则编译程序段 2。

4. define 操作符

define 是预处理操作符，不是指令，所以不能用“#”开头。使用形式为：define(标识符)。如果括号里的标识符用#define 定义过，并且没有用#undef 删除，则 define(标识符)为非 0，否则为 0。

习题 10

1. 阅读程序，写出运行结果。

```
//file1.cpp
static int i=10;
int x;
static int g(int p);
void f(int v)
{
    x=g(v);
}
static int g(int p)
{
    return i+p;
}
//file2.cpp
#include<iostream>
using namespace std;
extern int x;
void f(int);
int main()
{
    int i=5;
    f(i);
    cout<<x<<endl;
    return 0;
}
```

2. 修改程序中的错误

```
//file1.cpp
int x=2;
int y=3;
extern int m;

//file2.cpp
int x;
extern double y;
extern int m;
```

3. 在 file1.cpp 中定义两个函数:(1) 判断整数 n 是奇数还是偶数;(2) 将该整数 n+1。在 mainFile.cpp 中,将整数 n 定义为全局变量,并给定初始值,定义主函数,调用上面两个函数,输出结果。

4. 用多文件结构实现九九乘法表 ,分别调用三个函数打印:方形的九九乘法表,下三角形的九九乘法表和上三角形的九九乘法表。

第四单元

第十一章　类

类是C++面向对象程序设计的基础，是同一类事物的统称，具有相同属性和行为的一类实体被称为类。类是用户构造的数据类型，将不同类型的数据和这些数据相关的操作封装在一起的集合，对具有相同性质的客观对象的抽象。

11.1　类的特征

类是面向对象的程序设计，有抽象、继承、封装和多态4个特征。(1) 抽象是指从具体的实例中抽取出来共同的性质并加以描述的过程。(2) 继承是指可以从一个类派生一个子类，子类继承父类的特征和行为，并且可以在其中添加自己的特征和行为。(3) 封装是指将事物的特征和行为抽象为一个类。它实际上是对事物的抽象过程，即依据实际应用，按照主观意识将事物的特征和行为描述为类。(4) 多态是指对于相同的调用或操作，作用于不同的对象，而导致其行为也不同。

11.2　类的定义

类定义形式如下：

```
class   <类名>
{
    private：
    <私有成员函数和数据成员的说明>
    protected:
    <保护成员函数和数据成员的说明>
    public：
    <公有成员函数和数据成员的说明>
};
<各个成员函数的实现>
```

说明：

1. public、protected 和 private 是访问权限控制符，出现次序、次数可随意；三种访问权限各不相同：(1) private 只能在类内部访问；(2) protected 可以在类内部和子类中访问；(3) public 在类内、类外都可以访问。

2. 成员函数在类外的实现采用下面的定义形式：

<类型标识符><类名>::<成员函数名>(<形参表>)

{

　　<函数体>

}

对象的使用

对象的声明形式：

类名　对象表;

举例：

程序 P11_1：定义日期类 Date，私有数据成员 3 个，分别是年、月、日；公有函数成员有 4 个：(1) 输入函数成员 void input(int y,int m,int d)，完成对私有数据的赋值；(2) 输出日期函数 void display()，格式“2015 年 3 月 12 日”；(3) 闰年判断 bool IsLeap()，根据年份判断是否是闰年；(4) 返回日期的年份 int GetYear()。在主函数中定义对象，并测试。

```
#include<iostream>
using namespace std;
class Date
{
private:
    int year;//年
    int month;//月
    int day;//日
public:
    void input(int y,int m,int d);
    void display();
    bool IsLeap();
    int GetYear();
};
void Date::input(int y,int m,int d)//在类外定义成员函数，在函数名前加上“类名::”
{
    year=y;month=m;day=d;
}
void Date::display()
{
    cout<<year<<"年"<<month<<"月"<<day<<"日"<<endl;
}
bool Date::IsLeap()
{
```

```
        if((year%4==0&&year%100!=0)||(year%400==0))
        {
            return true;
        }
        else
        {
            return false;
        }
    }
    int Date::GetYear()
    {
        return year;
    }
    int main()
    {
        Date dd;//定义日期类对象
        dd.input(2008,3,12);            //调用日期类成员函数
        dd.display();
        if(dd.IsLeap())
        {
            cout<<dd.GetYear()<<"年是闰年。"<<endl;
        }
        else
        {
            cout<<dd.GetYear()<<"年不是闰年。"<<endl;
        }
    }
```

说明:类内是函数成员的声明形式,在类外定义成员函数,就要在函数名前加"类名::",如果有类内定义,就不需要添加;在主函数测试时,一定先运行 input()函数,类中的数据成员赋值后,才可运行其他函数。

11.3 构造函数

类中的数据成员,除了使用成员函数对其赋值,还可以使用构造函数。构造函数的定义形式如下:

```
<类名>::<类名>(<参数表>)
{
        <函数体>
```

}

构造函数的声明形式：

<类名>(<参数表>)；

构造函数有四大特征，(1) 无返回值类型；(2) 函数名与类名相同；(3) 函数体通常对数据成员赋值，完成初始化操作；(4) 创建对象时，系统自动调用。另外，构造函数还可以重载。

程序 P11_2：定义点类 Point，数据成员两个，分别为横纵坐标；成员函数共 5 个，分别是：

(1) 无参构造函数 Point()，给横纵坐标赋初始值 0；有参构造函数 Point(double x,double y);

(2) 输出(x,y)形式的坐标，函数 void display();

(3) 返回横坐标函数 double GetX();

(4) 返回纵坐标函数 double GetY();

定义普通函数(求两点之间的距离)double Distance(Point p1,Point p2);

在主函数中定义对象，并测试上述所有函数。

```
#include<iostream>
using namespace std;
class Point
{
private:
    double x,y;//定义横纵坐标
public:
    Point(double x,double y);         //构造函数的声明语句
    Point();//无参构造函数
    void display();//输出坐标
    double GetX();//返回横坐标
    double GetY();//返回纵坐标
};
Point::Point()
{
    x=0;
    y=0;
}
Point::Point(double x,double y)
{
    this->x=x;  //当函数的形参与数据成员名字相同时，使用 this 指针指向数据成员
    this->y=y;
}
void Point::display()
{
    cout<<"点("<<x<<","<<y<<")";
}
```

```
double Point::GetX()
{
    return x;
}
double Point::GetY()
{
    return y;
}
double Distance(Point   p1,Point   p2);          //函数的声明形式
int main()
{
    Point p0;//因为有无参构造函数,定义对象时就可以不用带参数
    Point p1(3,4),p2(6,8);      //定义对象时带有参数,系统会自动调用有参构造函数 p1.
display();
    cout<<"和";
    p2.display();
    cout<<"之间的距离是"<<Distance(p1,p2)<<endl;
    p0.display();
    cout<<"和";
    p2.display();
    cout<<"之间的距离是"<<Distance(p0,p2)<<endl;
}
double Distance(Point p1,Point p2)          //求两点之间的距离
{
    double length;
length=sqrt((p1.GetX()-p2.GetX())*(p1.GetX()-p2.GetX() )+(p1.GetY()-p2.GetY())*(p1.GetY()
-p2.GetY()));
    return length;
}
```

说明:(1) Distance()形式参数是对象,在求两点之间的距离时,因为横纵坐标是私有数据成员,通过对象不能直接访问,因此通过定义两个公有成员函数 GetX()和 GetY()来访问横纵坐标,即可求出两点之间的距离。(2) this 是指向自身对象的指针,当函数的形参与数据成员名称相同时,就可以使用 this 指针指向数据成员,与形参区分开。(3) 类的成员函数也可以在类内定义,定义方法同普通函数一样。

11.4 析构函数

析构函数的主要功能是,在对象被撤销时,对该对象所占的空间进行释放。如果类中没有

给出析构函数时，系统将自动生成一个缺省的析构函数。当撤销对象时(对象的生存期结束或通过 delete()函数释放动态对象)，系统会自动调用析构函数。析构函数的格式为：

```
<类名>:: ~<类名>()
{
        <函数体>
}
```

析构函数的声明：

~<类名>();

程序 P11_3：定义随机数类 RandNumbers，数据成员两个：int num,*vec;num 表示动态数组元素个数，vec 是指向动态数组的指针；

包含 6 个成员函数：

(1) 有参构造函数 RandNumbers(int n)，定义动态数组，使用随机数为数组各个元素赋值；

(2) 析构函数~RandNumbers()，释放动态数组；

(3) 输出动态数组中各个元素 void print()；

(4) 获取数组的大小 int getNum()；

(5) 读数组中某个元素 int get(int i)；

(6) 给数组某个元素赋值 void set(int i,int val)。

定义主函数，完成该类中各个成员的测试。

```
#include <iostream>
#include <cstdlib>//rand()的头文件
#include <ctime>//time()的头文件
using namespace std;
class RandNumbers
{
    public:
        RandNumbers(int n);//有参构造函数
        ~RandNumbers();//析构函数
        void print();//输出函数
        int getNum();//返回数组元素个数
        int get(int i);//返回数组中第 i 个元素的值
        void set(int i,int val);//给第 i 个元素赋值为 val
    private:
        int *vec;  //指向动态数组的指针
        int num;  //动态数组的元素个数
};
RandNumbers::RandNumbers(int n)
{
    num=n;
    vec=new int[num];
```

```
    for(int i=0;i<num;i++)
        vec[i]=rand()%100;          //使用随机函数为数组中每个元素赋值
}
RandNumbers::~RandNumbers()
{
    delete [] vec;   //释放动态数组开辟的空间
}
void RandNumbers::print()
{
    for(int i=0;i<num;i++)//输出数组
        cout<<vec[i]<<"\t";
    cout<<endl;
}
int RandNumbers::getNum()
{
    return num;
}
int RandNumbers::get(int i)
{
    return vec[i];
}
void RandNumbers::set(int i,int val)
{
    vec[i]=val;
}

int main()
{
    srand((unsigned int)time(NULL));

    RandNumbers rn1(5) ;
    RandNumbers rn2=rn1;   //调用默认拷贝构造函数
    rn1.print();
    rn2.print();

    rn1.set(2,100);
    rn1.print();
    rn2.print();   //rn2 中 vec 的内容也被修改了
    return 0;
```

//调用 rn2 的析构函数时出现问题,因为 rn1 的析构函数已经将 vec 的空间释放了
}

说明:当 rn1 被修改时,rn2 的元素也被修改,对象 rn2 与 rn1 指向同一个对象,实际称为浅拷贝,而不是真正的拷贝。

11.5 拷贝构造函数

拷贝构造函数是一种特殊的构造函数,其功能是用一个已知的对象来初始化一个被定义的同类的对象。拷贝构造函数的格式为:

```
<类名>::<类名>( <类名>& <对象名>)
{
    <函数体>
}
```

拷贝构造函数的声明:

```
<类名>( <类名>& <对象名>);
```

程序 P11_4:改写程序 P11_3,添加拷贝构造函数,实现真正的拷贝。

```
#include <iostream>
#include <cstdlib>
#include <ctime>

using namespace std;

class RandNumbers
{
    public:
        RandNumbers(int n);
        RandNumbers(RandNumbers &rn);
        ~RandNumbers();
        void print();
        int getNum();
        int get(int i);
        void set(int i,int val);
    private:
        int *vec;
        int num;
};

RandNumbers::RandNumbers(int n)
```

```
{
    num=n;
    vec=new int[num];
    for(int i=0;i<num;i++)
        vec[i]=rand()%100;
}
RandNumbers::RandNumbers(RandNumbers &rn)//拷贝构造函数
{
    num=rn.getNum();
    vec=new int[num];
    for(int i=0;i<num;i++)
        vec[i]=rn.get(i);
}
RandNumbers::~RandNumbers()
{
    delete [] vec;
}
void RandNumbers::print()
{
    for(int i=0;i<num;i++)
        cout<<vec[i]<<"\t";
    cout<<endl;
}
int RandNumbers::getNum()
{
    return num;
}
int RandNumbers::get(int i)
{
    return vec[i];
}
void RandNumbers::set(int i,int val)
{
    vec[i]=val;
}

int main()
{
    srand((unsigned int)time(NULL));
```

```
    RandNumbers rn1(5) ;
    RandNumbers rn2=rn1;//调用自定义拷贝构造函数
    rn1.print();
    rn2.print();

    rn1.set(2,100);
    rn1.print();
    rn2.print();  //rn2 中 vec 的内容未被修改

    return 0;
    //程序正常结束
}
```

11.6 静态成员

静态成员变量属于一个类但不属于该类的任何对象，所以在类外调用静态成员变量时，必须要用“类名::”作为限定词。静态成员函数只能访问类中的静态数据成员。静态成员函数是被一个类中所有对象共享的成员函数，不属于哪个特定的对象。

程序 P11_5：定义学生类 CStudent，数据成员 2 个：学生姓名和班费，其中班费定义为静态成员变量；成员函数有 3 个：

(1) 有参构造函数 CStudent(char name[])；

(2) 函数 void ExpendMoney(int money)，表示学生用去的班费；

(3) 静态成员函数，显示当前班费 static void ShowMoney();

在主函数中定义学生数组，每个学生花费的班费，显示班费余额。

```
#include<iostream>
using namespace std;
class CStudent
{
private:
    char m_Name[10];
    static int m_ClassMoney;//静态成员变量，保存班费
public:
    CStudent(char name[]);
    void ExpendMoney(int  money);
    static void ShowMoney();//静态成员函数
};
int CStudent::m_ClassMoney=1000;         //静态成员变量的初始化
CStudent::CStudent(char name[])//构造函数，给私有数据赋值
```

```
{
    strcpy_s(m_Name,name);
}
void CStudent::ExpendMoney(int money)
{
    m_ClassMoney-=money;          //班费为原先的减去花费的
}
void CStudent::ShowMoney() //显示班费余额,只能访问静态成员变量
{
    cout<<"班费还剩余"<<m_ClassMoney<<endl;
}
void main()
{
    CStudent stu[3]={"marry","sunny","jahn"};          //定义三个学生
    stu[0].ExpendMoney(100);
    stu[0].ShowMoney();          //作用等同于 TStudent::ShowMoney();
    stu[1].ExpendMoney(200);
    stu[1].ShowMoney();
    stu[2].ExpendMoney(400);
    stu[2].ShowMoney();
}
```

说明:静态成员变量的初始化要在所有函数的外面赋值,是全局变量。

11.7 常类型

1. 常对象

常对象是指对象常量,定义格式如下:

```
<类名>const <对象名>;
```

或者:

```
const <类名><对象名>;
```

经常应用于函数的形式参数,保证对象不被修改。

程序 P11_6:阅读下面程序,观察程序的执行结果。

```
#include<iostream>
using namespace std;
class Number
{
private:
    int n;
```

```
public:
    Number(int i)
    {
        n=i;
    }
    int getn() const              //常成员函数
    {
        return n;
    }
    int get()      //成员函数
    {
        return n;
    }
};
int add(const Number &s1,const Number &s2)   //引用常对象作为形参
{
    int sum;
//  sum=s1.get()+s2.get();  //错,常对象只能访问常成员函数
    sum=s1.getn()+s2.getn();      //正确
    return sum;
}
void main()
{
    Number s1(100),s2(100);
    cout<<"sum="<<add(s1,s2)<<endl;
}
```

此程序的运行结果为：

sum=200

2. 常成员函数

使用 const 说明的成员函数，称为常成员函数，只有常成员函数才有权使用常量或常对象，没有使用 const 说明的成员函数不能使用常对象。

常成员函数说明的格式为：

<类型说明>　<函数名>(<参数表>) const;

const 是函数类型的一个组成部分，因此在实现部分也要有 const 关键词。

常成员函数不更新对象的数据成员，也不能调用该类中没有用 const 修饰的成员函数。

如果将一个对象说明为常对象，则通过该常对象只能调用它的常成员函数，而不能调用其他成员函数。const 关键词可以区分重载函数。

程序 P11_7：分析下面程序执行结果。

```
#include<iostream>
```

```
using namespace std;
class Case
{
private:
      int a,b;
public:
      Case(int a1=0,int b1=0){a=a1;b=b1;}              //构造函数在类内定义
      void output()   const;
      void output();
};
void Case::output()//成员函数
{
      cout<<a<<" *****  "<<b<<endl;
}
void Case::output()const      //常成员函数,两个 output()函数重载
{
      cout<<a<<" const "<<b<<endl;
}
void main()
{
      Case p(100,80);
      p.output();
      const Case pc(200,90);
      pc.output();      //常对象调用常成员函数
}
```

3. 常数据成员

使用 const 说明的数据成员为常数据成员,如果在一个类中说明了常数据成员,那么构造函数就只能通过初始化列表对该数据成员进行初始化。

程序 P11_8:定义圆类 Circle,数据成员 4 个:圆心坐标(x,y),半径 r,常数据成员 PI;成员函数有 4 个:

(1) 定义带默认参数的构造函数,同时初始化常数据成员 PI;

(2) 计算周长函数 double Perimeter();

(3) 计算面积函数 double area();

(4) 显示函数 void display(),将显示圆心位置、半径、周长和面积。

定义主函数,并测试圆类及成员函数。

```
#include<iostream>
using namespace std;
class Circle
{
```

```
private:
    int x,y;        //圆心坐标
    const double PI;        //常数据成员
    double r;//半径
public:
    Circle(int x1=0,int y1=0,double r1=0):PI(3.14159){x=x1;y=y1;r=r1;}
    double Perimeter() {return 2*PI*r;}
    double area(){return PI*r*r;}
    void display();
};
void Circle::display()        //在类外定义成员函数,要加"Circle::"
{
    cout<<"圆心位置 : ("<<x<<","<<y<<")"<<endl;
    cout<<"半径大小为 :  "<<r<<endl;
    cout<<"圆的周长为: "<<Perimeter()<<endl;
    cout<<"圆的面积为: "<<area()<<endl;
}
void main()
{
    Circle c(150,200,10);        //圆心坐标(150,200),半径为 10
    c.display();
}
```

习题 11

1. 定义一个灰度图像类 **Image**

数据成员:

图像的宽度(int width)、图像的高度(int height)、图像的像素值(int value[200][200])

成员函数:

- 图像的初始化(图像中每个像素的灰度值为一个随机产生的 0~255 之间的值)[就是给指定了宽和高的二维数组赋值]
  void set(int _width,int _height);
- 读取某个指定位置的像素值
  int getPixel(int x,int y);
- 设置某个指定位置的像素值
  void setPixel(int x,int y,int val);
- 计算整个图像中所有像素值的平均值
  double computeAverage();

- 显示整个图像的像素值。

  void print();

要求:将类的定义与类成员函数的实现分开。

定义主函数,测试上述类功能。

2. 定义一个职工类 **Employee**

数据成员:

职工姓名(char *name)、性别(bool sex)、年龄、工龄、工资

成员函数:

- **构造函数**:职工基本信息的初始化
- **析构函数**:释放系统资源
- 修改职工姓名
- 修改工资
- 年薪计算
- 工龄增加
- 显示职工信息

要求:将类的定义与类成员函数的实现分开。

定义主函数,测试上述类功能。

3. 定义一个灰度图像类 **Image**

数据成员:

图像的宽度、图像的高度、图像的像素值(int **value)

成员函数:

- **构造函数**:图像的初始化(图像中每个像素的灰度值为一个随机产生的 0~255 之间的值)
- **析构函数**:释放系统资源
- 读取某个指定位置的像素值
- 设置某个指定位置的像素值
- 计算整个图像中所有像素值的平均值
- 显示整个图像的像素值。

要求:将类的定义与类成员函数的实现分开。

定义主函数,测试上述类功能。

4. 拷贝构造函数

(1) 定义一个生日类 **Birthday**

数据成员(访问权限定义为 protected):

出生年、月、日

成员函数(访问权限定义为 public):

- **构造函数**:数据成员初始化
- **拷贝构造函数**:数据成员初始化　**Birthday**(const **Birthday** &birth);
- 修改生日信息
- 打印生日信息

要求:将类的定义与类成员函数的实现分开。

(2) 定义一个学生类 **Student**

数据成员(访问权限定义为 protected):

学生姓名(char *name)、性别(bool sex)、学号、出生日期(**Birthday** birth)、专业课门数、专业课成绩(double *score)

成员函数(访问权限定义为 public):

- **构造函数**:对学生的姓名、性别、学号、出生日期、专业课门数进行初始化

Student(char *_name,bool _sex,int _sno,int year,int month,int day,int _num);

注意:在构造函数中为 **score** 申请堆空间数组

- 拷贝构造函数:数据成员初始化(避免浅拷贝)

Student(const **Student** &st);

- **析构函数**:释放系统资源
- 录入专业课的成绩　void input(double *s);或 void input(double s[ ]);
- 修改某门专业课的成绩　void change(int i,double s);
- 计算专业课平均成绩
- 计算不及格专业课的门数
- 显示学生基本信息

要求:将类的定义与类成员函数的实现分开。

定义主函数,测试上述类功能。

工程训练 5　商品信息管理系统(类和对象篇)

利用类和对象的相关知识,完成《商品信息管理系统》的设计,实现对商品信息进行有效的管理。定义一个类结构来维护所有商品的信息。每种商品维护三种信息,包括:商品库存量、商品价格以及商品销售量。该系统的主要功能包括:商品信息录入、商品信息输出、商品销售、商品进货、统计库存不足商品、统计营业额、统计销量最高和销量最低的商品、统计营业额最高和营业额最低的商品。具体功能介绍如下:

- **商品信息录入**

该功能由类的一个单独的成员函数来实现。首先,在主函数中从键盘输入商品的种类,然后根据商品的种类调用一个相应的类成员函数来完成每种商品信息的初始化,商品信息包括:商品数量和商品价格。每种商品维护三种信息:商品库存量、商品价格和商品销售量。三种信息分别用三个数组来存储,并作为类的数据成员存在。函数调用时,商品种类作为实参传递给函数。在函数中进行信息录入时,用输入的商品数量来初始化商品库存量,用输入的商品价格来初始化商品价格,并将商品销售量初始化为 0。

- **商品信息输出**

该功能由类的一个单独的成员函数来实现。将所有商品的信息依次输出到屏幕上显示,每种商品信息显示一行,输出的信息包括:商品库存量、商品价格和商品销售量。函数调用时,不需要提供任何实参。

• **商品销售**

该功能由类的一个单独的成员函数来实现。根据商品编号(编号从1开始)对某种商品进行销售,销售时需指定具体的商品销售数量。在对商品进行销售之前,需要对输入的商品编号和商品销售数量的信息进行合法性检测,只有输入数据合法时,才能进行商品销售。若输入数据合法,则根据具体的商品编号和商品销售数量对某种商品进行销售,销售成功后,需要相应的修改该商品的库存量和销售量的信息。注意:当库存量无法满足销售量需求时,同样不能进行商品销售。函数调用时,不需要提供任何实参。

• **商品进货**

该功能由类的一个单独的成员函数来实现。根据商品编号(编号从1开始)对某种商品进行进货,进货时需指定具体的商品进货数量。在对商品进行进货之前,需要对输入的商品编号和商品进货数量的信息进行合法性检测,只有输入数据合法时,才能进行商品进货。若输入数据合法,则根据具体的商品编号和商品进货数量对某种商品进行进货,进货成功后,需要相应的修改该商品的库存量信息。函数调用时,不需要提供任何实参。

• **统计库存不足商品**

该功能由类的一个单独的成员函数来实现。依次对所有商品的库存量进行检测,若某种商品的库存量为0,则将该商品输出,每行输出一种商品。函数调用时,不需要提供任何实参。

• **统计营业额**

该功能由类的一个单独的成员函数来实现。依次对每种商品的营业额进行统计,并输出该商品的营业额统计结果,每行输出一种商品。商品营业额计算公式为:商品价格×商品销售量。同时,将所有商品的营业额进行相加,在最后一行显示所有商品的总营业额。函数调用时,不需要提供任何实参。

• **统计销量最高和销量最低的商品**

该功能由类的一个单独的成员函数来实现。依次比较所有商品的销售量,从中找出销量最高和销量最低的商品。首先,定义两个变量分别用于存放最高销量和最低销量,初始时,将最高销量和最低销量都初始化为第一种商品的销售量。接下来,依次将其余商品的销售量与最高销量和最低销量进行比较。若当前商品的销售量大于最高销量,则将最高销量设置成该商品的销售量;此外,若当前商品的销售量小于最低销量,则将最低销量设置成该商品的销售量。函数调用时,不需要提供任何实参。

• **统计营业额最高和营业额最低的商品**

该功能由类的一个单独的成员函数来实现。依次比较所有商品的营业额,从中找出营业额最高和营业额最低的商品。首先,定义两个变量分别用于存放最高营业额和最低营业额,初始时,将最高营业额和最低营业额初始化为第一种商品的营业额。接下来,依次将其余商品的营业额与最高营业额和最低营业额进行比较。若当前商品的营业额大于最高营业额,则将最高营业额设置成该商品的营业额;此外,若当前商品的营业额小于最低营业额,则将最低营业额设置成该商品的营业额。函数调用时,不需要提供任何实参。

下面给出程序的基本框架和设计思路,仅供大家参考。此外,完全可以自己来设计更合理的结构和代码。

用于维护所有商品信息的类结构的设计部分:

```
class Product
```

```
{
public:
      Product();                                         //默认构造函数
      Product(int *_num,double *_price,int _total);      //带参数的构造函数
      Product(const Product &prod);                      //拷贝构造函数
      ~Product();                                        //析构函数
      void input(int _total);                            //输入商品信息
      void output() const;                               //输出商品信息
      void sale();                                       //销售商品
      void stock();                                      //商品进货
      void lack() const;                                 //统计库存不足商品
      double statistics() const;                         //统计营业额
      void minmaxAmount() const;                         //统计销量最高和销量最低的商品
      void minmaxIncome() const;                    //统计营业额最高和营业额最低的商品
      Product& operator=(const Product &prod);          //赋值运算符重载函数
protected:
      int *num;                                          //商品数量
      double *price;                                     //商品价格
      int *sell;                                         //商品销量
      int total;                                         //商品种类
};
```

上述类的定义部分可以单独地放在一个头文件中(Product.h)。下面是类成员函数的实现部分：

```
#include <iostream>
      /* 包含类定义的头文件。
      例如：
      #include "Product.h"  */
using namespace std;

//默认构造函数实现部分
Product::Product()
{
            /* 对数据成员进行初始化。将商品种类初始化为0,将其余的指针成员初始化
      为空指针。例如：
            num=NULL;
            price=NULL;
            sell=NULL;
            total=0;*/
}
```

```
//带参数的构造函数实现部分
Product::Product(int *_num,double *_price,int _total): total(_total)
{
    /* 对数据成员进行初始化。利用参数提供的商品种类对商品种类成员进行初
  始化。根据商品种类为其余指针成员开辟堆空间,并根据提供的形参对其进行初始
  化。例如:
    num=new int[total];          //开辟堆空间
    price=new double[total];
    sell=new int[total];
    for(int i=0;i<total;++i)          //逐一值拷贝
    {
        num[i]=_num[i];
        price[i]=_price[i];
        sell[i]=0;
    } */
}

//拷贝构造函数实现部分
Product::Product(const Product &prod): total(prod.total)
{
    /* 对数据成员进行初始化。利用参数提供的商品种类对商品种类成员进行初
  始化。根据商品种类为其余指针成员开辟堆空间,并根据提供的形参对其进行初始
  化。例如:
    num=new int[total];                    //开辟堆空间
    price=new double[total];
    sell=new int[total];
    for(int i=0;i<total;++i)                    //逐一值拷贝
    {
        num[i]=prod.num[i];
        price[i]=prod.price[i];
        sell[i]=prod.sell[i];
    } */
}
//析构函数实现部分
Product::~Product()
{
    /* 释放指针成员的堆空间。例如:
    if(num!=NULL)
        delete [] num;                //释放堆空间
```

```
        if(price! =NULL)
            delete [] price;
        if(sell! =NULL)
            delete [] sell;*/
}

//输入商品信息的成员函数实现部分
void Product::input(int _total)
{
        /* 利用参数提供的商品种类值对商品种类成员进行初始化,并根据商品种类为
    指针成员开辟堆空间。根据商品的种类依次输入每种商品的信息,信息包括:商品数
    量和商品价格。通过循环语句,每次循环输入一种商品的信息。
        例如:
        total=_total;
        num=new int[total];                //开辟堆空间
        price=new double[total];
        sell=new int[total];
        for(int i=0;i<total;++i)
        {
            cout<<"输入第"<<i+1<<"种商品的信息(数量、价格): ";
            cin>>num[i]>>price[i];
            sell[i]=0;
        } */
}

//输出商品信息的成员函数实现部分
void Product::output() const
{
        /* 根据商品种类依次输出每种商品的信息,信息包括:商品库存量、商品价格和
    商品销量。通过循环语句,每次循环输出一种商品的信息。
        例如:
        for(int i=0;i<total;++i)
            cout<<"[商品"<<i+1<<"] 库存量: "<<num[i]<<",价格: "<<price[i]<<",销量:
    "<<sell[i]<<endl;*/
}

//销售商品的成员函数实现部分
void Product::sale()
{
```

```
        /* 根据商品编号来销售某种商品,并同时指定销售数量。
        例如:
        cout<<"请输入商品编号(1-  "<<total<<")和销售数量(>0): ";
        int product,n;            //商品编号和销售数量
        cin>>product>>n;//输入商品编号和销售数量
        需要对输入的商品编号和销售数量进行合法性检测,当输入数据合法时再根据
    具体的商品编号和销售数量对某种商品进行销售。此外,只有在某种商品的库存量
    能够满足销售数量的需求时,才能对该商品进行销售。
        例如:
        if(n>num[product-1])             //库存量不足
            cout<<"商品"<<product<<"库存量不足!"<<endl;
        else
        {
            num[product-1]-=n;
            sell[product-1]+=n;
            cout<<"商品"<<product<<"销售成功!"<<endl;
        } */
}

//商品进货的成员函数实现部分
void Product::stock()
{
        /* 根据商品编号来对某种商品进行进货,并同时指定进货数量。
        例如:
        cout<<"请输入商品编号(1-  "<<total<<")和进货数量(>0): ";
        int product,n;            //商品编号和销售数量
        cin>>product>>n;      //输入商品编号和进货数量
        需要对输入的商品编号和进货数量进行合法性检测,当输入数据合法时再根据
    具体的商品编号和进货数量对某种商品进行进货。
        例如:
        else if(n<0)            //判断进货数量是否合法
            cout<<"进货数量不能为负值!"<<endl;
        else
        {
            num[product-1]+=n;
            cout<<"商品"<<product<<"进货成功!"<<endl;
        } */
}
```

```
//统计库存不足商品的成员函数实现部分
void Product::lack() const
{
        /* 依次对每种商品的库存量进行检测,并输出所有库存量为 0 的商品。通过循
    环语句,每次循环检测一种商品的库存量。
        例如:
        for(int i=0;i<total;++i)
            if(num[i]==0)
                cout<<"商品"<<i+1<<"库存不足! "<<endl;*/
}

//统计营业额的成员函数实现部分
double Product::statistics() const
{
        /* 依次对每种商品的营业额进行统计,并输出该商品的营业额统计结果。商品
    营业额计算公式为:商品价格×商品销售量。通过循环语句,每次循环统计一种商品
    的营业额,并将其叠加到总营业额上。
        例如:
        double sum=0.0;                //存放总营业额,初始化为 0
        for(int i=0;i<total;++i)
        {
            cout<<"商品"<<i+1<<"营业额(元): "<<price[i]*sell[i]<<endl;
            sum+=price[i]*sell[i];
        } */
    return sum;      //返回总营业额
}

//统计销量最高和销量最低的商品的成员函数实现部分
void Product::minmaxAmount() const
{
        /* 定义两个变量用来存放最高销量和最低销量,并将最高销量和最低销量初始
    化为第一种商品的销量,例如:
        int max_amount,min_amount;
        max_amount=sell[0];
        min_amount=sell[0];
        依次将其余商品的销售量与最高销量和最低销量进行比较,若该商品的销售量
    大于最高销量,则将最高销量设置成该商品的销售量;另外,若该商品的销售量小于
    最低销量,则将最低销量设置成该商品的销售量。通过循环语句,每次循环比较一种
    商品的销售量。
```

```
        例如：
        for(int i=1;i<total;++i)
        {
            if(sell[i]>max_amount)
                max_amount=sell[i];
            if(sell[i]<min_amount)
                min_amount=sell[i];*/
}

//统计营业额最高和营业额最低的商品的成员函数实现部分
void Product::minmaxIncome() const
{
        /* 定义两个变量用来存放最高营业额和最低营业额，并将最高营业额和最低营
    业额初始化为第一种商品的营业额，例如：
        double max_income,min_income;
        max_income=price[0]*sell[0];
        min_income=price[0]*sell[0];
        依次将其余商品的营业额与最高营业额和最低营业额进行比较，若该商品的营
    业额大于最高营业额，则将最高营业额设置成该商品的营业额；另外，若该商品的营
    业额小于最低营业额，则将最低营业额设置成该商品的营业额。通过循环语句，每次
    循环比较一种商品的营业额。例如：
        for(int i=1;i<total;++i)
        {
            if(price[i]*sell[i]>max_income)
                max_income=price[i]*sell[i];
            if(price[i]*sell[i]<min_income)
                min_income=price[i]*sell[i];
        } */
}

//赋值运算符重载函数实现部分
Product& Product::operator=(const Product &prod)
{
        /* 首先，释放指针成员原有的堆空间。然后，再根据参数对象的商品种类成员初
    始化自身的商品种类成员，并根据商品种类为指针成员开辟新的堆空间。最后根据参
    数对象的成员来初始化自身的成员。例如：
        if(num!=NULL)
            delete [] num;              //先释放原有堆空间
        if(price!=NULL)
```

```
            delete [] price;
        if(sell! =NULL)
            delete [] sell;
        total=prod.total;
        num=new int[total];                 //再开辟新的堆空间
        price=new double[total];
        sell=new int[total];
        for(int i=0;i<total;++i)            //逐一值拷贝
        {
            num[i]=prod.num[i];
            price[i]=prod.price[i];
            sell[i]=prod.sell[i];
        } */
    return *this;                                   //引用返回
}
```

上述类成员函数的实现部分,可以单独的放在一个源文件中(Product.cpp)。包含主函数的源文件设计部分:

```
#include <iostream>
    /* 包含类定义的头文件。
    例如:
    #include "Product.h" */
using namespace std;
int main()
{
    int option;                     //功能提示菜单选项
    Product prod;                   //商品信息类对象
    int total;                      //商品种类
    while(true)                     //重复显示功能菜单
    {
        //输出功能提示菜单
        cout<<endl;
        cout<<"========================================"<<endl;
        cout<<"              商品信息管理系统功能菜单"<<endl;
        cout<<"\t1. 输入商品信息"<<endl;
        cout<<"\t2. 输出商品信息"<<endl;
        cout<<"\t3. 销售商品"<<endl;
        cout<<"\t4. 商品进货"<<endl;
        cout<<"\t5. 统计库存不足商品"<<endl;
        cout<<"\t6. 统计营业额"<<endl;
```

```
cout<<"\t7. 统计销量最高和销量最低的商品"<<endl;
cout<<"\t8. 统计营业额最高和营业额最低的商品"<<endl;
cout<<"\t9. 退出"<<endl;
cout<<"========================================"<<endl;
cout<<"请选择功能(1- 9): ";

cin>>option;
switch(option)      //根据菜单选项完成相应的功能
{
    case 1:     //输入商品信息
            /* 首先,输入商品的种类,然后调用相应的对象成员函数实现商
        品信息的录入。例如:
            cout<<"输入商品的种类: ";
            cin>>total;
            prod.input(total);          //成员函数调用 */
        break;
    case 2:     //输出商品信息
            /* 调用相应的对象成员函数依次输出每种商品的信息,信息包
        括:商品库存量、商品价格和商品销量。例如:
            prod.output();          //成员函数调用 */
        break;
    case 3:     //销售商品
            /* 调用相应的对象成员函数根据商品编号来销售某种商品。
        例如:
            prod.sale();          //成员函数调用 */
        break;
    case 4:     //商品进货
            /* 调用相应的对象成员函数根据商品编号来对某种商品进行
        进货。
            例如:
            prod.stock();          //成员函数调用 */
        break;
    case 5:     //统计库存不足商品
            /* 调用相应的对象成员函数依次对每种商品的库存量进行检测,
        并输出所有库存量为0的商品。例如:
            prod.lack();          //成员函数调用 */
        break;
    case 6:     //统计营业额
            /* 调用相应的对象成员函数依次对每种商品的营业额进行统计,
```

```
            并输出该商品的营业额统计结果。商品营业额计算公式为:商品价格
            ×商品销售量。例如:
                prod.statistics();          //成员函数调用 */
            break;
        case 7:     //统计销量最高和销量最低的商品
                /* 调用相应的对象成员函数统计销量最高和销量最低的商品。
                例如:
                prod.minmaxAmount();          //成员函数调用 */
            break;
        case 8:     //统计营业额最高和营业额最低的商品
                /* 调用相应的对象成员函数统计营业额最高和营业额最低的
            商品。
                例如:
                prod.minmaxIncome();          //成员函数调用 */
            break;
        case 9:     //退出
            exit(0);                                  //退出程序
            break;
        default:                                      //非法输入
            cout<<"输入选项不存在! 请重新输入!"<<endl;
        }
    }
    return 0;
}
```

第十二章　继承与派生

继承是一种编程技术，可以从现有类中构造一个新类，通过新类来实现面向对象的程序设计。继承性是面向对象程序设计的一个重要特征，掌握了继承，就掌握了类与对象的精华。

12.1　类的继承

类的继承，是新的类从已有类那里得到已有的特性。而从已有类中产生新类的过程就是类的派生。继承的目的就是实现代码重用；派生的目的是，当新的问题出现，原有程序无法解决(或不能完全解决)时，需要对原有程序进行改造。通常将用来派生新类的类称为基类，又称为父类；派生出来的新类称为派生类，又称为子类。派生类定义形式如下：

```
class <派生类名>:<继承方式><基类名>
{
    <派生类新定义成员>
};
```

说明：继承方式有三种：公有继承(public)、私有继承(private)和保护继承(protected)，缺省情况下为私有继承。不同继承方式主要体现在，派生类成员对基类成员的访问控制，派生类对象对基类成员的访问控制。

继承的访问权限如表 12.1 所示，(1) 不论是什么方式的继承，基类的私有数据都是不能继承下去的，对于派生类来讲，基类的私有数据就是不可访问的。除了私有数据外，其他成员都是可以被继承的；(2) 如果是公有继承，则基类的成员访问权限不变，原来公有成员继承到派生类中依然是公有成员，原来保护成员继承到派生类中依然是保护成员；(3) 如果是私有继承，则基类的公有成员和保护成员继承到派生类中都成为私有成员；(4) 如果是保护继承，则基类的公有成员和保护成员继承到派生类中都成为保护成员。

表 12.1　继承的访问权限

继承方式 基类成员	公有继承	私有继承	保护继承
公有成员	公有	私有	保护
私有成员	不可访问	不可访问	不可访问
保护成员	保护	私有	保护

基类的构造函数不被继承，需要在派生类的构造函数初始化列表中调用，完成基类成员初始化操作，派生类构造函数只需要对本类新增的成员进行初始化。

派生类构造函数的一般格式如下：

```
<派生类名>(<总参数表>)
    :<基类名>(<参数表 1>),<对象名>(<参数表 2>)
{
<派生类数据成员的初始化>
};
```

程序 P12_1:分析下面程序,观察运行结果。

```
#include<iostream>
using namespace std;
class Base
{
private:
    int b_number;   //基类数据成员
public:
    Base(){}        //无参构造函数
    Base(int i):b_number(i){}     //有参构造函数
    int Get_number(){return b_number;}      //读数据函数
    void Print(){cout<<b_number<<endl;}     //输出数据函数
};
class Derived:public Base      //公有继承基类
{
private:
    int d_number;
public:
    Derived(int i,int j):Base(i),d_number(j){}   //Base(i)调用基类构造函数
    void Print()
    {
        cout<<Get_number()<<"  ";     //通过继承来的函数访问基类私有数据
//      Base.Print();//也可以通过 Print()直接输出,与上一句等价
        cout<<d_number<<endl;
    }
};
int main()
{
    Base base1(2) ;
    Derived derived1(4,8);
    cout<<"base1:";
    base1.Print();        //基类对象访问基类成员函数
    cout<<"derived1:";
    derived1.Print();     //派生类对象访问派生类成员函数
```

```
    cout<<"base Part of derived1:
    derived1.Base::Print();  //派生类对象访问基类成员函数
    return 0;
}
```

说明:(1) Base(int i):b_number(i){}该语句相当于 Base(int i) { b_number=i;};(2) 派生类的有参构造函数,在初始化列表中调用基类构造函数。Derived(int i,int j):**Base(i)**,d_number(j){}派生类构造函数冒号后就是初始化列表,可以调用基类构造函数,可以给数据成员或常量数据成员赋值;(3) 派生类公有继承基类,除了私有数据不能继承下来,其他的成员函数都能继承下来,在派生类中可以调用,如派生类输出函数 void Print()就要以调用基类的 Get_number();(4) 派生类定义的成员函数如果与基类重名,则基类的成员函数被屏蔽,如派生类的 Print()与基类 Print()函数重名,在派生类调用 Print(),基类的 Print()依然存在,被屏蔽掉了;如果想访问基类的 Print(),则在函数名前加基类名和作用域运算符(::)。

构造函数的调用顺序,首先调用基类的构造函数;再调用对象成员类的构造函数;最后调用派生类的构造函数。

在基类中没有显式定义构造函数时,派生类构造函数的定义可以省略对基类构造函数的调用,系统会自动调用。当基类的构造函数使用一个或多个参数时,派生类必须定义构造函数,将参数传递给基类构造函数,有时派生类构造函数的函数体可能为空,仅起到参数传递作用。

程序 P12_2:观察调用构造函数的先后顺序。

```
#include<iostream>
using namespace std;
class BaseA            //定义基类
{
public:
    BaseA()            //基类构造函数
    {
        cout<<"BaseA 构造函数被调用! "<<endl;
    }
};
class DerivedA:public BaseA           //定义派生类
{
public:
    DerivedA()            //派生类构造函数
    {
        cout<<"DerivedA 构造函数被调用! "<<endl;
    }
};
int main()
{
```

```
    DerivedA obj;          //定义派生类对象，自动调用基类构造函数、派生类构造函数
    return 0;
}
```

程序运行结果：

BaseA 构造函数被调用！

DerivedA 构造函数被调用！

程序 P12_3：将程序 P12_2 改写，再观察构造函数的先后顺序。

```
#include<iostream>
using namespace std;
class BaseA          //定义基类
{
private:
    int a;
public:
    BaseA()          //基类无参构造函数
    {
        a=0;
        cout<<"BaseA 无参构造函数被调用！"<<endl;
    }
    BaseA(int a)          //基类无参构造函数
    {
        this->a=a;
        cout<<"BaseA 有参构造函数被调用！"<<endl;
    }
    void display()
    {
        cout<<"BaseA 中 a="<<a<<endl;
    }
};
class DerivedA:public BaseA          //定义派生类
{
private:
    int b;
public:
    DerivedA()          //派生类无参构造函数
    {
        b=0;
        cout<<"DerivedA 无参构造函数被调用！"<<endl;
```

```
    }
    DerivedA(int a,int b):BaseA(a)      //派生类有参构造函数,在初始化列表中调用基类构
                                        造函数
    {
        this->b=b;
        cout<<"DerivedA 有参构造函数被调用! "<<endl;
    }
    void display()
    {
        BaseA::display();      //调用基类的显示函数
        cout<<"DerivedA 中 b="<<b<<endl;
    }
};
int main()
{
    DerivedA obj1;      //定义派生类对象,自动调用基类构造函数、派生类构造函数
    obj1.display();
    cout<<endl;
    DerivedA obj2(10,20);  //自动调用基类有参构造函数和派生类有参构造函数
    obj2.display();
    return 0;
}
```

程序运行结果:

```
BaseA 无参构造函数被调用!
DerivedA 无参构造函数被调用!
BaseA 中 a=0
DerivedA 中 b=0

BaseA 有参构造函数被调用!
DerivedA 有参构造函数被调用!
BaseA 中 a=10
DerivedA 中 b=20
```

说明:(1) 定义派生类对象,如果没有参数,系统调用无参构造函数;如果有参数,系统就调用有参构造函数;(2) 调用基类同名成员函数时,在函数名前加基类名和作用域运算符(::)。

派生类的析构函数,由于基类的析构函数也不能被继承,因此,派生类的析构函数必须通过调用基类的析构函数来做基类的一些清理工作。调用顺序是:先调用派生类的析构函数;再调用对象成员类的析构函数(如果有对象成员);最后调用基类的析构函数,其顺序与调用构造函数的顺序相反。

程序 P12_4:将程序 P12_2 改写,观察基类与派生类构造函数和析构函数调用的先后

顺序。

```
#include<iostream>
using namespace std;
class BaseA              //定义基类
{
public:
    BaseA()                   //基类构造函数
    {
        cout<<"BaseA 构造函数被调用!"<<endl;
    }
    ~BaseA()//基类析构函数
    {
        cout<<"BaseA 析构函数被调用!"<<endl;
    }
};
class DerivedA:public BaseA              //定义派生类
{
public:
    DerivedA()              //派生类构造函数
    {
        cout<<"DerivedA 构造函数被调用!"<<endl;
    }
    ~DerivedA()             //派生类析构函数
    {
        cout<<"DerivedA 析构函数被调用!"<<endl;
    }
};
int main()
{
    DerivedA obj;           //定义派生类对象,自动调用基类构造函数、派生类构造函数
    return 0;               //程序结束,系统自动调用派生类析构函数、基类析构函数
}
```

程序运行结果:

BaseA 构造函数被调用!
DerivedA 构造函数被调用!
DerivedA 析构函数被调用!
BaseA 析构函数被调用!

12.2　多重继承

单一继承就是有一个基类的继承方式，多重继承就是派生类集成了各个基类的属性和方法。多继承的定义格式如下：

```
class <派生类名>
    :<继承方式><基类名 1>, … ,<继承方式><基类名 n>
{
<派生类新定义成员>
};
```

多继承的构造函数定义格式如下：

```
<派生类名>(<总参数表>):<基类名 1>(<参数表 1>),… ,<基类名 n>(<参数表 n>)
{
<派生类数据成员的初始化>
};
```

多继承构造函数调用顺序：先调用所有基类的构造函数，再调用派生类的构造函数。处于同一层次的各基类构造函数的调用顺序取决于定义派生类时所指定的基类顺序，与派生类构造函数中所定义的成员函数初始化列表顺序无关。

程序 P12_5：定义三个基类和一个派生类，观察它们构造函数和析构函数的调用顺序。

```
#include<iostream>
using namespace std;
class BaseA            //基类 BaseA
{
public:
    BaseA(int i){a=i;cout<<"BaseA Constructor"<<endl;}
    void display(){cout<<"a="<<a<<endl;}
    ~BaseA(){cout<<"BaseA Destructor"<<endl;}
private:
    int a;
};
class BaseB            //基类 BaseB
{
public:
    BaseB(int j){b=j;cout<<"BaseB Constructor"<<endl;}
    void display(){cout<<"b="<<b<<endl;}
    ~BaseB(){cout<<"BaseB Destructor"<<endl;}
private:
    int b;
```

```
};
class BaseC              //基类 BaseC
{
public:
    BaseC(int j){c=j;cout<<"BaseC Constructor"<<endl;}
    void display(){cout<<"c="<<c<<endl;}
    ~BaseC(){cout<<"BaseC Destructor"<<endl;}
private:
    int c;
};
class Derived:public BaseC,public BaseA,public BaseB
        //定义派生类 Derived,继承基类的顺序是 BaseC、BaseA、BaseB
{
public:
    Derived(int a,int b,int c,int d)
        :BaseA(a),BaseB(b),BaseC(c)          //包含基类成员初始化列表,基类构造函数
                                               的调用顺序与此无关
    {
        this->d=d;
        cout<<"Derived Constructor"<<endl;
    }
    void display()
    {
        //用类名加作用域运算符限定调用基类的同名成员
        BaseA::display();
        BaseB::display();
        BaseC::display();
        cout<<"d="<<d<<endl;
    }
    ~Derived(){cout<<"Derived Destructor"<<endl;}
private:
    int d;
};
int main()
{
    Derived obj(1,2,3,4);
    obj.display();
}
```

运行结果如图 12.1 所示。

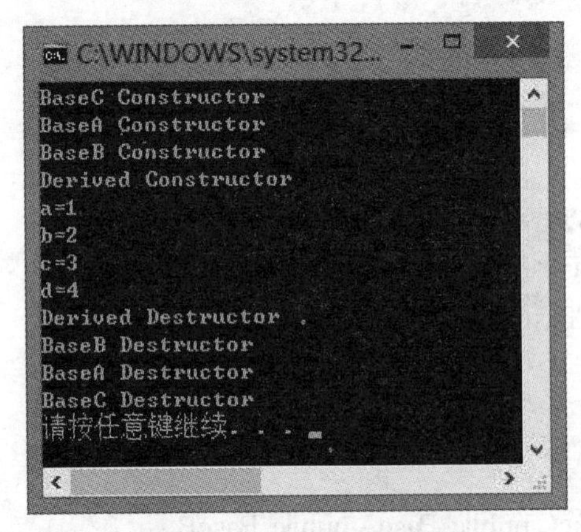

图 12.1 程序运行结果

多继承且有内嵌对象时的构造函数,定义形式如下:

派生类名(基类 1 形参,基类 2 形参,...基类 n 形参,本类形参):基类名 1(参数),基类名 2(参数),... ,基类名 n(参数),对象数据成员的初始化

{

本类成员初始化赋值语句;

};

如果有了成员对象,构造函数的调用次序,首先调用基类构造函数,调用顺序按照它们被继承时声明的顺序(从左向右);其次调用成员对象的构造函数,调用顺序按照它们在类中声明的顺序;最后执行派生类的构造函数。

程序 P12_6:定义三个基类和一个派生类,派生类有私有成员对象,观察基类和成员对象构造函数的调用顺序。

```
#include<iostream>
using namespace std;
class BaseA             //基类 BaseA,构造函数有参数
{
public:
    BaseA(int a) {cout<<"constructing BaseA "<<a<<endl;}
};
class BaseB             //基类 BaseB,构造函数有参数
{
public:
    BaseB(int b) {cout<<"constructing BaseB "<<b<<endl;}
};
class BaseC             //基类 BaseC,构造函数无参数
{
public:
    BaseC(){cout<<"constructing BaseC * "<<endl;}
```

```
};
class Derived:public BaseC,public BaseA,public BaseB
//继承基类,各个基类的声明顺序将决定构造函数的调用顺序
{
public:
    Derived(int a,int b,int c,int d):
    BaseA(a),objB(d),objA(c),BaseB(b)        //与构造函数初始化列表中的顺序无关
        { }
private:
    //派生类的私有对象成员,调用对象的构造函数与声明顺序有关
    BaseA objA;
    BaseB objB;
    BaseC objC;
};
int main( )
{
    Derived obj(1,2,3,4);
}
```

运行结果如图 12.2 所示。

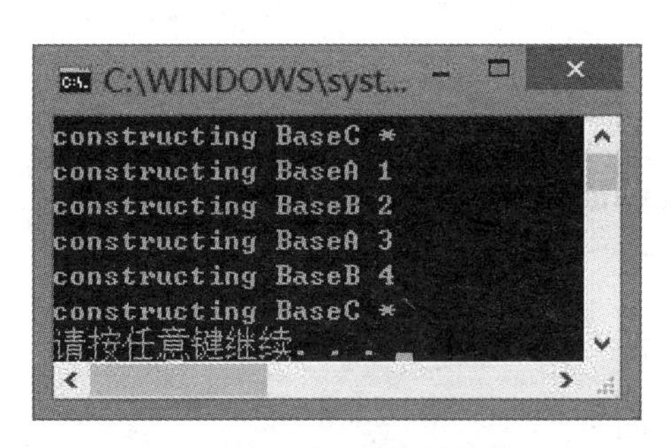

图 12.2 程序运行结果

什么是二义性？多继承时,基类与派生类之间,或基类与基类之间出现同名成员时,将出现访问时的二义性(不确定性),这时我们常采用类名限定或同名覆盖的原则来解决。当派生类从多个基类派生,而这些基类又从同一个基类派生,则在访问此共同基类中的成员时,将产生二义性,此时一般采用虚基类来解决。

虚基类的定义格式:

class <派生类名>:virtual <继承方式><共同基类名>

在派生类的对象中,这些同名成员在内存中同时拥有多个副本。如果将直接基类的共同基类设置为虚基类,那么从不同的路径继承过来的该类成员在内存中只拥有一个副本,从而解决了同名成员的唯一标识问题。

程序 P12_7:观察下面的程序代码,为什么在主函数中会出现错误?

```
#include <iostream>
```

```
using namespace std;
//动物基类
class Animal
{
    public:
        Animal() { }
        void eat()
        {
        cout<<"Eating food."<<endl;
        }
        void run()
        {
        cout<<"Running."<<endl;
        }
};
//马派生类
class Horse: public Animal
{
    public:
        Horse() { }
        void ride()
        {
        cout<<"Riding the horse."<<endl;
        }
};
//驴派生类
class Donkey: public Animal
{
    public:
        Donkey() { }
        void pull()
        {
        cout<<"Pulling a cart."<<endl;
        }
};
//骡子派生类
class Mule: public Horse,public Donkey
{
    public:
```

```
        Mule() { }
        void till()
        {
        cout<<"Tilling a land."<<endl;
        }
};
int main()
{
    Mule mu;
    mu.run();          //编译错误！模糊的 run 成员函数
    Animal *pa;
    pa=(Animal * )&mu;      //编译出错！模糊的 Animal 基类
    pa->run();
    return 0;
}
```

说明：(1) Animal 类是基类，有公有函数 run()，Horse 类和 Donkey 类都是从 Animal 类中继承而来，同时各自也继承了 Animal 类 run()函数；派生类 Mule 从 Horse 类和 Donkey 类公有继承而来，这样在 Mule 类中就有了两个 run()函数，一个从 Horse 类继承而来，一个从 Donkey 类继承而来，所以 Mule 类的对象 mu，执行 run()函数时出错，原因是不知道执行哪个 run()函数。(2) Mule 类的对象 mu，转换为基类 Animal 时出错，同样的道理，不知道通过哪个途径转换到 Animal。(3) 如何解决呢？当继承 Animal 类时，当 Animal 声明为虚基类，这样内存中只留下一份副本，就解决了这个二义性的问题。

程序 P12_8：将程序 P12_7 中的 Animal 类改为虚基类，再观察程序。

```
#include <iostream>
using namespace std;
//动物基类
class Animal
{
    public:
        Animal() { }
        void eat()
        {
        cout<<"Eating food."<<endl;
        }
        void run()
        {
        cout<<"Running."<<endl;
        }
};
```

```
//马派生类,虚拟继承动物类
class Horse:virtual public Animal
{
    public:
        Horse() { }
        void ride()
        {
        cout<<"Riding the horse."<<endl;
        }
};
//驴派生类,虚拟继承动物类
class Donkey:virtual public Animal
{
    public:
        Donkey() { }
        void pull()
        {
        cout<<"Pulling a cart."<<endl;
        }
};
//骡子派生类,公有继承马,公有继承驴
class Mule: public Horse,public Donkey
{
    public:
        Mule() { }
        void till()
        {
        cout<<"Tilling a land."<<endl;
        }
};
int main()
{
    Mule mu;
    mu.run();//编译成功！通过虚拟继承去除模糊！
    Animal *pa;
    pa=(Animal * )&mu;//编译成功！
    pa->run();
    return 0;
}
```

虚基类的初始化与一般多继承的初始化在语法上相同，但构造函数的调用顺序有所不同。先调用虚基类的构造函数，再调用非虚基类的构造函数；若同一层次中包含多个虚基类，其调用顺序按继承时顺序；若虚基类由非虚基类派生而来，则仍按先调用基类构造函数，再调用派生类构造函数的顺序。

程序 P12_9：观察下面程序，注意虚基类后构造函数的调用顺序。

```
#include<iostream>
using namespace std;
class Base1
{
public:
    Base1(){cout<<"class Base1"<<endl;}
};
class Base2
{
public:
    Base2(){cout<<"class Base2"<<endl;}
};
class Level1:public Base2,virtual public Base1       //定义 Base1 是虚基类
{
public:
    Level1(){cout<<"class Level1"<<endl;}
};
class Level2:public Base2,virtual public Base1       //定义 Base1 是虚基类
{
public:
    Level2(){cout<<"class Level2"<<endl;}
};

class TopLevel:public Level1,virtual public Level2 //定义 Level2 是虚基类
{
public:
    TopLevel(){cout<<"class TopLevel"<<endl;}
};
void main()
{
    TopLevel obj;
}
```

运行结果如图 12.3 所示。

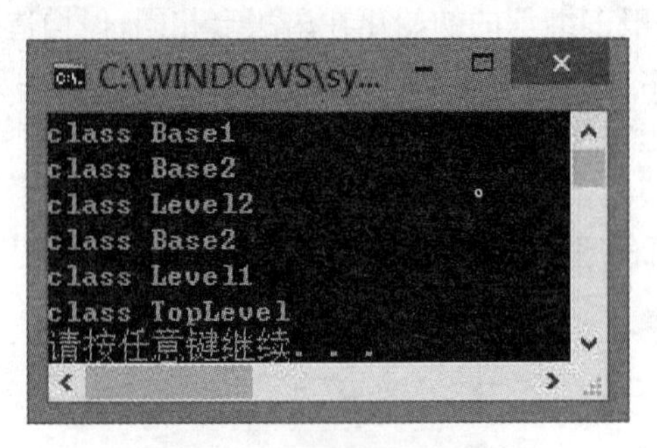

图 12.3　程序运行结果

说明：一般情况下虚基类只允许定义不带参数的或带缺省参数的构造函数；如果多继承不牵扯到对同一基类的派生，就没必要定义虚基类。

12.3　组合类

当一个类对象作为另一个类的数据成员时，就称为组合类或聚合类。

程序 P12_10：定义点类 Point，数据成员横纵坐标为 double x,y;成员函数三个：(1) 无参构造函数(点为圆点)Point();(2) 有参构造函数 Point(int x,int y);(3) 显示点坐标函数 void display( );定义圆类 Circle，数据成员有 Point p1;和半径 double r;成员函数有四个：(1) 有参构造函数 Circle (int x,int y,int r)，其中(x,y)为点 p1 对象赋值；(2) 求圆周长函数 double Perimeter();(3) 求圆面积函数 double Area();(4) 显示圆心、圆周长和圆面积函数 void display();定义主函数，测试上述类与成员函数。

```
#include<iostream>
using namespace std;
class Point
{
private:
    double x,y;
public:
    Point();
    Point(int x,int y);
    void display();
};
Point::Point()  //无参构造函数，将定义为圆点
{
    x=0;y=0;
}
Point::Point(int x,int y)
{
```

```
    this->x=x;
    this->y=y;
}
void Point::display()
{
    cout<<"("<<x<<","<<y<<")"<<endl;
}
class Circle
{
private:
    Point p1;//圆心,点对象作为数据成员
    double r;//半径
public:
    Circle(int x,int y,int r):p1(x,y){ this->r=r;}   //在初始化列表中,对点对象赋初值
    double Perimeter();
    double Area();
    void display();
};
double Circle::Perimeter()
{
    return 3.14*r*2;
}
double Circle::Area()
{
    return 3.14*r*r;
}
void   Circle::display()
{
    cout<<"圆心是";
    p1.display();
    cout<<"圆的周长是"<<Perimeter()<<endl;
    cout<<"圆的面积是"<<Area()<<endl;
}
int main()
{
    Circle cc(3,4,10);
    cc.display();
}
```

说明:对象数据成员的初始化,要在构造函数的初始化列表中进行。

多继承的构造顺序,按下列顺序被调用:第一,虚基类的构造函数先执行,如果有多个,就按照它们被继承的顺序构造;第二,基类的构造函数;第三,成员对象的构造函数;最后是类自己的构造函数。

习题 12

1. 类的继承与派生

(1) 定义一个人的基类 **Person**

数据成员(访问权限定义为 protected):

姓名(char *name)、性别(bool sex)、年龄、身高、体重

成员函数(访问权限定义为 public):

- **构造函数**:数据成员初始化

Person(char *_name,bool _sex,int _age,double _height,double _weight);

- **析构函数**:释放系统资源
- 年龄增长(age 加 1)　　　　void grow();
- 设置身高和体重　　　　void set(double _height,double _weight);
- 获取年龄(定义为 const 成员函数)
- 获取身高(定义为 const 成员函数)
- 获取体重(定义为 const 成员函数)
- 打印人的信息(定义为 const 成员函数)　　void print() const;

要求:将类的定义与类成员函数的实现分开。

(2) 定义一个学生的派生类 **Student**,并以 **public** 方式继承 **Person** 基类

数据成员(访问权限定义为 protected):

学号、专业(char *major)

成员函数(访问权限定义为 public):

- **构造函数**:数据成员初始化

Student(char *_name,bool _sex,int _age,double _height,double _weight,int _sid,char *_major);

注意:基类数据成员的初始化由基类的构造函数去完成

- **析构函数**:释放系统资源
- 获取学号(定义为 const 成员函数)
- 打印学生信息(定义为 const 成员函数)　void print() const;

要求:将类的定义与类成员函数的实现分开。

定义主函数,测试上述类功能。

工程训练 6　商品信息管理系统(继承与派生篇)

利用类的继承与派生的相关知识,完成《商品信息管理系统》的设计,实现对商品信息进行有效的管理。定义一个基类来维护所有商品的基本信息。每种商品维护着三种基本信息,包括:商品库存量、商品价格以及商品销售量。另外,定义一个派生类来维护带有折扣的商品的信息。此时,每种商品除了包含商品库存量、商品价格以及商品销售量三种基本信息外,还包含一个折扣信息,用于表示该商品出售时的折扣。该系统的主要功能包括:商品信息录入、商品信息输出、商品销售、商品进货、统计库存不足商品、统计营业额、统计销量最高和销量最低的商品、统计营业额最高和营业额最低的商品。具体功能介绍如下:

- **商品信息录入**

在基类和派生类中都有一个成员函数来实现该功能。该成员函数包含一个形参,用于表示商品的种类。根据商品的种类来完成每种商品信息的初始化。对于基类,商品信息包括:商品数量和商品价格。在基类中,每种商品维护着三种信息:商品库存量、商品价格和商品销售量。三种信息分别用三个数组来存储,并作为类的数据成员存在。对于派生类,商品信息包括:商品数量、商品价格以及商品折扣。在派生类中,每种商品维护着四种信息:商品库存量、商品价格、商品销售量以及商品折扣。四种信息分别用四个数组来存储,并作为类的数据成员存在。在函数中进行信息录入时,用输入的商品数量来初始化商品库存量,用输入的商品价格来初始化商品价格,并将商品销售量初始化为 0。对于派生类,用输入的商品折扣来初始化商品折扣。

- **商品信息输出**

在基类和派生类中都有一个成员函数来实现该功能。将所有商品的信息依次输出到屏幕上显示,每种商品信息显示一行。对于基类,输出的信息包括:商品库存量、商品价格和商品销售量。对于派生类,输出的信息包括:商品库存量、商品价格、商品销售量以及商品折扣。

- **商品销售**

该功能由基类的一个单独的成员函数来实现。根据商品编号(编号从 1 开始)对某种商品进行销售,销售时需指定具体的商品销售数量。在对商品进行销售之前,需要对输入的商品编号和商品销售数量的信息进行合法性检测,只有输入数据合法时,才能进行商品销售。若输入数据合法,则根据具体的商品编号和商品销售数量对某种商品进行销售,销售成功后,需要相应的修改该商品的库存量和销售量的信息。注意:当库存量无法满足销售量需求时,同样不能进行商品销售。

- **商品进货**

该功能由基类的一个单独的成员函数来实现。根据商品编号(编号从 1 开始)对某种商品进行进货,进货时需指定具体的商品进货数量。在对商品进行进货之前,需要对输入的商品编号和商品进货数量的信息进行合法性检测,只有输入数据合法时,才能进行商品进货。若输入数据合法,则根据具体的商品编号和商品进货数量对某种商品进行进货,进货成功后,需要相应的修改该商品的库存量信息。

- **统计库存不足商品**

该功能由基类的一个单独的成员函数来实现。依次对所有商品的库存量进行检测，若某种商品的库存量为0，则将该商品输出，每行输出一种商品。

- **统计营业额**

在基类和派生类中都有一个成员函数来实现该功能。依次对每种商品的营业额进行统计，并输出该商品的营业额统计结果，每行输出一种商品。对于基类，商品营业额计算公式为：商品价格×商品销售量。对于派生类，商品营业额计算公式为：商品价格×商品销售量×商品折扣。同时，将所有商品的营业额进行相加，在最后一行显示所有商品的总营业额。

- **统计销量最高和销量最低的商品**

该功能由基类的一个单独的成员函数来实现。依次比较所有商品的销售量，从中找出销量最高和销量最低的商品。首先，定义两个变量分别用于存放最高销量和最低销量，初始时，将最高销量和最低销量都初始化为第一种商品的销售量。接下来，依次将其余商品的销售量与最高销量和最低销量进行比较。若当前商品的销售量大于最高销量，则将最高销量设置成该商品的销售量；此外，若当前商品的销售量小于最低销量，则将最低销量设置成该商品的销售量。

- **统计营业额最高和营业额最低的商品**

在基类和派生类中都有一个成员函数来实现该功能。依次比较所有商品的营业额，从中找出营业额最高和营业额最低的商品。首先，定义两个变量分别用于存放最高营业额和最低营业额，初始时，将最高营业额和最低营业额初始化为第一种商品的营业额。接下来，依次将其余商品的营业额与最高营业额和最低营业额进行比较。若当前商品的营业额大于最高营业额，则将最高营业额设置成该商品的营业额；此外，若当前商品的营业额小于最低营业额，则将最低营业额设置成该商品的营业额。

下面给出程序的基本框架和设计思路，仅供大家参考。此外，完全可以自己来设计更合理的结构和代码。

用于维护所有商品基本信息的基类的设计部分：

```
class Product
{
public:
    Product();                                          //默认构造函数
    Product(int *_num,double *_price,int _total);       //带参数的构造函数
    Product(const Product &prod);                       //拷贝构造函数
    virtual ~Product();                                 //析构函数
    virtual void input(int _total);                     //输入商品信息
    virtual void output() const;                        //输出商品信息
    virtual void sale();                                //销售商品
    virtual void stock();                               //商品进货
    virtual void lack() const;                          //统计库存不足商品
    virtual double statistics() const;                  //统计营业额
    virtual void minmaxAmount() const;                  //统计销量最高和销量最低的商品
```

```
        virtual void minmaxIncome() const;              //统计营业额最高和营业额最低的商品
        Product& operator=(const Product &prod);         //赋值运算符重载函数
    protected:
        int *num;                                        //商品数量
        double *price;                                   //商品价格
        int *sell;                                       //商品销量
        int total;                                       //商品种类
    };
```

上述基类的定义部分可以单独地放在一个头文件中(Product.h)。下面是基类成员函数的实现部分：

```
#include <iostream>
        /* 包含基类定义的头文件。
        例如：
        #include "Product.h" */
using namespace std;

//默认构造函数实现部分
Product::Product()
{
        /* 对数据成员进行初始化。将商品种类初始化为 0,将其余的指针成员初始化
    为空指针。例如：
        num=NULL;
        price=NULL;
        sell=NULL;
        total=0;*/
}

//带参数的构造函数实现部分
Product::Product(int *_num,double *_price,int _total): total(_total)
{
        /* 对数据成员进行初始化。利用参数提供的商品种类对商品种类成员进行初
    始化。根据商品种类为其余指针成员开辟堆空间,并根据提供的形参对其进行初始
    化。例如：
        num=new int[total];             //开辟堆空间
        price=new double[total];
        sell=new int[total];
        for(int i=0;i<total;++i)        //逐一值拷贝
        {
            num[i]=_num[i];
```

```
            price[i]=_price[i];
            sell[i]=0;
        } */
}

//拷贝构造函数实现部分
Product::Product(const Product &prod): total(prod.total)
{
        /* 对数据成员进行初始化。利用参数提供的商品种类对商品种类成员进行初
    始化。根据商品种类为其余指针成员开辟堆空间,并根据提供的形参对其进行初始
    化。例如:
        num=new int[total];                          //开辟堆空间
        price=new double[total];
        sell=new int[total];
        for(int i=0;i<total;++i)                      //逐一值拷贝
        {
            num[i]=_num[i];
            price[i]=_price[i];
            sell[i]=0;
        } */
}
//析构函数实现部分
Product::~Product()
{
        /* 释放指针成员的堆空间。例如:
        if(num! =NULL)
            delete [] num;            //释放堆空间
        if(price! =NULL)
            delete [] price;
        if(sell! =NULL)
            delete [] sell;*/
}

//输入商品信息的成员函数实现部分
void Product::input(int _total)
{
        /* 利用参数提供的商品种类值对商品种类成员进行初始化,并根据商品种类为
    指针成员开辟堆空间。根据商品的种类依次输入每种商品的信息,信息包括:商品数
    量和商品价格。通过循环语句,每次循环输入一种商品的信息。
```

```
        例如：
        total=_total;
        num=new int[total];             //开辟堆空间
        price=new double[total];
        sell=new int[total];
        for(int i=0;i<total;++i)
        {
            cout<<"输入第"<<i+1<<"种商品的信息(数量、价格): ";
            cin>>num[i]>>price[i];
            sell[i]=0;
        } */
}

//输出商品信息的成员函数实现部分
void Product::output() const
{
        /* 根据商品种类依次输出每种商品的信息,信息包括:商品库存量、商品价格和商
    品销量。通过循环语句,每次循环输出一种商品的信息。
        例如：
        for(int i=0;i<total;++i)
            cout<<"[商品"<<i+1<<"] 库存量: "<<num[i]<<",价格: "<<price[i]<<",销量:
    "<<sell[i]<<endl;*/
}

//销售商品的成员函数实现部分
void Product::sale()
{
        /* 根据商品编号来销售某种商品,并同时指定销售数量。
        例如：
        cout<<"请输入商品编号(1- "<<total<<")和销售数量(>0): ";
        int product,n;              //商品编号和销售数量
        cin>>product>>n;//输入商品编号和销售数量
        需要对输入的商品编号和销售数量进行合法性检测,当输入数据合法时再根据
    具体的商品编号和销售数量对某种商品进行销售。此外,只有在某种商品的库存量
    能够满足销售数量的需求时,才能对该商品进行销售。
        例如：
        if(n>num[product-1])            //库存量不足
            cout<<"商品"<<product<<"库存量不足!"<<endl;
        else
```

```
        {
            num[product-1]-=n;
            sell[product-1]+=n;
            cout<<"商品"<<product<<"销售成功! "<<endl;
        } */
}

//商品进货的成员函数实现部分
void Product::stock()
{
        /* 根据商品编号来对某种商品进行进货,并同时指定进货数量。
        例如:
        cout<<"请输入商品编号(1-"<<total<<")和进货数量(>0):";
        int product,n;              //商品编号和销售数量
        cin>>product>>n;//输入商品编号和进货数量
        需要对输入的商品编号和进货数量进行合法性检测,当输入数据合法时再根据
    具体的商品编号和进货数量对某种商品进行进货。
        例如:
        else if(n<0)                //判断进货数量是否合法
            cout<<"进货数量不能为负值! "<<endl;
        else
        {
            num[product-1]+=n;
            cout<<"商品"<<product<<"进货成功! "<<endl;
        } */
}

//统计库存不足商品的成员函数实现部分
void Product::lack() const
{
        /* 依次对每种商品的库存量进行检测,并输出所有库存量为0的商品。通过循
    环语句,每次循环检测一种商品的库存量。
        例如:
        for(int i=0;i<total;++i)
            if(num[i]==0)
                cout<<"商品"<<i+1<<"库存不足! "<<endl;*/
}

//统计营业额的成员函数实现部分
```

```
double Product::statistics() const
{
        /* 依次对每种商品的营业额进行统计，并输出该商品的营业额统计结果。商品
    营业额计算公式为：商品价格×商品销售量。通过循环语句，每次循环统计一种商品
    的营业额，并将其叠加到总营业额上。
        例如：
        double sum=0.0;          //存放总营业额,初始化为0
        for(int i=0;i<total;++i)
        {
            cout<<"商品"<<i+1<<"营业额(元): "<<price[i]*sell[i]<<endl;
            sum+=price[i]*sell[i];
        } */
    return sum;          //返回总营业额
}

//统计销量最高和销量最低的商品的成员函数实现部分
void Product::minmaxAmount() const
{
        /* 定义两个变量用来存放最高销量和最低销量，并将最高销量和最低销量初始
    化为第一种商品的销量，例如：
        int max_amount,min_amount;
        max_amount=sell[0];
        min_amount=sell[0];
        依次将其余商品的销售量与最高销量和最低销量进行比较，若该商品的销售量
    大于最高销量，则将最高销量设置成该商品的销售量；另外，若该商品的销售量小于
    最低销量，则将最低销量设置成该商品的销售量。通过循环语句，每次循环比较一种
    商品的销售量。
        例如：
        for(int i=1;i<total;++i)
        {
            if(sell[i]>max_amount)
                max_amount=sell[i];
            if(sell[i]<min_amount)
                min_amount=sell[i];*/
}

//统计营业额最高和营业额最低的商品的成员函数实现部分
void Product::minmaxIncome() const
{
```

```
        /* 定义两个变量用来存放最高营业额和最低营业额,并将最高营业额和最低营
    业额初始化为第一种商品的营业额,例如:
        double max_income,min_income;
        max_income=price[0]*sell[0];
        min_income=price[0]*sell[0];
        依次将其余商品的营业额与最高营业额和最低营业额进行比较,若该商品的营
    业额大于最高营业额,则将最高营业额设置成该商品的营业额;另外,若该商品的营
    业额小于最低营业额,则将最低营业额设置成该商品的营业额。通过循环语句,每次
    循环比较一种商品的营业额。例如:
        for(int i=1;i<total;++i)
        {
            if(price[i]*sell[i]>max_income)
                max_income=price[i]*sell[i];
            if(price[i]*sell[i]<min_income)
                min_income=price[i]*sell[i];
        } */
}
//赋值运算符重载函数实现部分
Product& Product::operator=(const Product &prod)
{
        /* 首先,释放指针成员原有的堆空间。然后,再根据参数对象的商品种类成员
    初始化自身的商品种类成员,并根据商品种类为指针成员开辟新的堆空间。最后根
    据参数对象的成员来初始化自身的成员。例如:
        if(num!=NULL)
            delete [] num;              //先释放原有堆空间
        if(price!=NULL)
            delete [] price;
        if(sell!=NULL)
            delete [] sell;
        total=prod.total;
        num=new int[total];             //再开辟新的堆空间
        price=new double[total];
        sell=new int[total];
        for(int i=0;i<total;++i)        //逐一值拷贝
        {
            num[i]=prod.num[i];
            price[i]=prod.price[i];
            sell[i]=prod.sell[i];
        } */
```

```
    return *this;                                   //引用返回
}
```

上述类成员函数的实现部分，可以单独的放在一个源文件中(Product.cpp)。下面介绍用于维护折扣商品信息的派生类的设计部分：

```
class DiscountProduct: public Product
{
public:
    DiscountProduct();                                  //默认构造函数
    //带参数的构造函数
    DiscountProduct(int *_num,double *_price,double *_discount,int _total);
    DiscountProduct(const DiscountProduct &dprod);      //拷贝构造函数
    ~DiscountProduct();                                 //析构函数
    void input(int _total);                             //输入商品信息
    void output() const;                                //输出商品信息
    void change(int idx,double _discount);              //修改折扣
    double statistics() const;                          //统计营业额
    void minmaxIncome() const;                   //统计营业额最高和营业额最低的商品
    DiscountProduct& operator=(const DiscountProduct &dprod);//赋值运算符重载函数
protected:
    double *discount;                                   //折扣信息
};
```

上述派生类的定义部分可以单独地放在一个头文件中(Product.h)。下面是派生类成员函数的实现部分：

```
//默认构造函数实现部分
DiscountProduct::DiscountProduct(): Product()
{
        /* 首先，调用基类的默认构造函数来初始化基类成员。然后，将派生类的指针
    成员初始化为空指针。例如：
        discount=NULL;*/
}

//带参数的构造函数实现部分
DiscountProduct::DiscountProduct(int *_num,double *_price,double *_discount,int _total):
Product(_num,_price,_total)
{
        /* 首先，传递参数调用基类的带参数的构造函数来初始化基类成员。然后，根
    据商品种类为自身指针成员开辟堆空间，并根据提供的形参对其进行初始化。例如：
        discount=new double[total];
        for(int i=0;i<total;++i)
```

```
            discount[i]=_discount[i];*/
}

//拷贝构造函数实现部分
DiscountProduct::DiscountProduct(const DiscountProduct &dprod):
Product(dprod.num,dprod.price,dprod.total)
{
        /* 首先,传递参数调用基类的带参数的构造函数来初始化基类成员。然后,根
    据商品种类为自身指针成员开辟堆空间。并根据提供的形参对基类的商品销售量成
    员以及派生类的商品折扣成员进行初始化。例如:
        discount=new double[total];
        for(int i=0;i<total;++i)
        {
            sell[i]=dprod.sell[i];
            discount[i]=dprod.discount[i];
        } */
}
//析构函数实现部分
DiscountProduct::~DiscountProduct()
{
        /* 释放派生类指针成员的堆空间。例如:
        if(discount!=NULL)
            delete [] discount;*/
}

//输入商品信息的成员函数实现部分
void DiscountProduct::input(int _total)
{
        /* 利用参数提供的商品种类值对商品种类成员进行初始化,并根据商品种类为
    基类和派生类的指针成员开辟堆空间。根据商品的种类依次输入每种商品的信息,
    信息包括:商品数量、商品价格以及商品折扣。通过循环语句,每次循环输入一种商
    品的信息。
        例如:
        total=_total;
        num=new int[total];            //开辟堆空间
        price=new double[total];
        sell=new int[total];
        discount=new double[total];
        for(int i=0;i<total;++i)
```

```
        {
            cout<<"输入第"<<i+1<<"种商品的信息(数量、价格): ";
            cin>>num[i]>>price[i]>>discount[i];
            sell[i]=0;*/
}

//输出商品信息的成员函数实现部分
void DiscountProduct::output() const
{
        /* 根据商品种类依次输出每种商品的信息,信息包括:商品库存量、商品价格、
    商品销量以及商品折扣。通过循环语句,每次循环输出一种商品的信息。例如:
        for(int i=0;i<total;++i)
            cout<<"[商品"<<i+1<<"] 库存量: "<<num[i]<<",价格:"<<price[i]<<",折扣: "
    <<discount[i]<<",销量: "<<sell[i]<<endl;*/
}

//修改折扣成员函数实现部分
void DiscountProduct::change(int idx,double _discount)
{
        /* 根据商品编号来对某种商品的折扣进行修改。例如:
        discount[idx]=_discount;*/
discount[idx]=_discount;
}

//统计营业额的成员函数实现部分
double DiscountProduct::statistics() const
{
        /* 依次对每种商品的营业额进行统计,并输出该商品的营业额统计结果。商品
    营业额计算公式为:商品价格×商品销售×商品折扣。通过循环语句,每次循环统计
    一种商品的营业额,并将其叠加到总营业额上。例如:
        double sum=0.0;             //存放总营业额,初始化为 0
        for(int i=0;i<total;++i)
        {
            cout<<"商品"<<i+1<<"营业额(元): "<<price [i]*sell[i]*discount[i]<<endl;
            sum+=price[i]*sell[i]*discount[i];
        }
        cout<<"商品营业总额(元): "<<sum<<endl;*/
    return sum;         //返回总营业额
}
```

```
//统计营业额最高和营业额最低的商品的成员函数实现部分
void DiscountProduct::minmaxIncome() const
{
    /* 定义两个变量用来存放最高营业额和最低营业额,并将最高营业额和最低营
    业额初始化为第一种商品的营业额,例如:
    double max_income,min_income;
    max_income=price[0]*sell[0]*discount[0];
    min_income=price[0]*sell[0]*discount[0];
    依次将其余商品的营业额与最高营业额和最低营业额进行比较,若该商品的营
    业额大于最高营业额,则将最高营业额设置成该商品的营业额;另外,若该商品的营
    业额小于最低营业额,则将最低营业额设置成该商品的营业额。通过循环语句,每次
    循环比较一种商品的营业额。例如:
    for(int i=1;i<total;++i)
    {
        if(price[i]*sell[i]*discount[i]>max_income)
            max_income=price[i]*sell[i]*discount[i];
        if(price[i]*sell[i]*discount[i]<min_income)
            min_income=price[i]*sell[i]*discount[i];
    } */
}

//赋值运算符重载函数实现部分
DiscountProduct& DiscountProduct::operator=(const DiscountProduct &dprod)
{
    /* 首先,释放基类和派生类指针成员原有的堆空间。然后,再根据参数对象的
    商品种类成员初始化自身的商品种类成员,并根据商品种类为基类和派生类的指针
    成员开辟新的堆空间。最后根据参数对象的成员来初始化基类和派生类的成员。
    例如:
    if(num!=NULL)
        delete [] num;          //先释放原有堆空间
    if(price!=NULL)
        delete [] price;
    if(sell!=NULL)
        delete [] sell;
    if(discount!=NULL)
        delete [] discount;
    total=prod.total;
    num=new int[total];         //再开辟新的堆空间
    price=new double[total];
```

```
        sell=new int[total];
        discount=new double[total];
        for(int i=0;i<total;++i)            //逐一值拷贝
        {
            num[i]=prod.num[i];
            price[i]=prod.price[i];
            sell[i]=prod.sell[i];
            discount[i]=dprod.discount[i];
        } */
    return *this;                                    //引用返回
}
```

以上派生类成员函数的实现部分可以单独地放一个源文件中(Product.cpp)。

最后，介绍包含主函数的源文件设计部分：

```
#include <iostream>
    /* 包含基类和派生类定义的头文件。
    例如：
    #include "Product.h" */
using namespace std;
int main()
{
    int option;                        //功能提示菜单选项
    DiscountProduct prod;              //商品信息类对象
    int total;                         //商品种类
    while(true)                        //重复显示功能菜单
    {
        //输出功能提示菜单
        cout<<endl;
        cout<<"========================================="<<endl;
        cout<<"              商品信息管理系统功能菜单"<<endl;
        cout<<"\t1. 输入商品信息"<<endl;
        cout<<"\t2. 输出商品信息"<<endl;
        cout<<"\t3. 销售商品"<<endl;
        cout<<"\t4. 商品进货"<<endl;
        cout<<"\t5. 统计库存不足商品"<<endl;
        cout<<"\t6. 统计营业额"<<endl;
        cout<<"\t7. 统计销量最高和销量最低的商品"<<endl;
        cout<<"\t8. 统计营业额最高和营业额最低的商品"<<endl;
        cout<<"\t9. 退出"<<endl;
        cout<<"========================================="<<endl;
```

```
cout<<"请选择功能(1-9):";

cin>>option;
switch(option)      //根据菜单选项完成相应的功能
{
    case 1:     //输入商品信息
            /* 首先,输入商品的种类,然后调用相应的对象成员函数实现商
        品信息的录入。例如:
            cout<<"输入商品的种类:";
            cin>>total;
            prod.input(total);          //成员函数调用 */
        break;
    case 2:     //输出商品信息
            /* 调用相应的对象成员函数依次输出每种商品的信息,信息包
        括:商品库存量、商品价格、商品销量以及商品折扣。例如:
            prod.output();          //成员函数调用 */
        break;
    case 3:     //销售商品
            /* 调用相应的对象成员函数根据商品编号来销售某种商品。
        例如:
            prod.sale();          //成员函数调用 */
        break;
    case 4:     //商品进货
            /* 调用相应的对象成员函数根据商品编号来对某种商品进行
        进货。
            例如:
            prod.stock();          //成员函数调用 */
        break;
    case 5:     //统计库存不足商品
            /* 调用相应的对象成员函数依次对每种商品的库存量进行检测,
        并输出所有库存量为0的商品。例如:
            prod.lack();          //成员函数调用 */
        break;
    case 6:     //统计营业额
            /* 调用相应的对象成员函数依次对每种商品的营业额进行统计,
        并输出该商品的营业额统计结果。商品营业额计算公式为:商品价格
        ×商品销售量×商品折扣。例如:
            prod.statistics();          //成员函数调用 */
        break;
```

```
            case 7:     //统计销量最高和销量最低的商品
                /* 调用相应的对象成员函数统计销量最高和销量最低的商品。
                例如：
                prod.minmaxAmount();        //成员函数调用 */
              break;
            case 8:     //统计营业额最高和营业额最低的商品
                /* 调用相应的对象成员函数统计营业额最高和营业额最低的
              商品。
                例如：
                prod.minmaxIncome();        //成员函数调用 */
              break;
            case 9:     //退出
              exit(0);                       //退出程序
              break;
            default:                         //非法输入
              cout<<"输入选项不存在！请重新输入！"<<endl;
        }
    }
    return 0;
}
```

第十三章　多态性

C++的继承机制中有一种称为多态的技术，在运行时能依据其类型确认调用哪个函数，又称为多态性，或称迟后联编(滞后联编)。为什么要用多态?

程序 13_1:阅读下面代码，分析运行结果。

```
#include < iostream>
using namespace std;
class Shape{            //基类
public:
    Shape() { }         //基类构造函数
    ~Shape() { }        //基类析构函数
    double area()const { return 0;}                    //基类成员函数
    double perimeter()const { return 0;}               //基类成员函数
};
class Circle: public Shape {        //派生类
public:
    Circle(double r): radius(r),PI(3.1415) { }         //派生类构造函数
    ~Circle() { }                                      //派生类析构函数
    double area()const { return PI*radius*radius;}     //覆盖成员函数
    double perimeter()const { return 2*PI*radius;}     //覆盖成员函数
protected:          //保护成员
    double radius;
    const double PI;
};
class Rectangle: public Shape{          //派生类
public:
    Rectangle(double w,double h): width(w),height(h) { }  //构造函数
    ~Rectangle() { }                    //派生类析构函数
    double area()const { return width*height;}       //覆盖成员函数
    double perimeter()const { return 2*(width+height);}      //覆盖成员函数
protected:          //保护成员
    double width;
    double height;
};
void print(Shape &sp){          //普通函数，输出图形的面积和周长
```

```
    cout<<"Area: "<<sp.area()<<endl;
    cout<<"Perimeter: "<<sp.perimeter()<<endl;
}
int main(){
    Circle circle(13.14);              //定义 Circle 类对象
    Rectangle rect(3.0,4.0);       //定义 Rectangle 类对象
    print(circle);                     //以 Circle 类对象为实参调用函数
    print(rect);                       //以 Rectangle 类对象为实参调用函数
    return 0;
}
```

运行结果：

```
    Area: 0
    Perimeter: 0
    Area: 0
    Perimeter: 0
```

说明：在这个例子中函数 print()，不管传递什么对象，输出的面积和周长都是 0，执行的是 Shape 类中的面积和周长。如果希望传递 circle 对象时，就输出圆的面积和周长，传递 rect 对象时，就输出矩形的面积和周长，这需要使用多态性技术来实现。

13.1 虚函数

为了指明某个成员函数具有多态性，用关键字 virtual 来标志其为虚函数（Virtual Function）。虚函数的定义格式：

```
class 类名{
public:
    virtual 类型标识符 成员函数名(参数列表);
};
```

程序 13_2：将程序 13_1 中的求面积和周长的函数定义为虚函数，观察运行结果。

```
#include<iostream>
using namespace std;
class Shape{            //基类
public:
    Shape() { }         //基类构造函数
    ~Shape() { }        //基类析构函数
    virtual double area() const { return 0;}          //基类虚成员函数
    virtual double perimeter() const { return 0;}     //基类虚成员函数
};
class Circle: public Shape {        //派生类
```

```
public:
    Circle(double r): radius(r),PI(3.1415) { }          //派生类构造函数
    ~Circle() { }                                       //派生类析构函数
    virtual double area() const { return PI*radius*radius;}  //覆盖成员函数
    virtual double perimeter() const { return 2*PI*radius;}  //覆盖成员函数
protected:                       //保护成员
    double radius;
    const double PI;
};
class Rectangle: public Shape{          //派生类
public:
    Rectangle(double w,double h): width(w),height(h) { }   //构造函数
    ~Rectangle() { }                        //派生类析构函数
    virtual double area() const { return width*height;}           //覆盖成员函数
    virtual double perimeter() const { return 2*(width+height);}      //…
protected:      //保护成员
    double width;
    double height;
};
void print(Shape &sp){              //打印形状信息函数
    cout<<"Area: "<<sp.area()<<endl;
    cout<<"Perimeter: "<<sp.perimeter()<<endl;
}
int main(){
    Circle circle(13.14);               //定义 Circle 类对象
    Rectangle rect(3.0,4.0);            //定义 Rectangle 类对象
    print(circle);                          //以 Circle 类对象为实参调用函数
    print(rect);                            //以 Rectangle 类对象为实参调用函数
    return 0;
}
```

运行结果：

```
Area: 542.41
Perimeter: 82.5586
Area: 12
Perimeter: 14
```

从运行结果可以看出，使用虚函数实现了多态性。

使用虚函数，基类指针和基类的引用都可以在运行时根据指针指向或引用的对象的类，决定调用哪个函数。例如：

```
Circle circle(13.14);              //Circle 类对象
```

```
Rectangle rect(3.0,4.0);        //Rectangle类对象
Shape *sp;          //基类指针
sp=&circle;         //指向Circle类对象
sp->area();         //调用Circle::area()
sp=&rect;           //指向Rectangle类对象
sp->area();         //调用Rectangle::area()
```

多态性说明：

- 通过关键字virtual声明的成员函数为虚函数，将其作为迟后联编来处理，以保证在运行时确定调用哪个虚函数。
- 在类体外实现虚函数时，不加关键字virtual。
- 在基类中将成员函数声明为virtual，该虚函数的性质自动地向下带给其派生类，所以派生类中的virtual可以省略。
- 如果虚函数在基类与派生类中出现的仅仅是名字相同，而参数类型不同，或返回类型不同，即使写上了virtual关键字，也不进行迟后联编。（重载而非覆盖）
- 如果基类中的虚函数返回一个基类的指针或基类的引用，派生类中的虚函数返回一个派生类的指针或派生类的引用，则C++将其视为同名虚函数而进行迟后联编。

虚函数的限制：

- 只有类的成员函数才能说明为虚函数。
- 静态成员函数不能是虚函数，因为静态成员函数不受限于某个对象。
- 内联函数不能是虚函数，因为内联函数是不能在运行中动态确定其位置的。
- 构造函数不能是虚函数。
- 析构函数可以是虚函数，而且通常声明为虚函数。

程序13_3：虚析构函数示例。

```
#include<iostream>
using namespace std;
class Animal{           //基类
public:                 //公有成员
    Animal(int a,double w): age(a),weight(w) { }      //基类构造函数
    virtual ~Animal() { }       //基类虚析构函数
    virtual void run() const { cout<<"Animal is running!"<<endl;}
    virtual void sleep() const { cout<<"Animal is sleeping!"<<endl;}
    int getAge() const { return age;}
    int getWeight() const { return weight;}
protected:          //保护成员
    int age;
    double weight;
};
class Egg{
public:
```

```
        Egg() { }
        ~Egg() { }
    };
    class Bird: public Animal {              //派生类
    public:                    //公有成员
        //派生类构造函数
        Bird(int a,double w,double h): Animal(a,w),child(NULL),height(h) { }
        virtual ~Bird() { if(child! =NULL)   delete child;}        //派生类虚析构函数
        virtual void run() const { cout<<"Bird is running!"<<endl;}
        virtual void sleep() const { cout<<"Bird is sleeping!"<<endl;}
        void fly() const { cout<<"Bird is flying!"<<endl;}
        void lay() { child=new Egg;}
        double getHeight() const { return height;}
    protected:          //保护成员
        double height;
        Egg *child;              //类指针对象成员
    };
    void activity(Animal *an){              //基类指针作形参
        an->sleep();
        delete an;      //释放对象调用析构函数,根据形参指向的对象不同调用不同的析
构函数
    }
    int main(){
        Animal *an=new Animal(1,1);       //Animal类指针对象
        Bird *bird=new Bird(2,2,2);          //Bird类指针对象
        activity(an);               //以Animal类指针对象作实参
        activity(bird);                //以Bird类指针对象作实参
        return 0;
    }
```

13.2 纯虚函数

C++允许声明一个不能有实例对象的类,这种类称为抽象类。抽象类的唯一用途就是被继承。**纯虚函数(Pure Virtual Function)**:被标明为不具体实现的虚成员函数称为纯虚函数。纯虚函数声明格式:

virtual类型标识符 成员函数名(参数列表)=0;

说明:

- 纯虚函数只声明不定义。

- 一个抽象类至少具有一个纯虚函数。
- 抽象类不能有实例对象，即不能由抽象类来创建一个对象。
- 抽象类是作为基类为其他类服务的。

程序 13_4：抽象类示例。

```
#include<iostream>
using namespace std;
class Shape{            //抽象基类
public:
    Shape() { }         //抽象基类构造函数
    virtual ~Shape() { }  //抽象基类虚析构函数
    virtual double area() const=0;          //基类纯虚成员函数
    virtual double perimeter() const=0;     //基类纯虚成员函数
};
class Circle: public Shape {            //派生类
public:
    Circle(double r): radius(r),PI(3.1415) { }      //派生类构造函数
    ~Circle() { }           //派生类析构函数
    virtual double area() const { return PI*radius*radius;}   //函数实现
    virtual double perimeter() const { return 2*PI*radius;}   //函数实现
protected:          //保护成员
    double radius;
    const double PI;
};
class Rectangle: public Shape{          //派生类
public:
    Rectangle(double w,double h): width(w),height(h) { }   //构造函数
    ~Rectangle() { }                //派生类析构函数
    virtual double area() const { return width*height;}   //函数实现
    virtual double perimeter() const { return 2*(width+height);}//函数实现
protected:          //保护成员
    double width;
    double height;
};
void print(Shape &sp){              //打印形状信息函数，抽象基类作形参
    cout<<"Area: "<<sp.area()<<endl;
    cout<<"Perimeter: "<<sp.perimeter()<<endl;
}
int main(){
    Circle circle(13.14);           //定义 Circle 类对象
```

```
        Rectangle rect(3.0,4.0);        //定义 Rectangle 类对象
        print(circle);                  //以 Circle 类对象为实参调用函数
        print(rect);                    //以 Rectangle 类对象为实参调用函数
        return 0;
    }
```

说明：

- **纯虚函数的需要性**：基类中声明为 virtual 的虚函数一般在派生类中都具有不同的实现以满足派生类的需求，因此，在基类中对虚函数的实现一般意义不大。
- 如果一个派生类继承了抽象类，但是并没有重新定义抽象类中的纯虚函数，则该派生类仍然是一个抽象类。只有当派生类中所继承的所有纯虚函数都被实现时，它才不是抽象类。
- 抽象类不能用作参数类型、函数返回值类型或显式转换的类型，但可以说明指向抽象类的指针或引用，该指针或引用可以指向抽象类的派生类，进而实现多态性。

13.3 友元类和友元函数

C++编程中如果需要访问非本类的私有成员，那么就需要用到友元。否则私有成员是无法被外部直接访问的，而友元可以被定义为友元函数和友元类，即指定某函数或类直接访问私有成员。则具体形式如下：

```
class 类名
{
public:  friend class 友元类名;
         friend 类型 友元函数名;
}
```

这样友元类和友元函数就可以直接访问该类的私有函数，需要注意的是友元仅为单向，即B是A的友元，但A是不能访问B的私有变量，友元也不可在子类被继承。

程序 P13_5：设计平面坐标系中的点类 CPoint：

(1) 数据成员有：横坐标 double x、纵坐标 double y；

(2) 提供两个构造函数：无参构造函数将数据成员初始化为(0,0)，有参构造函数利用参数对数据成员赋值；

(3) 成员函数 void display( )，输出点的坐标；

(4) 定义友元函数 double Distance(CPoint p1,CPoint p2)，求两点之间的距离；

(5) 定义主函数，完成友元函数及点类的测试。

```
#include<iostream>
using namespace std;
class CPoint
{
private:
```

```
	double x,y;
public:
	CPoint();
	CPoint(double x,double y);
	void display();
	friend double Distance(CPoint p1,CPoint p2);
};
CPoint::CPoint()
{
	x=0;
	y=0;
}
CPoint::CPoint(double x,double y)
{
	this->x=x;
	this->y=y;
}
void CPoint::display()
{
	cout<<"点("<<x<<","<<y<<")";
}
double Distance(CPoint p1,CPoint p2)
{
	double length;
	length=sqrt((p1.x-p2.x)*(p1.x-p2.x)+(p1.y-p2.y)*(p1.y-p2.y));
	return length;		//因为要访问私有数据,所以要声明友元函数
}
int main()
{
	CPoint p1,p2(3,4);
	p1.display();
	cout<<"和";
	p2.display();
	cout<<"之间的距离是";
	cout<<Distance(p1,p2)<<endl;
	return 0;
}
```

运行结果如图 13.1 所示。

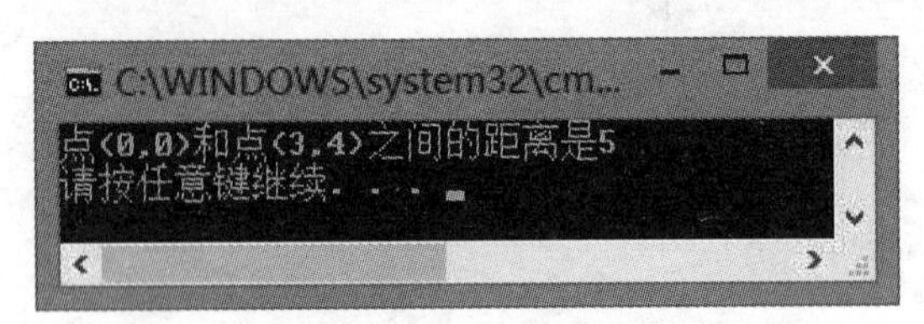

图 13.1　程序运行结果

说明：求两点之间的距离，就要访问 CPoint 类的私有数据，只有声明为友元函数，才能访问；或者有返回横纵坐标的函数。

友元提供了不同类的成员函数之间、类的成员函数与一般函数之间进行数据共享的机制。通过友元，一个普通函数或另一个类中的成员函数可以访问类中的私有成员和保护成员。有时一些重载操作符也可以使用友元来完成。友元的正确使用能提高程序的运行效率，但同时也破坏了类的封装性和数据的隐藏性，导致程序可维护性变差。

使用友元类时注意：

(1) 友元关系不能被继承。

(2) 友元关系是单向的，不具有交换性。若类 B 是类 A 的友元，类 A 不一定是类 B 的友元，要看在类中是否有相应的声明。

(3) 友元关系不具有传递性。若类 B 是类 A 的友元，类 C 是 B 的友元，类 C 不一定是类 A 的友元，同样要看类中是否有相应的声明。

习题 13

1. 多态性

(1) 定义一个二维坐标点类 **Point**

数据成员(访问权限定义为 protected)：

横坐标(double x)、纵坐标(double y)

成员函数(访问权限定义为 public)：

- **带默认参数的构造函数：**数据成员初始化
  Point(double _x=0.0,double _y=0.0);
- 设置坐标值　　void set(double _x,double _y);
- 获取横坐标(定义为 const 成员函数)　　double getX() const;
- 获取纵坐标(定义为 const 成员函数)　　double getY() const;
- 打印坐标信息(定义为 const 成员函数)　　void print() const;

要求：将类的定义与类成员函数的实现分开。

(2) 定义一个图形抽象基类 **Shape**

数据成员(访问权限定义为 protected)：

颜色(char *color)

成员函数(访问权限定义为 public)：

- **带默认参数的构造函数：**数据成员初始化

Shape(const char *_color="red");

- **虚析构函数**:释放系统资源　　virtual~**Shape**();
- 画图(定义为 const 纯虚成员函数)　　virtual void draw() const=0;
- 计算面积(定义为 const 纯虚成员函数)　　virtual double area() const=0;
- 计算周长(定义为 const 纯虚成员函数)　　virtual double perimeter() const=0;
- 设置颜色　　void setColor(const char *_color);
- 获取颜色信息(定义为 const 成员函数)　　const char *getColor() const;

要求:将类的定义与类成员函数的实现分开。

(3) 定义一个线段派生类 **Line**,并以 **public** 方式继承 **Shape** 基类

数据成员(访问权限定义为 protected):

起点(**Point** start)、终点(**Point** end)、名字(char *name)

成员函数(访问权限定义为 public):

- **带默认参数的构造函数**:数据成员初始化

  Line(const char *_name,double x1,double y1,double x2,double y2,const char *color="red");

注意:基类数据成员的初始化由基类的构造函数去完成

- **虚析构函数**:释放系统资源　　virtual ~**Line**();
- 画图(定义为 const 虚成员函数)　　virtual void draw() const;
- 计算面积(定义为 const 虚成员函数)　　virtual double area() const;
- 计算周长(定义为 const 虚成员函数)　　virtual double perimeter() const;
- 计算线段长度(定义为 const 成员函数)　　double length() const;
- 获取起点坐标(定义为 const 成员函数)　　**Point** getStart() const;
- 获取终点坐标(定义为 const 成员函数)　　**Point** getEnd() const;

要求:将类的定义与类成员函数的实现分开。

(4) 定义一个圆派生类 **Circle**,并以 **public** 方式继承 **Shape** 基类

数据成员(访问权限定义为 protected):

圆心(**Point** center)、半径(double radius)、圆周率 PI(const double PI)、
名字(char *name)

成员函数(访问权限定义为 public):

- **带默认参数的构造函数**:数据成员初始化

  Circle(const char *_name,double x,double y,double _radius,
  const char *color="red",double _PI=3.1415);

注意:基类数据成员的初始化由基类的构造函数去完成

- **虚析构函数**:释放系统资源　　virtual ~**Circle**();
- 画图(定义为 const 虚成员函数)　　virtual void draw() const;
- 计算面积(定义为 const 虚成员函数)　　virtual double area() const;
- 计算周长(定义为 const 虚成员函数)　　virtual double perimeter() const;
- 获取半径(定义为 const 成员函数)　　double getRadius() const;
- 获取圆心坐标(定义为 const 成员函数)　　Point getCenter() const;

要求:将类的定义与类成员函数的实现分开。

定义主函数,测试上述类功能。

2. 友元函数

(1) 定义一个二维坐标点类 **Point**

数据成员(访问权限定义为 protected):

横坐标、纵坐标

成员函数(访问权限定义为 public):

- **带默认参数的构造函数:**数据成员初始化
  Point(double _x=0.0,double _y=0.0);
- **拷贝构造函数:**数据成员初始化　　**Point**(const **Point** &point);
- 设置横坐标
- 设置纵坐标
- 获取横坐标(定义为 const 成员函数)
- 获取纵坐标(定义为 const 成员函数)
- 打印点的坐标信息(定义为 const 成员函数),格式:(x,y)

要求:将类的定义与类成员函数的实现分开。

(2) 定义友元函数

定义一个普通函数用来计算两个 **Point** 对象的距离:

double pdistance(const **Point** &p1,const **Point** &p2);

并将 pdistance 函数声明为类 **Point** 的友元函数,使其能够直接访问 **Point** 的保护数据成员。

定义一个普通函数用来计算两个 **Point** 对象的中点:

Point midpoint(const **Point** &p1,const **Point** &p2);

并将 midpoint 函数声明为类 **Point** 的友元函数,使其能够直接访问 **Point** 的保护数据成员。

定义主函数,测试上述类功能。

第五单元

第十四章　模　板

C++的模板机制可以实现对类和函数的数据类型进行参数化表示，使数据类型作为一种抽象的参数存在和应用于类和函数中。当定义对象或发生函数调用时才会根据具体的数据类型对类和函数进行实例化。通过模板机制，可以减轻代码的编写工作，不用再为相同功能而数据类型不同的类或函数编写重复、冗余的代码。另外，模板机制是C++可以实现泛型编程的一种重要手段。

14.1　模板的概念

对两个相同类型的数据进行交换是一种常见的操作。当需要实现对任意两个相同类型的数据交换的功能时，一般情况下有以下两种解决方案。

解决方案一：为每一种数据类型定义一个单独的交换函数

```
void swapI(int &a,int &b)           //实现两个 int 类型数据的交换
{
    int t=a;
    a=b;
    b=t;
}
void swapC(char &a,char &b)         //实现两个 char 类型数据的交换
{
    char t=a;
    a=b;
    b=t;
}
void swapF(float &a,float &b)       //实现两个 float 类型数据的交换
{
    float t=a;
    a=b;
    b=t;
}
```

```
void swapD(double &a,double &b) //实现两个 double 类型数据的交换
{
    double t=a;
    a=b;
    b=t;
}
```

以上四个函数 swapI()、swapC()、swapF()和 swapD()分别实现了对 int 类型、char 类型、float 类型以及 double 类型数据的交换。然而通过以上解决方案，一方面为每一种数据类型单独定义一个数据交换函数，使用起来很不方便。由于函数名之间彼此不同，因此需要牢牢地记清每一个函数的名字以及它们所针对的数据类型，才能实现正确的数据交换操作。另一方面由于C++的数据类型较多，除了基本数据类型外，还包括大量的用户自定义数据类型，若为每一种数据类型单独定义一个数据交换函数，代码量会非常庞大，而且当新的用户自定义类型出现时，需要增加一个新的数据交换函数。因此，为每种数据类型定义一个单独的数据交换函数并不是一种明智的做法。

解决方案二：通过重载函数来实现不同类型数据的交换

```
void Swap(int &a,int &b) //实现两个 int 类型数据的交换
{
    int t=a;
    a=b;
    b=t;
}
void Swap(char &a,char &b) //实现两个 char 类型数据的交换
{
    char t=a;
    a=b;
    b=t;
}
void Swap(float &a,float &b) //实现两个 float 类型数据的交换
{
    float t=a;
    a=b;
    b=t;
}
void Swap(double &a,double &b) //实现两个 double 类型数据的交换
{
    double t=a;
    a=b;
    b=t;
}
```

以上四个重载函数 Swap 分别实现了对 int 类型、char 类型、float 类型以及 double 类型数据的交换。通过以上解决方案，在进行函数调用时变得非常方便。由于各个重载函数具有相同的名字，因此不必再为哪一个函数针对哪种数据类型进行操作而烦恼。在实际函数调用时，重载函数会根据具体传递的实参类型自动选择相应的函数来完成正确的数据交换。然而通过重载函数的解决方案仍然无法避免代码冗余的问题。为了实现不同类型数据的交换，需要为每一种数据类型定义一个相应的重载函数。因此，通过重载函数的方法来实现不同类型数据的交换仍然不是一种最优的解决方案。

为了解决以上问题，我们希望能通过某种机制，只定义一个交换函数，便可以实现对任意类型数据的交换。在C++ 中可以通过模板机制来实现。

模板是一种将类型参数化来产生一系列函数或类的机制。

C++ 中的模板可以用来设计与数据类型无关的通用算法，是C++ 支持多态性的一种工具。一方面使用模板可以让用户得到类或函数声明的一种通用模式，使得类中的某些数据成员或者成员函数的参数、返回值取得不同的类型。另一方面通过针对不同的数据类型实例化这些模板，实现代码重用。

C++ 中提供了两种模板定义的机制，即函数模板和类模板。

14.2　函数模板

函数模板的定义形式如下：

```
template <类型形式参数表>
返回类型函数名(形式参数表)
{
  //函数定义体
}
```

C++ 中通过 template 关键字来定义一个函数模板。其中，<类型形式参数表>通过 class 或 typename 关键字来指定类型参数，多个类型参数间用逗号来分隔，如<class T,class S>或<typename T,typename S>。该类型既可以用基本数据类型，也可以用用户自定义类型（如类类型）来实例化。

函数模板只是说明，需要实例化为具体的模板函数后才能执行。

程序 P14_1：定义函数模板实现任意类型数据的交换。

```
#include <iostream>
#include <typeinfo>
using namespace std;
template <class T>              //也可写成 template <typename T>
void Swap(T &a,T &b)            //类型参数作为形参类型
{
    T t=a;
    a=b;
```

```
    b=t;
    cout<<"Recall Swap Function with Type ["<<typeid(T).name()<<"]"<<endl;
                                                                //输出类型名
}
int main()
{
    int a=10,b=20;
    char c='A',d='B';
    float e=13.14f,f=20.25f;
    cout<<"交换前:"<<endl;
    cout<<"a="<<a<<","<<"b="<<b<<endl;
    cout<<"c="<<c<<","<<"d="<<d<<endl;
    cout<<"e="<<e<<","<<"f="<<f<<endl;
    Swap<int>(a,b);        //以 int 类型替换类型参数 T,实现 int 类型数据交换
    Swap<char>(c,d);       //以 char 类型替换类型参数 T,实现 char 类型数据交换
    Swap<float>(e,f);      //以 double 类型替换类型参数 T,实现 double 类型数据交换
    cout<<"交换后:"<<endl;
    cout<<"a="<<a<<","<<"b="<<b<<endl;
    cout<<"c="<<c<<","<<"d="<<d<<endl;
    cout<<"e="<<e<<","<<"f="<<f<<endl;
    return 0;
}
```

以上程序中定义了一个函数模板 Swap,该函数模板中的 T 是一个类型参数,在实例化模板函数 Swap<实际类型>时,编译程序会根据实际参数的类型确定 T 的类型。因此,有了 Swap 函数模板的定义后,只需要通过不同的数据类型实例化成具体的模板函数,便可以实现对不同类型数据的交换。

函数模板的实例化有两种方式,即显式实例化和隐式实例化。显式实例化是在实例化的同时指明数据类型,如 Swap<int>(a,b)。而隐式实例化则在实例化的时候不指明数据类型,编译系统会根据具体实参的数据类型来隐含地进行实例化,如 Swap(a,b)。

程序 P14_2:定义函数模板实现计算任意类型一维数组中的最大值。

```
#include <iostream>
#include <typeinfo>
using namespace std;
template <class T>                  //也可写成 template <typename T>
T Max(const T a[],int n)            //类型参数和基本类型作为形参类型
{
    T m=a[0];
    for(int i=1;i<n;++i)
        if(a[i]>m)
```

```
            m=a[i];
    cout<<"Recall Max Function with Type ["<<typeid(a).name()<<"]"<<endl; //输出类型名
    return m;
}
int main()
{
    int a[10]={5,4,6,2,0,9,8,7,1,3};
    double b[10]={1.1,3.3,5.5,6.6,4.4,7.7,9.9,8.8,0.0,2.2};
    cout<<Max<int>(a,10)<<endl;          //隐式实例化:Max(a,10)
    cout<<Max<double>(b,10)<<endl;       //隐式实例化:Max(b,10)
    return 0;
}
```

以上程序中定义了一个函数模板 Max,实现对任意类型一维数组求最大值的操作。该函数模板的参数中不仅包含类型参数 T,同时也包含基本数据类型 int。因此在定义函数模板时,形参中既可以出现类型参数,也可以出现确定性的数据类型(如基本数据类型)。

程序 P14_3:定义 inline 函数模板实现计算任意类型两个数据的最大值。

```
#include <iostream>
using namespace std;
template <class T>
inline T Max(const T &a,const T &b)          // inline 函数模板
{
    if(a>b)
        return a;
    else
        return b;
}
int main()
{
    int a=10,b=20;
    float c=13.14f,d=20.25f;
    cout<<Max<int>(a,b)<<endl;               // inline 模板函数
    cout<<Max<float>(c,d)<<endl;             // inline 模板函数
    return 0;
}
```

以上程序定义了一个 inline 函数模板 Max,用于计算两个数据的最大值。因此,不仅可以定义普通类型的函数模板,而且还可以定义 inline 函数模板,以及成员函数模板。

程序 P14_4:观察以下程序,注意实例化函数模板 Swap 的参数类型是什么?

```
#include <iostream>
using namespace std;
```

```
classComplex
{
public:
    Complex(double _real,double _image): real(_real),image(_image) {   }
    void print() const
    {
        cout<<real<<"+"<<image<<"i"<<endl;
    }
private:
    double real;
    double image;
};
template <class T>
void Swap(T &a,T &b)
{
    T t=a;
    a=b;
    b=t;
}
int main()
{
    Complex cp1(1.0,2.0),cp2(3.0,4.0);
    Swap<Complex>(cp1,cp2);                    //用类型进行实例化
    cp1.print();
    cp2.print();
    return 0;
}
```

在以上程序中，通过类型 Complex 来实例化函数模板 Swap，实现两个 Complex 类型对象的交换。由此可见，在实例化函数模板时，不仅可以用基本数据类型，也可以用用户自定义类型。

与普通函数一样，当模板函数的调用发生在函数模板定义之前时，需要在模板函数调用之前进行函数模板的声明，声明格式和普通函数的声明类似。

程序 P14_4：观察以下程序，了解函数模板的声明方式。

```
#include <iostream>
using namespace std;
template <class T>void Swap(T &a,T &b);             //函数模板声明
int main()
{
    int a=10,b=20;
```

```
    char c='A',d='B';
    float e=13.14f,f=20.25f;
    Swap<int>(a,b);                          //模板函数调用
    Swap<char>(c,d);                         //模板函数调用
    Swap<float>(e,f);                        //模板函数调用
    return 0;
}
template <class T>                           //函数模板定义
void Swap(T &a,T &b)
{
    T t=a;
    a=b;
    b=t;
}
```

函数模板也可以进行重载，重载的方式包括函数模板与普通具体实例化函数间的重载，以及不同函数模板间的重载。

程序 P14_5：观察以下程序，看看函数模板与普通具体实例化函数间是如何进行重载的。

```
#include <iostream>
#include <cstring>
using namespace std;
template <class T>                     //函数模板定义
T Max(const T &a,const T &b)
{
    cout<<"Recall Function Template"<<endl;
    return a>b ? a : b;
}
char* Max(char *str1,char *str2){      //普通函数定义
    cout<<"Recall Non-Template Function"<<endl;
    if(strcmp(str1,str2)>0)
        return str1;
    else
        return str2;
}
int main()
{
    int a=10,b=20;
    char *c="Hello",*d="World";
    cout<<Max(a,b)<<endl;              //调用模板函数
    cout<<Max(c,d)<<endl;              //调用覆盖函数
```

```
    return 0;
}
```

以上程序定义了一个函数模板 Max 和一个普通函数 Max。普通函数 Max 可以看作是函数模板 Max 通过参数类型 char * 实例化后的一个模板函数。此时发生的函数重载称为函数覆盖,普通函数 Max 称作函数模板 Max 的覆盖函数。当通过非 char* 类型的数据调用 Max 函数时,此时调用的是由函数模板 Max 实例化后的模板函数,如:Max(a,b)。而当通过 char* 类型的数据调用 Max 函数时,调用的则是普通的 Max 函数,如:Max(c,d)。因此,当发生函数覆盖时,函数模板不会再实例化覆盖函数所对应的模板函数。

程序 P14_6:观察以下程序,看看函数模板间是如何进行重载的。

```
#include <iostream>
using namespace std;
template <class T>                    //重载函数模板定义
T Max(const T &a,const T &b)
{
    return a>b ? a : b;
}
template <class T>                    //重载函数模板定义
T Max(const T a[ ],int n)
{
    T m=a[0];
    for(int i=1;i<n;++i)
        if(a[i]>m)
            m=a[i];
    return m;
}
int main()
{
    int a=10,b=20;
    int c[10]={5,4,6,2,0,9,8,7,1,3};
    cout<<Max(a,b)<<endl;             //调用模板函数 int Max(const int &,const int &)
    cout<<Max(c,10)<<endl;            //调用模板函数 int Max(const int [],int)
    return 0;
}
```

以上程序定义两个重载的函数模板 Max,分别用来计算两个数据的最大值和一维数组中的最大值。由此可以看出,函数模板间的重载符合函数重载的规则,即函数名相同而形参类型或形参数量不同的两个函数模板间可以发生重载。当发生模板函数调用时,编译系统会根据具体的实参类型或数量来选择匹配的重载函数进行调用。但是,仅仅是函数模板中的类型参数名不同时,不能进行函数模板的重载,因为这两个函数模板其实是同一个函数模板。由于类型参数只是一个类型符号,不代表具体的数据类型,所以用什么符号来表示事实上没有区别。

例如，以下两个函数模板为同一函数模板，此时，不算作函数模板重载。

```
template <class T>
T Max(const T &a,const T &b)
{
    return a>b ? a : b;
}
template <class S>
S Max(const S &a,const S &b)
{
    return a>b ? a : b;
}
```

14.3　类模板

程序 P14_7：设计一个数组类，使之能够存放一组 int 类型数据。

```
class Vector
{
public:
    Vector(int n=10): num(n)
    {
        vec=new int[num];
    }
    Vector(const Vector &vt): num(vt.num)
    {
        vec=new int[num];
        for(int i=0;i<num;++i)
            vec[i]=vt.vec[i];
    }
    ~Vector()
    {
        if(vec!=NULL)
            delete [ ] vec;
    }
    void set(int i,int val)
    {
        vec[i]=val;
    }
    int get(int i) const
```

```
        {
            return vec[i];
        }
        int size() const
        {
            return num;
        }
    protected:
        int *vec;
        int num;
    };
```

以上程序中定义的 Vector 类只能存放 int 类型的数据，若想拥有一个能够存放 double 类型数据的 Vector 类，必须按以下的方式重新定义：

```
    class Vector
    {
    public:
        Vector(int n=10): num(n)
        {
            vec=newdouble[num];
        }
        Vector(const Vector &vt): num(vt.num)
        {
            vec=newdouble[num];
            for(int i=0;i<num;++i)
                vec[i]=vt.vec[i];
        }
        ~Vector()
        {
            if(vec!=NULL)
                delete [ ] vec;
        }
        void set(int i,double val)
        {
            vec[i]=val;
        }
        double get(int i) const
        {
            return vec[i];
        }
```

```
    int size() const
    {
        return num;
    }
protected:
    double *vec;
    int num;
};
```

观察以上两个 Vector 类的定义可以发现，除了它们所存放的数据类型不同外，提供的操作完全相同。如果要为每一种数据类型都对应一个用于存放该类型的 Vector 类，那么实际操作起来会非常麻烦，代码量也会变得很庞大。

是否存在某种机制，使得只定义一个 Vector 类，便可实现对任意类型数据的存储呢？在 C++ 中可以通过类模板机制来实现。

类模板的定义形式如下：

```
template <类型形式参数表>
class 类模板名
{
    //类体
};
```

其中，<类型形式参数表>通过 class 或 typename 关键字来指定类型参数，多个类型参数间用逗号来分隔，如<class T,class S>或<typename T,typename S>。该类型既可以用基本数据类型，也可以用用户自定义类型来实例化。另外，类模板只是说明，需要实例化为模板类后才能使用。

当类模板的成员函数在类外实现时，每个成员函数前都必须用与声明该类模板同样的方式进行声明，并且类模板名要带<类型表>进行限定。

```
template <类型形式参数表>
返回类型　类模板名<类型表>::成员函数名(形式参数表)
{
    //函数定义体
}
```

通过这种做法，每个成员函数都变成了一个函数模板。

程序 P14_8：设计一个数组类模板，使之能够存放一组任意类型的数据。

```
template <classT>                // 也可写成 template <typename T>
class Vector
{
public:
    Vector(int n=10): num(n)
    {
        vec=new  T[num];
```

```
    }
    Vector(const Vector<T>&vt): num(vt.num)
    {
        vec=new  T[num];
        for(int i=0;i<num;++i)
            vec[i]=vt.vec[i];
    }
    ~Vector()
    {
        if(vec!=NULL)
            delete [ ] vec;
    }
    void set(int i,T val)
    {
        vec[i]=val;
    }
    T get(int i) const
    {
        return vec[i];
    }
    int size() const
    {
        return num;
    }
protected:
    T*vec;
    int num;
};
```

以上程序定义了一个数组类模板 Vector，它能够存放一组任意类型的数据。在类模板内部，类型参数 T 可以像其他任何类型一样，用于声明数据成员，或作为成员函数的形参类型，或返回值类型。事实上，该类模板的实际类型为 Vector<T>，而非简单的 Vector。因此，在类中出现类模板类型的位置都用 Vector<T>来表示，如上述类模板中的拷贝构造函数的参数类型应为 const Vector<T>&。

程序 P14_9：观察以下程序，了解类模板的成员函数在类外实现时的处理方法以及类模板的实例化方法。

```
#include <iostream>
#include <typeinfo>
using namespace std;
template <class T>
```

```
class Vector                                        //类模板定义
{
public:
    Vector(int n=10);                               //构造函数
    Vector(const Vector<T>&vt);                     //拷贝构造函数
    ~Vector();                                      //析构函数
    Vector<T>& operator=(const Vector<T>&vt);       //重载赋值运算符
    void set(int i,T val);
    T get(int i) const;
    int size() const;
protected:
    T *vec;
    int num;
};

//类模板成员函数实现
template <class T>
Vector<T>::Vector(int n): num(n)
{
    vec=new T[num];
}
template <class T>
Vector<T>::Vector(const Vector<T>&vt): num(n)
{
    vec=new T[num];
    for(int i=0;i<num;++i)
        vec[i]=vt.vec[i];
}
template <class T>
Vector<T>::~Vector()
{
    if(vec!=NULL)
        delete [] vec;
}
template <class T>
Vector<T>& Vector<T>::operator=(const Vector<T>&vt)
{
    delete [] vec;
    num=vt.num;
```

```
        vec=new T[num];
        for(int i=0;i<num;++i)
            vec[i]=vt.vec[i];
        return *this;
    }
    template <class T>
    void Vector<T>::set(int i,T val)
    {
        vec[i]=T;
    }
    template <class T>
    T Vector<T>::get(int i) const
    {
        return vec[i];
    }
    template <class T>
    int Vector<T>::size() const
    {
        return num;
    }

    //普通类定义
    class Complex
    {
    public:
        Complex(double r=0.0,double img=0.0): real(r),image(img) { }
        void set(double r,double img)
        {
            real=r;
            image=img;
        }
        double getReal() const
        {
            return real;
        }
        double getImage() const
        {
            return image;
        }
```

```
        void print() const
        {
            cout<<real<<"+"<<image<<"i"<<endl;
    }
    protected:
        double real,image;
    };

    int main()
    {
        Vector<int>ivec;                        //用 int 类型实例化类模板
        Vector<double>dvec(20);                 //用 doube 类型实例化类模板
        Vector<Complex>cvec(30);                //用 Complex 类型实例化类模板

        cout<<"类型: "<<typeid(ivec).name()<<endl;
        cout<<"类型: "<<typeid(dvec).name()<<endl;
        cout<<"类型: "<<typeid(cvec).name()<<endl;

        return 0;
    }
```

既可以用基本数据类型实例化类模板，也可以用用户自定义类型实例化类模板。与函数模板的实例化不同之处在于，类模板实例化时要指明实际类型参数，如：Vector<int>ivec。

类模板在定义时，可以对类型参数指定默认类型，此类的类模板被称为带默认模板参数的类模板。

程序 P14_10：带默认模板参数的类模板的定义。

```
#include <iostream>
#include <typeinfo>
using namespace std;

template <class T=int,class S=int>              //默认类型参数
class Pair
{
public:
    Pair(T _left,S _right): left(_left),right(_right) { }
    Pair(const Pair<T,S>&p): left(p.left),right(p.right) { }
    T& getLeft()
    {
        return left;
```

```
        }
        S& getRight()
        {
            return right;
        }
    protected:
        T left;
        S right;
    };

    int main()
    {
        Pair<>p1(1,2);                      //相当于 Pair<int,int>p1(1,2);
        Pair<double>p2(1.2,2);              //相当于 Pair<double,int>p2(1.2,2);
        Pair<double,char>p3(1.2,'A');       //相当于 Pair<double,char>p3(1.2,'A');

        cout<<"类型: "<<typeid(p1).name()<<endl;
        cout<<"类型: "<<typeid(p2).name()<<endl;
        cout<<"类型: "<<typeid(p3).name()<<endl;

        return 0;
    }
```

以上程序定义了一个二元组类模板 Pair,该类模板的两个类型参数 T 和 S 被指定了默认类型 int。当实例化该类模板时,既可以像普通类模板一样指明实际类型参数,如:Pair<double,char>p3(1.2,'A');也可以使用默认的类型参数,如:Pair<>p1(1,2);和 Pair<double>p2(1.2,2)。但值得注意的是,当使用默认的类型参数时,<>不能省略。

此外,当带默认模板参数的类模板的成员函数在类外实现时,不能再带默认类型参数:

```
    template <class T=int,class S=int>              //定义时带默认类型参数
    class Pair
    {
    public:
        Pair(T _left,S _right);
        Pair(const Pair<T,S>&p);
        T& getLeft();
        S& getRight();
    protected:
        T left;
        S right;
    };
```

```
template <class T,class S>                          //实现时不带默认类型参数
Pair<T,S>::Pair(T _left,S _right): left(_left),right(_right) { }
template <class T,class S>
Pair<T,S>::Pair(const Pair<T,S> &p): left(p.left),right(p.right) { }
template <class T,class S>
T& Pair<T,S>::getLeft()
{
    return left;
}
template <class T,class S>
S& Pair<T,S>::getRight()
{
    return right;
}
```

习题 14

1. 设计类模板

(1) 设计求三个数的最大数的函数模板 T max(T a,T b,T c);

(2) 在主函数中,分别用 int、double 对上述模板实例化,并测试结果。

2. 设计类模板

(1) 定义类模板 Ccomp,包含两个私有属性 a 和 b;

(2) 定义公有有参构造函数给 a、b 属性赋值;

(3) 定义公有 min 函数,显示 a、b 属性的最小值;

(4) 定义公有 max 函数,显示 a、b 属性的最大值;

(5) 定义公有重载 min 函数,实现对"字符串类型数据"求最小值;

(6) 定义公有重载 max 函数,实现对"字符串类型数据"求最大值;

(7) 在主函数中,分别用 int、double 和 char*类型对模板实例化,并测试结果。

3. 定义一个函数模板 **search**,实现查找一维数组中与指定的数据相等的元素第一次和最后一次出现的位置(若未找到,则将位置设置为**-1**)。

提示:使用二元组类模板解决。

//二元组类模板 Pair 定义

```
template <class T=int,class S=int>          // 带默认类型参数
class Pair{
 public:
  Pair() { }
  Pair(T _first,S _second): first(_first),second(_second) { }
  T first;
```

```
  S second;
};
//函数模板定义
template <class T>
Pair<int,int>search(const T *vec,int n,const T &data)
{
}
```

定义主函数,测试上述功能。

工程训练7 商品信息管理系统(类模板篇)

利用类和类模板的相关知识,完成《商品信息管理系统》的设计,实现对商品信息进行有效的管理。定义一个类模板来维护所有商品的信息。每种商品维护着三种信息,包括:商品库存量、商品价格以及商品销售量。该系统的主要功能包括:商品信息录入、商品信息输出、商品销售、商品进货、统计库存不足商品、统计营业额、统计销量最高和销量最低的商品、统计营业额最高和营业额最低的商品。具体功能介绍如下:

- **商品信息录入**

该功能由类模板的一个单独的成员函数来实现。首先,在主函数中从键盘输入商品的种类,然后根据商品的种类调用一个相应的类模板成员函数来完成每种商品信息的初始化,商品信息包括:商品数量和商品价格。每种商品维护着三种信息:商品库存量、商品价格和商品销售量。三种信息分别用三个类型被参数化的数组来存储,并保存为类模板的数据成员。函数调用时,商品种类作为实参传递给函数。在函数中进行信息录入时,用输入的商品数量来初始化商品库存量,用输入的商品价格来初始化商品价格,并将商品销售量初始化为0。

- **商品信息输出**

该功能由类模板的一个单独的成员函数来实现。将所有商品的信息依次输出到屏幕上显示,每种商品信息显示一行,输出的信息包括:商品库存量、商品价格和商品销售量。函数调用时,不需要提供任何实参。

- **商品销售**

该功能由类模板的一个单独的成员函数来实现。根据商品编号(编号从1开始)对某种商品进行销售,销售时需指定具体的商品销售数量。在对商品进行销售之前,需要对输入的商品编号和商品销售数量的信息进行合法性检测,只有输入数据合法时,才能进行商品销售。若输入数据合法,则根据具体的商品编号和商品销售数量对某种商品进行销售,销售成功后,需要相应修改该商品的库存量和销售量的信息。注意:当库存量无法满足销售量需求时,同样不能进行商品销售。函数调用时,不需要提供任何实参。

- **商品进货**

该功能由类模板的一个单独的成员函数来实现。根据商品编号(编号从1开始)对某种商品进行进货,进货时需指定具体的商品进货数量。在对商品进行进货之前,需要对输入的商品编号和商品进货数量的信息进行合法性检测,只有输入数据合法时,才能进行商品进货。若输入数据合法，则根据具体的商品编号和商品进货数量对某种商品进行进货，进货成功后，需要相应的修改该商品的库存量信息。函数调用时，不需要提供任何实参。

• **统计库存不足商品**

该功能由类模板的一个单独的成员函数来实现。依次对所有商品的库存量进行检测，若某种商品的库存量为 0，则将该商品输出，每行输出一种商品。函数调用时，不需要提供任何实参。

• **统计营业额**

该功能由类模板的一个单独的成员函数来实现。依次对每种商品的营业额进行统计，并输出该商品的营业额统计结果，每行输出一种商品。商品营业额计算公式为：商品价格×商品销售量。同时，将所有商品的营业额进行相加，在最后一行显示所有商品的总营业额。函数调用时，不需要提供任何实参。

• **统计销量最高和销量最低的商品**

该功能由类模板的一个单独的成员函数来实现。依次比较所有商品的销售量，从中找出销量最高和销量最低的商品。首先，定义两个变量分别用于存放最高销量和最低销量，初始时，将最高销量和最低销量都初始化为第一种商品的销售量。接下来，依次将其余商品的销售量与最高销量和最低销量进行比较。若当前商品的销售量大于最高销量，则将最高销量设置成该商品的销售量；此外，若当前商品的销售量小于最低销量，则将最低销量设置成该商品的销售量。函数调用时，不需要提供任何实参。

• **统计营业额最高和营业额最低的商品**

该功能由类模板的一个单独的成员函数来实现。依次比较所有商品的营业额，从中找出营业额最高和营业额最低的商品。首先，定义两个变量分别用于存放最高营业额和最低营业额，初始时，将最高营业额和最低营业额初始化为第一种商品的营业额。接下来，依次将其余商品的营业额与最高营业额和最低营业额进行比较。若当前商品的营业额大于最高营业额，则将最高营业额设置成该商品的营业额；此外，若当前商品的营业额小于最低营业额，则将最低营业额设置成该商品的营业额。函数调用时，不需要提供任何实参。

下面给出程序的基本框架和设计思路，仅供大家参考。此外，完全可以自己来设计更合理的结构和代码。

用于维护所有商品信息的类模板的设计部分：

```
template <class T,class D>
class Product
{
public:
    Product();                                    //默认构造函数
    Product(T *_num,D *_price,int _total);        //带参数的构造函数
    Product(const Product<T,D>&prod);             //拷贝构造函数
    ~Product();                                   //析构函数
    void input(int _total);                       //输入商品信息
    void output() const;                          //输出商品信息
    void sale();                                  //销售商品
    void stock();                                 //商品进货
```

```
    void lack() const;                             //统计库存不足商品
    D statistics() const;                          //统计营业额
    void minmaxAmount() const;                     //统计销量最高和销量最低的商品
    void minmaxIncome() const;                     //统计营业额最高和营业额最低的商品
    Product<T,D>& operator=(const Product<T,D>&prod);      //赋值运算符重载函数
protected:
    T *num;                                        //商品数量
    D *price;                                      //商品价格
    T *sell;                                       //商品销量
    int total;                                     //商品种类
};
```

下面是类模板成员函数的实现部分：

```
//默认构造函数实现部分
template <class T,class D>
Product<T,D>::Product()
{
        /* 对数据成员进行初始化。将商品种类初始化为0,将其余的指针成员初始化
    为空指针。例如:
        num=NULL;
        price=NULL;
            sell=NULL;
        total=0;*/
}

//带参数的构造函数实现部分
template <class T,class D>
Product<T,D>::Product(T *_num,D *_price,int _total): total(_total)
{
        /* 对数据成员进行初始化。利用参数提供的商品种类对商品种类成员进行初
    始化。根据商品种类为其余指针成员开辟堆空间,并根据提供的形参对其进行初始
    化。例如:
        num=new T[total];           // 开辟堆空间
        price=new D[total];
        sell=new T[total];
        for(int i=0;i<total;++i)    // 逐一值拷贝
        {
            num[i]=_num[i];
            price[i]=_price[i];
            sell[i]=0;
```

```
        } */
}

//拷贝构造函数实现部分
template <class T,class D>
Product<T,D>::Product(const Product<T,D>&prod): total(prod.total)
{
        /* 对数据成员进行初始化。利用参数提供的商品种类对商品种类成员进行初
    始化。根据商品种类为其余指针成员开辟堆空间,并根据提供的形参对其进行初始
    化。例如:
        num=new T[total];               // 开辟堆空间
        price=new D[total];
        sell=new T[total];
        for(int i=0;i<total;++i)        // 逐一值拷贝
        {
            num[i]=prod.num[i];
            price[i]=prod.price[i];
            sell[i]=prod.sell[i];
        } */
}

//析构函数实现部分
template <class T,class D>
Product<T,D>::~Product()
{
        /* 释放指针成员的堆空间。例如:
        if(num!=NULL)
            delete [] num;              // 释放堆空间
        if(price!=NULL)
            delete [] price;
        if(sell!=NULL)
            delete [] sell;*/
}

//输入商品信息的成员函数实现部分
template <class T,class D>
void Product<T,D>::input(int _total)
{
        /* 利用参数提供的商品种类值对商品种类成员进行初始化,并根据商品种类为
```

指针成员开辟堆空间。根据商品的种类依次输入每种商品的信息,信息包括:商品数量和商品价格。通过循环语句,每次循环输入一种商品的信息。

```
    例如:
    total=_total;
    num=new T[total];              // 开辟堆空间
    price=new D[total];
    sell=new T[total];
    for(int i=0;i<total;++i)
    {
        cout<<"输入第"<<i+1<<"种商品的信息(数量、价格): ";
        cin>>num[i]>>price[i];
        sell[i]=0;
    } */
}

//输出商品信息的成员函数实现部分
template <class T,class D>
void Product<T,D>::output() const
{
    /* 根据商品种类依次输出每种商品的信息,信息包括:商品库存量、商品价格和
商品销量。通过循环语句,每次循环输出一种商品的信息。
    例如:
    for(int i=0;i<total;++i)
        cout<<"[商品"<<i+1<<"] 库存量: "<<num[i]<<",价格: "<<price[i]<<",销量:
"<<sell[i]<<endl;*/
}

//销售商品的成员函数实现部分
template <class T,class D>
void Product<T,D>::sale()
{
    /* 根据商品编号来销售某种商品,并同时指定销售数量。
    例如:
    cout<<"请输入商品编号(1-"<<total<<")和销售数量(>0): ";
    int product;           // 商品编号
    T n;                   //销售数量
    cin>>product>>n;   // 输入商品编号和销售数量
    需要对输入的商品编号和销售数量进行合法性检测,当输入数据合法时再根据
具体的商品编号和销售数量对某种商品进行销售。此外,只有在某种商品的库存量
```

```
    能够满足销售数量的需求时,才能对该商品进行销售。
        例如:
        if(n>num[product-1])        // 库存量不足
            cout<<"商品"<<product<<"库存量不足!"<<endl;
        else
        {
            num[product-1]-=n;
            sell[product-1]+=n;
            cout<<"商品"<<product<<"销售成功!"<<endl;
        } */
}

//商品进货的成员函数实现部分
template <class T,class D>
void Product<T,D>::stock()
{
        /* 根据商品编号来对某种商品进行进货,并同时指定进货数量。
        例如:
        cout<<"请输入商品编号(1-"<<total<<")和进货数量(>0): ";
        int product;            // 商品编号
        T n;// 销售数量
        cin>>product>>n;  // 输入商品编号和进货数量
        需要对输入的商品编号和进货数量进行合法性检测,当输入数据合法时再根据
    具体的商品编号和进货数量对某种商品进行进货。
        例如:
        else if(n<0)                // 判断进货数量是否合法
            cout<<"进货数量不能为负值!"<<endl;
        else
        {
            num[product-1]+=n;
            cout<<"商品"<<product<<"进货成功!"<<endl;
        } */
}

//统计库存不足商品的成员函数实现部分
template <class T,class D>
void Product<T,D>::lack() const
{
        /* 依次对每种商品的库存量进行检测,并输出所有库存量为 0 的商品。通过循
```

```
    环语句,每次循环检测一种商品的库存量。
        例如:
        for(int i=0;i<total;++i)
            if(num[i]==0)
                cout<<"商品"<<i+1<<"库存不足!"<<endl;*/
}

//统计营业额的成员函数实现部分
template <class T,class D>
D Product<T,D>::statistics() const
{
        /* 依次对每种商品的营业额进行统计,并输出该商品的营业额统计结果。商品
    营业额计算公式为:商品价格×商品销售量。通过循环语句,每次循环统计一种商品
    的营业额,并将其叠加到总营业额上。
        例如:
        D sum=0.0;          //存放总营业额,初始化为0
        for(int i=0;i<total;++i)
        {
            cout<<"商品"<<i+1<<"营业额(元): "<<price[i]*sell[i]<<endl;
            sum+=price[i]*sell[i];
        }
        cout<<"商品营业总额(元): "<<sum<<endl;*/
    return sum;     //返回总营业额
}

//统计销量最高和销量最低的商品的成员函数实现部分
template <class T,class D>
void Product<T,D>::minmaxAmount() const
{
        /* 定义两个变量用来存放最高销量和最低销量,并将最高销量和最低销量初始
    化为第一种商品的销量,例如:
        T Max_amount,min_amount;
        Max_amount=sell[0];
        min_amount=sell[0];
        依次将其余商品的销售量与最高销量和最低销量进行比较,若该商品的销售量
    大于最高销量,则将最高销量设置成该商品的销售量;另外,若该商品的销售量小于
    最低销量,则将最低销量设置成该商品的销售量。通过循环语句,每次循环比较一种
    商品的销售量。
        例如:
```

```
        for(int i=1;i<total;++i)
        {
            if(sell[i]>max_amount)
                max_amount=sell[i];
            if(sell[i]<min_amount)
                min_amount=sell[i];
        } */
}

//统计营业额最高和营业额最低的商品的成员函数实现部分
template <class T,class D>
void Product<T,D>::minmaxIncome() const
{
        /* 定义两个变量用来存放最高营业额和最低营业额,并将最高营业额和最低营
    业额初始化为第一种商品的营业额,例如:
        D max_income,min_income;
        max_income=price[0]*sell[0];
        min_income=price[0]*sell[0];
        依次将其余商品的营业额与最高营业额和最低营业额进行比较,若该商品的营
    业额大于最高营业额,则将最高营业额设置成该商品的营业额;另外,若该商品的营
    业额小于最低营业额,则将最低营业额设置成该商品的营业额。通过循环语句,每次
    循环比较一种商品的营业额。例如:
        for(int i=1;i<total;++i)
        {
            if(price[i]*sell[i]>max_income)
                max_income=price[i]*sell[i];
            if(price[i]*sell[i]<min_income)
                min_income=price[i]*sell[i];
        } */
}

//赋值运算符重载函数实现部分
template <class T,class D>
Product<T,D>& Product<T,D>::operator=(const Product<T,D>&prod)
{
        /* 首先,释放指针成员原有的堆空间。然后,再根据参数对象的商品种类成员
    初始化自身的商品种类成员,并根据商品种类为指针成员开辟新的堆空间。最后根
    据参数对象的成员来初始化自身的成员。例如:
        if(num!=NULL)
```

```
            delete [] num;                // 先释放原有堆空间
        if(price! =NULL)
            delete [] price;
        if(sell! =NULL)
            delete [] sell;
        total=prod.total;     num=new T[total];      // 再开辟新的堆空间
        price=new D[total];
        sell=new T[total];
        for(int i=0;i<total;++i)          // 逐一值拷贝
        {
            num[i]=prod.num[i];
            price[i]=prod.price[i];
            sell[i]=prod.sell[i];
        } */
    return *this;                                   //引用返回
}
```

主函数的源文件设计部分：

```
#include <iostream>
using namespace std;
int main()
{
    int option;                         //功能提示菜单选项
    Product<int,double>prod;            //商品信息类对象
    int total;                          //商品种类
    while(true)                         //重复显示功能菜单
    {
        // 输出功能提示菜单
        cout<<endl;
        cout<<"=========================================="<<endl;
        cout<<"              商品信息管理系统功能菜单"<<endl;
        cout<<"\t1. 输入商品信息"<<endl;
        cout<<"\t2. 输出商品信息"<<endl;
        cout<<"\t3. 销售商品"<<endl;
        cout<<"\t4. 商品进货"<<endl;
        cout<<"\t5. 统计库存不足商品"<<endl;
        cout<<"\t6. 统计营业额"<<endl;
        cout<<"\t7. 统计销量最高和销量最低的商品"<<endl;
        cout<<"\t8. 统计营业额最高和营业额最低的商品"<<endl;
        cout<<"\t9. 退出"<<endl;
```

```
cout<<"========================================"<<endl;
cout<<"请选择功能(1-9): ";

cin>>option;
switch(option)          // 根据菜单选项完成相应的功能
{
    case 1:     // 输入商品信息
            /* 首先,输入商品的种类,然后调用相应的对象成员函数实现商
        品信息的录入。例如:
            cout<<"输入商品的种类: ";
            cin>>total;
            prod.input(total);        // 成员函数调用 */
        break;
    case 2:     // 输出商品信息
            /* 调用相应的对象成员函数依次输出每种商品的信息,信息包
        括:商品库存量、商品价格和商品销量。例如:
            prod.output(); // 成员函数调用 */
        break;
    case 3:     // 销售商品
            /* 调用相应的对象成员函数根据商品编号来销售某种商品。
        例如:
            prod.sale();      // 成员函数调用 */
        break;
    case 4:     // 商品进货
            /* 调用相应的对象成员函数根据商品编号来对某种商品进行
        进货。
            例如:
            prod.stock();      // 成员函数调用 */
        break;
    case 5:     // 统计库存不足商品
            /* 调用相应的对象成员函数依次对每种商品的库存量进行检测,
        并输出所有库存量为 0 的商品。例如:
            prod.lack();      // 成员函数调用 */
        break;
    case 6:     // 统计营业额
            /* 调用相应的对象成员函数依次对每种商品的营业额进行统计,
        并输出该商品的营业额统计结果。商品营业额计算公式为:商品价格
        ×商品销售量。例如:
            prod.statistics();      // 成员函数调用 */
```

```
                break;
            case 7:     // 统计销量最高和销量最低的商品
                    /* 调用相应的对象成员函数统计销量最高和销量最低的商品。
                    例如：
                    prod.minmaxAmount();     // 成员函数调用 */
                break;
            case 8:     // 统计营业额最高和营业额最低的商品
                    /* 调用相应的对象成员函数统计营业额最高和营业额最低的
                商品。
                    例如：
                    prod.minmaxIncome();     // 成员函数调用 */
                break;
            case 9:     // 退出
                exit(0);                          // 退出程序
                break;
            default:                              // 非法输入
                cout<<"输入选项不存在！请重新输入！"<<endl;
        }
    }
    return 0;
}
```

第十五章　运算符重载

C++ 中的大部分运算符只能操作基本数据类型，而对于用户自定义类型，这些运算符往往无法直接对其进行操作。通过运算符重载机制，便可以打破这种局限。运算符重载是C++的一个重要特性，使得程序员可以把运算的定义和操作扩展到用户自定义类型。

15.1　运算符重载的需要性

观察以下复数类 Complex 的定义：

```
class Complex
{
public:
    Complex(double r=0.0,double img=0.0): real(r),image(img) { }
    Complex add(const Complex &cp) const        //两复数相加，值返回
    {
        Complex result;
        result.real=real+cp.real;
        result.image=image+cp.image;
        return result;
    }
    Complex sub(const Complex &cp) const        //两复数相减，值返回
    {
        Complex result;
        result.real=real-cp.real;
        result.image=image-cp.image;
        return result;
    }
    double getReal() const
    {
        return real;
    }
    double getImage() const
    {
        return image;
```

```
    }
private:
    double real;
    double image;
};
```

该 Complex 类定义了两个成员函数 add 和 sub，分别用于两个复数的相加和相减操作。如：

```
Complex cp1(1.0,2.0);
Complex cp2(2.0,3.0);
Complex cpa=cp1.add(cp2);
Complex cps=cp1.sub(cp2);
```

通过成员函数的方法进行两个复数的相加和相减操作，使用起来很不直观。是否存在一种机制，使 Complex 类的对象能像基本数据类型的变量一样通过+和-运算符来实现两个复数的相加和相减操作呢？比如：cpa=cp1+ cp2，在C++中，可以通过运算符重载机制来实现。

C++将运算符看作一种特殊类型的函数，称作运算符函数，运算符函数名由关键字 operator 和运算符组成，格式如下：

返回类型 operator<运算符>(参数列表);

例如：

```
int operator+(int a,int b);          //假如有整数相加的运算符函数
int a=10,b=20,c;
c=a+b;                               //相当于调用了 c=operator+(a,b);
```

因此，若想使 Complex 类的对象能通过+和-运算符实现两个复数的相加和相减操作，就必须要重载+和-运算符。

运算符重载是对已有的运算符赋予多重含义，使同一个运算符作用于不同类型的数据时，产生不同的行为。运算符重载的实质就是函数重载。

使用运算符重载可以实现类之间以及类与普通数据类型之间的运算，从而将新的数据类型无缝地集成到程序设计环境中。

C++语言提供的标准运算符在进行重载时，其操作数个数，运算顺序，优先级都不得改变，并且重载的运算符必须是C++中已经存在的运算符，不能主观创造。同时运算符重载一般不改变运算符功能。

另外，运算符重载可以作为类的成员函数实现，也可以作为普通函数实现（一般通过类的友元函数形式实现）。

15.2 运算符重载作为类的成员函数

运算符重载作为类的成员函数实现时的格式如下：

类内: 返回类型 operator<运算符>(参数列表);

类外: 返回类型 类名::operator<运算符>(参数列表) { //… }

C++规定“.”、“::”、“.*”、“?:”以及“sizeof”这五个运算符不能进行重载，除此以外的其他运

算符都可以进行重载。特别值得注意的是：=、()、[]、->以及类型转换运算符只能重载为类的成员函数。

当运算符重载作为类的成员函数实现时，运算符的第一个参数隐含默认为类自身。因此，对于双目运算符，重载函数的形参中只需要提供一个参数；而对于单目运算符，在重载函数的形参中不需要提供任何参数。

设有双目运算符 bp，如果要重载 bp 为类的成员函数，使之能够实现表达式 oprd1 <bp> oprd2，其中 oprd1 为 A 类对象，则 bp 应被重载为 A 类的成员函数，形参类型应为 oprd2 所属的类型。

```
class A
{
public:
    返回类型 operator<bp>(B oprd2);
};
```

经运算符重载后，表达式 oprd1 <bp> oprd2 相当于函数调用 oprd1.operator <bp>(oprd2)。其中，类型 B 既可以是用户自定义类型，也可以是基本数据类型。

程序 P15_1：运算符重载作为类成员函数实现。

```
#include <iostream>
using namespace std;

// Complex 类定义
class Complex
{
public:
    Complex(double r=0.0,double img=0.0): real(r),image(img) { }
    Complex operator+(const Complex &cp) const              //重载+运算符，值返回
    {
        Complex result;
        result.real=real+cp.real;
        result.image=image+cp.image;
        cout<<"Recall+function!"<<endl;
        return result;
    }
    Complex operator-(const Complex &cp) const              //重载-运算符，值返回
    {
        Complex result;
        result.real=real-cp.real;
        result.image=image-cp.image;
        cout<<"Recall-function!"<<endl;
        return result;
    }
```

```
        double getReal() const
        {
            return real;
        }
        double getImage() const
        {
            return image;
        }
        void print() const
        {
            cout<<real<<"+"<<image<<"i"<<endl;
        }
private:
        double real;
        double image;
};

int main()
{
        Complex cp1(2.0,3.0),cp2(1.0,2.0);                    //定义两个 Complex 类对象
        Complex cpa=cp1+cp2;                                   //调用重载运算符+
        Complex cps=cp1-cp2;                                   //调用重载运算符-
        cpa.print();
        cps.print();
        Complex cpaa=cp1.operator+(cp2);                       //调用重载运算符+
        Complex cpss=cp1.operator-(cp2);                       //调用重载运算符-
        cpaa.print();
        cpss.print();
        return 0;
}
```

以上程序定义的 Complex 类中,通过成员函数形式对+和-运算符进行了重载,使之能完成两个 Complex 类对象的相加和相减操作。由于作为类成员函数实现时,运算符的第一个参数隐含默认为类自身,因此运算符重载函数的形参中只需要提供一个参数。通过运算符重载后,Complex 类的对象就可以像基本数据类型的变量一样来使用+和-运算符,如:Complex cpa=cp1+cp2 和 Complex cps=cp1-cp2。当进行 cp1+cp2 的运算时,相当于调用了运算符重载函数 cp1.operator+(cp2)。

通过运算符重载,可以实现用户自定义类型对象和基本数据类型变量间的操作,如下面的 Complex 类的定义:

```
class Complex
```

```
{
public:
    Complex(double r=0.0,double img=0.0): real(r),image(img) { }
    Complex operator+(double cp) const          //重载+运算符,值返回
    {
        Complex result;
        result.real=real+cp;
        result.image=image;
        return result;
    }
    Complex operator-(double cp) const          //重载-运算符,值返回
    {
        Complex result;
        result.real=real-cp;
        result.image=image;
        return result;
    }
    double getReal() const
    {
        return real;
    }
    double getImage() const
    {
        return image;
    }
private:
    double real;
    double image;
};
```

以上 Complex 类中定义的运算符重载函数+和-,可以实现 Complex 类对象与 double 类型数据间的相加和相减操作。例如:

```
Complex cp(1.0,2.0);
Complex cpa=cp+2.0;
Complex cps=cp-2.0;
```

此外,运算符重载函数也可以像普通成员函数一样进行重载。

程序 P15_2:重载运算符函数。

```
#include <iostream>
using namespace std;
```

```
// Complex 类定义
class Complex
{
public:
    Complex(double r=0.0,double img=0.0): real(r),image(img) { }
    Complex operator+(const Complex &cp) const                //重载+运算符,值返回
    {
        Complex result;
        result.real=real+cp.real;
        result.image=image+cp.image;
        cout<<"Recall Complex+Complex function!"<<endl;
        return result;
    }
    Complex operator+(double cp) const                        //重载+运算符,值返回
    {
        Complex result;
        result.real=real+cp;
        result.image=image;
        cout<<"Recall Complex+double function!"<<endl;
        return result;
    }
    Complex operator-(const Complex &cp) const                //重载-运算符,值返回
    {
        Complex result;
        result.real=real-cp.real;
        result.image=image-cp.image;
        cout<<"Recall Complex-Complex function!"<<endl;
        return result;
    }
    Complex operator-(double cp) const                        //重载-运算符,值返回
    {
        Complex result;
        result.real=real-cp;
        result.image=image;
        cout<<"Recall Complex-double function!"<<endl;
        return result;
    }
    double getReal() const
    {
```

```
        return real;
    }
    double getImage() const
    {
        return image;
    }
    void print() const
    {
        cout<<real<<"+"<<image<<"i"<<endl;
    }
private:
    double real;
    double image;
};

int main()
{
    Complex cp1(2.0,3.0),cp2(1.0,2.0);        //定义两个 Complex 类对象
    Complex cpa=cp1+cp2;                       //调用重载运算符 Complex+Complex
    Complex cps=cp1-cp2;                       //调用重载运算符 Complex-Complex
    cpa.print();
    cps.print();
    Complex cpaa=cp1+2.0;                      //调用重载运算符 Complex+double
    Complex cpss=cp1-2.0;                      //调用重载运算符 Complex-double
    cpaa.print();
    cpss.print();
    return 0;
}
```

以上程序的 Complex 类中定义了两组运算符重载函数，当使用重载运算符时，编译系统会根据运算符的操作数类型自动匹配相应的运算符重载函数。

以上讨论的都是双目运算符作为类的成员函数重载时的情况，接下来看一看单目运算符作为类的成员函数重载时的处理。

设有前置单目运算符 up，如果要重载 up 为类的成员函数，使之能够实现表达式 <up> oprd，其中 oprd 为 A 类对象，则 up 应被重载为 A 类的成员函数，且形参列表应为空。

```
class A
{
public:
    返回类型 operator<up>( );
};
```

经运算符重载后，表达式<up>oprd 相当于函数调用 oprd.operator <up>( )。由于运算符的第一个参数隐含默认为类自身，因此，运算符重载函数的形参中不需要提供任何参数。

程序 P15_3:实现重载单目运算符作为类成员函数。

```
#include <iostream>
using namespace std;
class Complex{
public:
    Complex(double r=0.0,double img=0.0): real(r),image(img) { }
    Complex operator! ( ) const {    //重载 ! 运算符,值返回
        Complex result;
        result.real=image;
        result.image=real;
        return result;
    }
    Complex operator-( ) const {    //重载-(负号) 运算符,值返回
        Complex result;
        result.real=-real;
        result.image=-image;
        return result;
    }
    double getReal() const
    {
        return real;
    }
    double getImage() const
    {
        return image;
    }
    void print() const
    {
        cout<<real<<"+"<<image<<"i"<<endl;
    }
private:
    double real;
    double image;
};
int main()
{
    Complex cp(1.0,2.0);
```

```
        Complex cpo=! cp;
        Complex cpn=-cp;
        cpo.print();
        cpn.print();
        return 0;
    }
```

以上类 Complex 中定义了两个运算符重载函数,分别对单目运算符! 和-(负号运算符)赋予了新的功能,实现复数实部与虚部的交换以及复数的相反数操作。当发生! cp 操作时,相当于调用了运算符重载函数 cp.operator! ()。

在C++ 中,有些单目运算符有前置和后置的区别,如自增(++)和自减运算符(--)。那么,如何来区分前置和后置单目运算符的重载呢?

设有后置单目运算符 up,如果要重载 up 为类的成员函数,使之能够实现表达式 oprd <up>,其中 oprd 为 A 类对象,则 up 应被重载为 A 类的成员函数,且形参定义为一个整型参数。

```
class A
{
public:
    返回类型 operator<up>( int );
};
```

经运算符重载后,表达式 oprd <up> 相当于函数调用 oprd.operator <up>(0)。由于后置单目运算符中的整型参数只是用来区分前置单目运算符的,因此,这个整型参数的值并没有特别的含义。

程序 P15_4:实现重载前置和后置单目运算符作为类成员函数。

```
#include <iostream>
using namespace std;

// Complex 类定义
class Complex
{
public:
    Complex(double r=0.0,double img=0.0): real(r),image(img) { }
    Complex& operator++( )                  //重载前置++运算符,引用返回
    {
        cout<<"Recall Prefix++"<<endl;
        real=real+1.0;
        image=image+1.0;
        return *this;                       // 返回新值
    }
    Complex operator++( int )               //重载后置++运算符,值返回
    {
```

```
        cout<<"Recall Postfix++"<<endl;
        Complex result(real,image);
        real=real+1.0;
        image=image+1.0;
        return result;                          // 返回旧值
    }
    double getReal() const
    {
        return real;
    }
    double getImage() const
    {
        return image;
    }
    void print() const
    {
        cout<<real<<"+"<<image<<"i"<<endl;
    }
private:
    double real;
    double image;
};

int main()
{
    Complex cp(1.0,2.0);
    cp.print();
    Complex cpf=++cp;                           //前置++
    cp.print();
    cpf.print();
    Complex cpb=cp++;                           //后置++
    cp.print();
    cpb.print();
    return 0;
}
```

程序 P15_5:观察以下程序,看看程序中存在什么问题。

```
#include <iostream>
#include <cstdlib>
using namespace std;
```

```
// RandNumber 类定义
class RandNumber
{
public:
    RandNumber(int n=1);                    //构造函数
    RandNumber(const RandNumber &rn);       //拷贝构造函数
    ~RandNumber();                          //析构函数
    int get(int i) const;                   //取第 i 个随机数
    int getNum() const;                     //取随机数个数
    void set(int i,int val);                //设置第 i 个随机数
    void print() const;                     //打印随机数
private:
    int *vec;                               //存放随机数
    int num;                                //随机数个数
};

//成员函数实现
RandNumber::RandNumber(int n): num(n)
{
    vec=new int[num];
    for(int i=0;i<num;i++)
        vec[i]=rand()%100;
}
RandNumber::RandNumber(const RandNumber &rn)
{
    num=rn.num;
    vec=new int[num];
    for(int i=0;i<num;i++)
        vec[i]=rn.vec[i];
    cout<<"Recall Copy Constructor!"<<endl;
}
RandNumber::~RandNumber()
{
    if(vec!=NULL)
        delete [ ] vec;
}
int RandNumber::get(int i) const
{
    return vec[i];
```

```
}
int RandNumber::getNum() const
{
    return num;
}
void RandNumber::set(int i,int val)
{
    vec[i]=val;
}
void RandNumber::print() const
{
    for(int i=0;i<num;i++)
        cout<<vec[i]<<"\t";
        cout<<endl;
}

int main()
{
    RandNumber rn1(5);
    RandNumber rn2;
    rn1.print();
    rn2.print();
    rn2=rn1;                    //赋值操作,数据成员逐一赋值(浅拷贝)
    rn1.print();
    rn2.print();
    rn1.set(2,100);             //设置 rn1 的随机数的值
    rn1.print();
    rn2.print();
    return 0;
}
```

运行结果如图 15.1 所示。

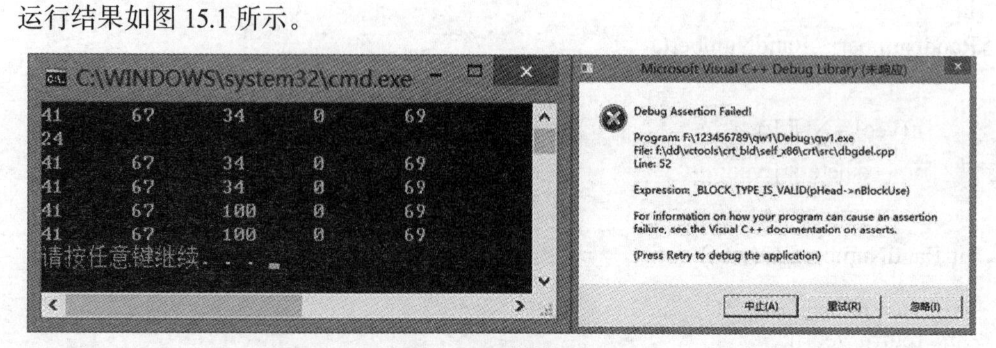

图 15.1　程序运行结果

程序在运行时出现 Debug Assertion Failed 的问题，并且运行结果也不正确。这是由于，当发生 rn2=rn1 赋值操作时，实际进行的是“浅拷贝”，rn1 把其数据成员的值逐一赋值给 rn2 的对应数据成员。此时，两个对象的 vec 成员实际指向的是同一个堆空间。因此，对 rn1 的修改也会对 rn2 产生影响。此外，当程序运行结束时，操作系统会先调用 rn1 的析构函数对其数据成员 vec 所指向的堆空间进行释放。然后，再用 rn2 的析构函数对其数据成员 vec 所指向的堆空间进行释放。但是，由于两个对象的 vec 成员所指向的是同一个堆空间，对该堆空间连续进行了两次释放，因此会出现上述显示的运行时错误。

为了避免“浅拷贝”的发生，需要对赋值运算符进行重载。赋值运算符重载的格式如下：

```
class A
{
public:
    A& operator=(const B& oprd);              // 类内声明
};
A& A::operator=(const B& oprd) {  //…   }     //类外实现
```

其中，B 类型通常与 A 类型相同，但也可以是其他类型。在赋值运算符重载函数中，形参中的 const 关键字也可以不写。特别值得注意的是，赋值运算符重载函数的返回类型应为自身类的引用，即函数体中的最后一条语句就为 return *this。

通常情况下，当一个类需要定义单独的拷贝构造函数时，也需要为该类定义一个赋值运算符重载函数，以避免“浅拷贝”的发生。

程序 P15_6：重载赋值运算符。

```
#include <iostream>
#include <cstdlib>
using namespace std;

// RandNumber 类定义
class RandNumber
{
public:
    RandNumber(int n=1);                              //构造函数
    RandNumber(const RandNumber &rn);                 //拷贝构造函数
    ~RandNumber();                                    //析构函数
    RandNumber& operator=(const RandNumber &rn);      //重载赋值运算符
    int get(int i) const;
    int getNum() const;
    void set(int i,int val);
    void print() const;
private:
    int *vec;
    int num;
```

```
};

//成员函数实现
RandNumber::RandNumber(int n): num(n)
{
    vec=new int[num];
    for(int i=0;i<num;i++)
        vec[i]=rand()%100;
}
RandNumber::RandNumber(const RandNumber &rn)
{
    num=rn.num;
    vec=new int[num];
    for(int i=0;i<num;i++)
        vec[i]=rn.vec[i];
    cout<<"Recall Copy Constructor!"<<endl;
}
RandNumber::~RandNumber()
{
    if(vec!=NULL)
        delete [ ] vec;
}
RandNumber& RandNumber::operator=(const RandNumber &rn) //重载赋值运算符
{
    cout<<"Recall=operator!"<<endl;
    num=rn.num;
    delete [ ] vec;
    vec=new int[num];
    for(int i=0;i<num;i++)
        vec[i]=rn.vec[i];
    return *this;                                    //返回自身类的引用
}
int RandNumber::get(int i) const
{
    return vec[i];
}
int RandNumber::getNum() const
{
    return num;
```

```
}

void RandNumber::set(int i,int val)
{
    vec[i]=val;
}
void RandNumber::print() const
{
    for(int i=0;i<num;i++)
        cout<<vec[i]<<"\t";
    cout<<endl;
}
int main()
{
    RandNumber rn1(5);
    RandNumber rn2;
    rn1.print();
    rn2.print();
    rn2=rn1;                                        //使用重载赋值运算符
    rn1.print();
    rn2.print();
    rn1.set(2,100);                                 //设置 rn1 的随机数的值
    rn1.print();
    rn2.print();
    return 0;
}
```

运行结果如图 15.2 所示。

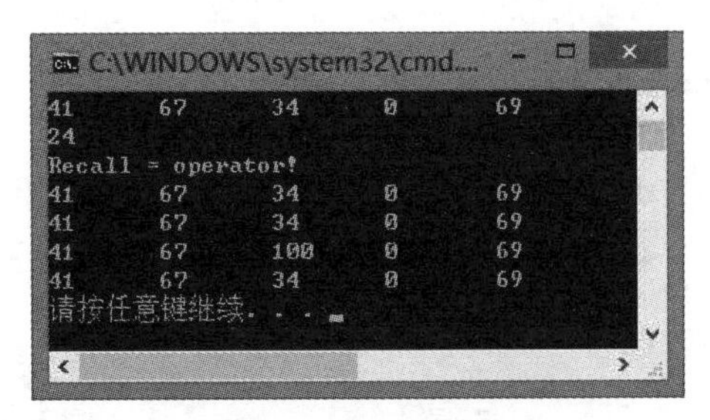

图 15.2 程序运行结果

通过上述程序的运算结果可以看出,对赋值运算符进行重载后,程序运行结果正确,没有出现“浅拷贝”。

程序 P15_7:重载赋值运算符函数。

```
#include <iostream>
using namespace std;
class Complex
{
public:
    Complex(double r=0.0,double img=0.0): real(r),image(img) { }
    Complex& operator=(const Complex &cp )          //重载 赋值 运算符
    {
        real=cp.real;
        image=cp.image;
        return *this;                               //返回自身类的引用
    }
    Complex& operator=(double cp)                   //重载 赋值 运算符
    {
        real=cp;
        image=0.0;
        return *this;                               //返回自身类的引用
    }
    double getReal() const
    {
        return real;
    }
    double getImage() const
    {
        return image;
    }
    void print() const
    {
        cout<<real<<"+"<<image<<"i"<<endl;
    }
private:
    double real;
    double image;
};
int main()
{
    Complex cp1(1.0,2.0);
    Complex cp2;
    cp2=cp1;                            //调用 Complex& operator=(const Compelx &cp);
```

```
    cp2.print();
    cp2=2.0;                          //调用 Complex& operator=(double cp);
    cp2.print();
    return 0;
}
```

以上程序中的 Complex 类重载了两个赋值运算符函数,分别实现 Complex 对象间的赋值操作以及将 double 类型数据赋值给 Complex 对象的操作。

此外,C++ 允许定义类型转换运算符,实现将用户自定义类型数据转换成其他类型数据。但是,类型转换运算符只能作为类的成员函数实现,其定义格式如下:

```
class 类名
{
public:
    operator <类型名>( );
};
```

由于 <类型名>已经指明了要转换成的类型,因此类型转换运算符函数没有返回类型。类型转换运算符函数的参数列表为空。通过类型转换运算符可以将一个类的对象强制转换成<类型名>所规定的类型。值得注意的是,类型转换运算符必须为非静态成员函数。

程序 P15_8:类型转换运算符实例。

```
#include <iostream>
using namespace std;
class Imagery                 //虚数类
{
public:
    Imagery(double img=0.0): image(img) { }
    void set(double img)
    {
        image=img;
    }
    double getImage() const
    {
        return image;
    }
private:
    double image;
};
class Complex                 //复数类
{
public:
Complex(double r=0.0,double img=0.0): real(r),image(img) { }
```

```
operator double( )          //类型转换运算符
{
    return real;            //必须要返回一个值
}
operator Imagery( )         //类型转换运算符
{
    Imagery result(image);
    return result;          //必须要返回一个值
}
void set(double r,double img)
{
    real=r;
    image=img;
}
double getReal() const
{
    return real;
}
double getImage() const
{
    return image;
}
private:
    double real;
    double image;
};
int main()
{
    Complex cp(1.0,2.0);
    double rvalue=(double)cp;               //调用类型转换运算符
    Imagery ivalue=(Imagery)cp;             //调用类型转换运算符
    return 0;
}
```

15.3 运算符重载作为类的友元函数

运算符重载作为类的友元函数时的定义格式如下：

返回类型 operator<运算符>(参数列表) { //… }

其中,参数列表中应给出所有的操作数,并且至少有一个参数为用户自定义类型。若所有的操作数都为基本数据类型时,C++不允许此类运算符重载的发生。接下来,将定义好的运算符重载函数在类中进行友元函数声明:

```
class B
{
    friend 返回类型　operator<运算符>(参数列表);
};
```

进行友元函数声明的目的是为了在运算符重载函数体内能够直接访问类的私有和保护成员部分,提高运算效率,减轻代码编写工作。

程序 P15_9:运算符重载作为类的友元函数的实例。

```
#include <iostream>
using namespace std;
class Complex
{
public:
    Complex(double r=0.0,double img=0.0): real(r),image(img) { }
    double getReal() const
    {
        return real;
    }
    double getImage() const
    {
        return image;
    }
    //运算符重载友元函数声明
    friend Complex operator+(const Complex &cp1,const Complex &cp2) ;
    friend Complex operator+(const Complex &cp,double val);
    friend Complex operator+(double val,const Complex &cp);
    friend Complex operator-(const Complex &cp1,const Complex &cp2);
    friend Complex operator-(const Complex &cp,double val);
    friend Complex operator-(double val,const Complex &cp);
    friend Complex operator-(const Complex &cp);          //负号运算符
    friend Complex& operator++(Complex &cp);              //前置++运算符
    friend Complex operator++(Complex &cp,int);           //后置++运算符
private:
    double real;
    double image;
};
```

```
//重载运算符定义
Complex operator+(const Complex &cp1,const Complex &cp2)
{
    return Complex(cp1.real+cp2.real,cp1.image+cp2.image);
}
Complex operator+(const Complex &cp,double val)
{
    return Complex(cp.real+val,cp.image);
}
Complex operator+(double val,const Complex &cp)
{
    return Complex(val+cp.real,cp.image);
}
Complex operator-(const Complex &cp1,const Complex &cp2)
{
    return Complex(cp1.real-cp2.real,cp1.image-cp2.image);
}
Complex operator-(const Complex &cp,double val)
{
    return Complex(cp.real-val,cp.image);
}
Complex operator-(double val,const Complex &cp)
{
    return Complex(val-cp.real,-cp.image);
}
Complex operator-(const Complex &cp)
{
    return Complex(-cp.real,-cp.image);
}
Complex& operator++(Complex &cp)
{
    cp.real=cp.real+1.0;
    cp.image=cp.image+1.0;
    return cp;                              //引用返回，返回新值
}
Complex operator++(Complex &cp,int)
{
    Complex result(cp.real,cp.image);
    cp.real=cp.real+1.0;
```

```
    cp.image=cp.image+1.0;
    return result;                                    //值返回,返回旧值
}
int main()
{
    Complex cp1(1.0,2.0),cp2(2.0,4.0);
    Complex cpa1=cp1+cp2;
    Complex cpa2=cp1+2.0;
    Complex cpa3=2.0+cp1;
    ++cp1;
    cp2++;
    Complex cp4=cp1-cp2;
    Complex cp5=cp1-2.0;
    Complex cp6=2.0-cp1;
    Complex cpn=-cp1;
    return 0;
}
```

C++中的大部分运算符既可以定义为类的成员函数运算符,也可以定义成类的友元函数运算符。但是,如果二元运算符的第一个操作数类型是基本数据类型,那么只能定义为类的友元函数,而不能用成员函数的方式来实现。

习题 15

1. 运算符重载

定义一个字符串类 **String**

数据成员(访问权限定义为 **protected**):

指向存放字符串内容的字符指针(char *str)

成员函数(访问权限定义为 **public**):

- **默认构造函数**:初始化成一个空串
  String( );
- **带参数的构造函数**:根据参数内容初始化字符串
  String(const char *content);
- **拷贝构造函数**:初始化字符串
  String(const **String** &cstr);
- **析构函数**:释放堆空间
  ~**String**( );
- 设置字符串内容 void set(const char *content);
- 获取字符串内容(定义为 const 成员函数)void get(char *dest) const;

- 获取字符串长度(定义为 const 成员函数)int length() const;
- 打印字符串内容(定义为 const 成员函数)void print() const;
- **重载赋值运算符**=
  String& operator=(const **String** &cstr);
- **重载下标运算符**[],实现获取字符串中某个指定位置的字符
  char& operator[](int index);
- **重载加法运算符**+,实现两个字符串的拼接
  String operator+(const **String** &cstr);
- **重载加法运算符**+,实现字符串和字符指针的拼接
  String operator+(const char *cstr);
- **重载加法运算符**+,实现字符串和单个字符的拼接
  String operator+(char ch);
- **重载负号运算符**-,实现字符串中字符的逆序排列
  String operator-( );
- **重载自增运算符**++,实现将字符串中的小写字母转换成大写字母
  String& operator++(); // 前置自增
  String operator++(int); // 后置自增
- **重载自减运算符**--,实现将字符串中的大写字母转换成小写字母
  String& operator--(); // 前置自减
  String operator--(int); // 后置自减

要求:将类的定义与类成员函数的实现分开。

定义主函数,测试上述类功能。

2. 全局运算符重载函数

(1) 定义一个字符串类 **String**

数据成员(访问权限定义为 **protected**):

指向存放字符串内容的字符指针(char *str)

成员函数(访问权限定义为 **public**):

- **默认构造函数**:初始化成一个空串
  String( );
- **带参数的构造函数**:根据参数内容初始化字符串
  String(const char *content);
- **拷贝构造函数**:初始化字符串
  String(const **String** &cstr);
- **析构函数**:释放堆空间
  ~**String**( );
- 设置字符串内容 void set(const char *content);
- 获取字符串长度(定义为 const 成员函数)int length() const;
- 打印字符串内容(定义为 const 成员函数)void print() const;
- **重载赋值运算符**=(只能作为类成员函数重载)

String& operator=(const **String** &cstr);

String& operator=(const char *cstr);

- 重载**下标运算符**[],实现获取字符串中某个指定位置的字符(只能作为类成员函数重载)

  char& operator[](int index);

- 重载**类型转换运算符 char ***,实现将字符串类强制转换成字符指针(只能作为类成员函数重载)

  operator char*( );

要求:将类的定义与类成员函数的实现分开。

(2) **全局**运算符重载函数(以类的友员函数形式重载)

- 重载**加法运算符**+,实现两个字符串的拼接

  String operator+(const **String** &cstr1,const **String** &cstr2);

- 重载**加法运算符**+,实现字符串和字符指针的拼接

  String operator+(const **String** &cstr1,const char *cstr2);

  String operator+(const char *cstr1,const **String** &cstr2);

- 重载**自增运算符**++,实现将字符串中的小写字母转换成大写字母

  String& operator++(**String** &cstr);　　　　　// 前置自增

  String operator++(**String** &cstr,int);　　　　　// 后置自增

注意:在类中对运算符重载函数进行友元函数声明!!!

定义主函数,测试上述类功能。

3. 模板与重载

(1) 定义一个矩阵类模板 **template < class T>　class Matrix**

数据成员(访问权限定义为 protected):

指向存放矩阵内容的二维指针(**T** **content)

矩阵的行和列(size_t row;size_t column)

成员函数(访问权限定义为 public):

- **带默认参数的构造函数**:根据参数规定的行和列的值初始化矩阵空间

  Matrix(size_t _row=5,size_t _column=5);

- **拷贝构造函数**:初始化矩阵

  Matrix(const **Matrix<T>**　&matrix);

- **析构函数**:释放堆空间

  ~**Matrix**( );

- 初始化矩阵内容　void init(**T** **mat);
- 获取矩阵的行(定义为 const 成员函数)size_t getRow() const;
- 获取矩阵的列(定义为 const 成员函数)size_t getColumn() const;
- 打印矩阵内容(定义为 const 成员函数)void print() const;
- 重载**赋值运算符**=(只能作为类成员函数重载)

  Matrix<T> & operator=(const **Matrix<T>**　&matrix);

- 重载**加法运算符**+,实现两个矩阵相加

Matrix<T> operator+(const **Matrix<T>** &matrix);

- 重载**函数调用运算符**( )，实现获取矩阵中某个指定位置的元素（只能作为类成员函数重载）

  T& operator()(size_t rindex,size_t cindex);

要求：将类的定义与类成员函数的实现分开。

定义主函数，测试上述类功能。

第十六章　异常处理

程序在运行的过程中，经常会遇到一些错误。C++程序中的错误分为两种：编译时错误和运行时错误。编译时发生的错误主要是语法错误，这类错误比较容易定位和修改。而运行时发生的错误往往是不可预料的，或者是可以预料但无法避免的。C++将这类运行时发生的错误称之为异常。为了让程序能够在异常发生时正常运行，对异常做出正确反应，并能得到可靠的结果，C++通过异常处理机制来进行解决。

16.1　异常的概念

程序 P16_1：观察以下进行两个浮点数相除的程序，是否会在程序的运行过程中出现潜在的问题呢？

```
#include <iostream>
using namespace std;

//实现两个浮点数相除
void divided(double a,double b)
{
    double result=a/b;                    //会不会有问题？
    cout<<"Result="<<result<<endl;
}

int main()
{
    double a,b;
    cout<<"Please input two numbers: ";
    cin>>a>>b;
    divided(a,b);                         //调用 divided 函数
    return 0;
}
```

运行结果如图 16.1 和图 16.2 所示。

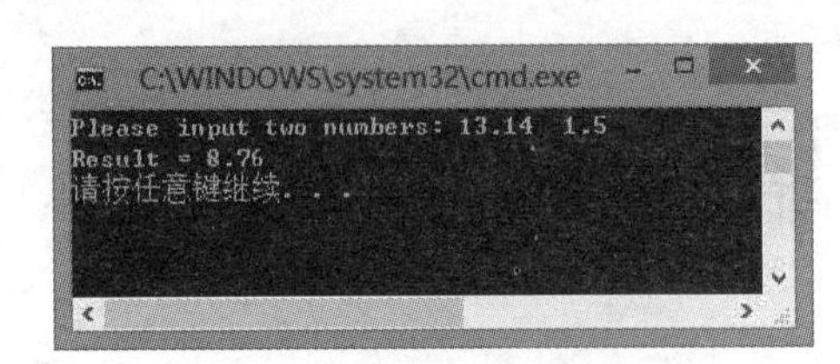

图 16.1 程序运行结果

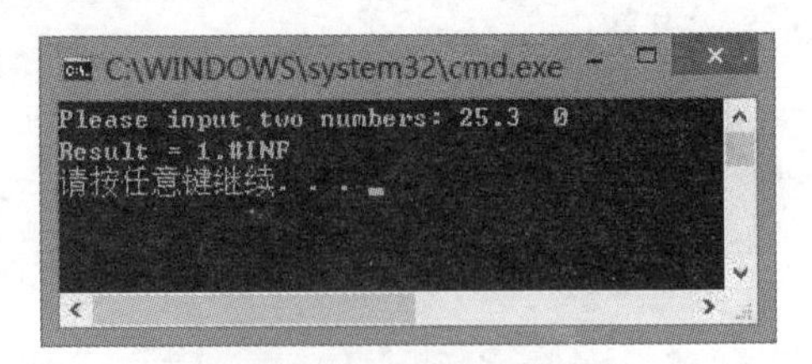

图 16.2 程序运行结果

通过以上程序的运行结果可以看出，一般情况下该程序能够正常运行，而且能够计算出正确的结果。但是，当除数为0时，程序的计算结果便会出现问题。这种除数为0的问题在程序编译阶段是不可能被发现的，因为程序代码在语法上没有任何问题。但在运行阶段会由于某次输入的除数为0而发生，这种问题在程序中是无法避免的。

程序 P16_2：再来观察以下程序，是否会在堆空间开辟时出现问题？

```
#include <iostream>
#include <cstring>
using namespace std;

int main()
{
    char *ch;                                    //字符指针
    long long size;
    cout<<"Please input size: ";
    cin>>size;
    cout<<"Size Value: "<<size<<endl;
    ch=new char[size];                           //申请堆空间，是否有问题？
    cout<<"Please input a string: ";
    cin>>ch;
    cout<<"String Size="<<strlen(ch)<<endl;
    delete [] ch;                                //释放堆空间
    return 0;
}
```

运行结果如图 16.3 和图 16.4 所示。

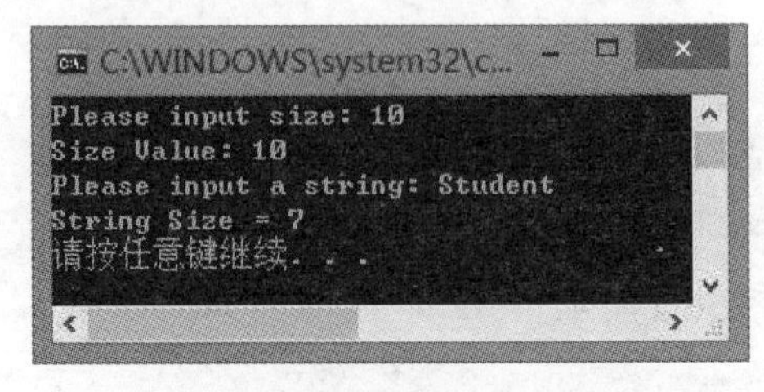

图 16.3 程序运行结果

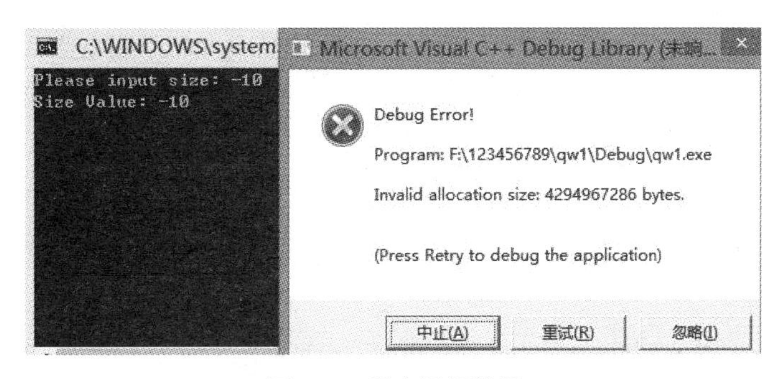

图 16.4　程序运行结果

通过以上程序的运行结果可以看出，一般情况下，当输入的堆空间尺寸大于 0 时，程序能够正常运行，且能得到正确的结果。但是，当输入的堆空间尺寸小于或等于 0 时，程序便会出现上述运行时错误。由于在堆上申请一个大小为 0 或负数大小的空间是不允许的，因此才会出现上述错误。而这种错误同样在程序编译阶段无法被发现，只会在程序运行时发生。

在C++中，将上述运行时发生的错误统称为异常。程序运行异常，可以预料，但不能避免，它是由系统运行环境造成的。因此为了让程序能够在异常发生时正常运行，对异常做出正确反应，并能得到可靠的结果，程序要有能够解决这种运行异常的能力。

在C++中，通过异常处理机制来解决程序运行时异常。这种异常处理机制是通过关键字 try、catch 和 throw 联合实现的。

16.2　异常的实现

使用异常处理机制的一般步骤如下：

定义异常。将那些有可能产生错误的语句框定在 try 语句块中。

定义异常处理(捕获异常)。将异常处理的语句放在 catch 语句块中，以便异常被传递过来时进行处理。

抛掷异常。检测是否产生异常，若是则通过 throw 语句抛掷异常。

接下来，我们通过以下程序来了解异常处理的一般方法和步骤。

程序 P16_3：异常处理机制实例。

```
#include <iostream>
using namespace std;

//实现两个浮点数相除
void divided(double a,double b)
{
    double result;
    try                                     //定义异常
    {
```

```
        if(b==0.0)
            throw b;                          // 抛掷异常
        result=a/b;
        cout<<"Result="<<result<<endl;
    }
    catch(double val)                         //捕获异常
    {
        cout<<"Exception occurs! Exception value is"<<val<<endl;
    }
}

int main()
{
    double a,b;
    cout<<"Please input two numbers: ";
    cin>>a>>b;
    divided(a,b);
    return 0;
}
```

运行结果如图 16.5 和图 16.6 所示。

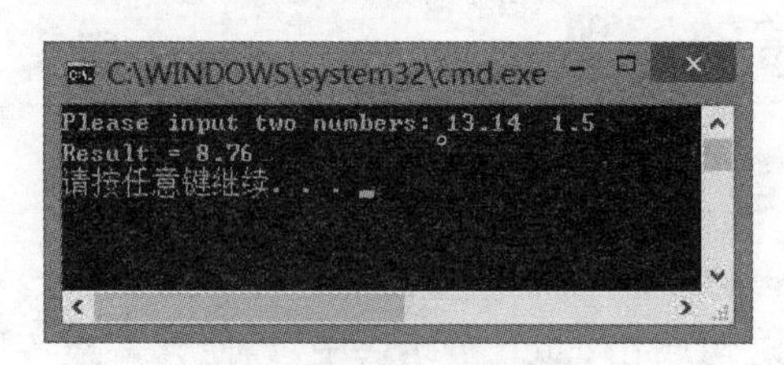

图 16.5 程序运行结果

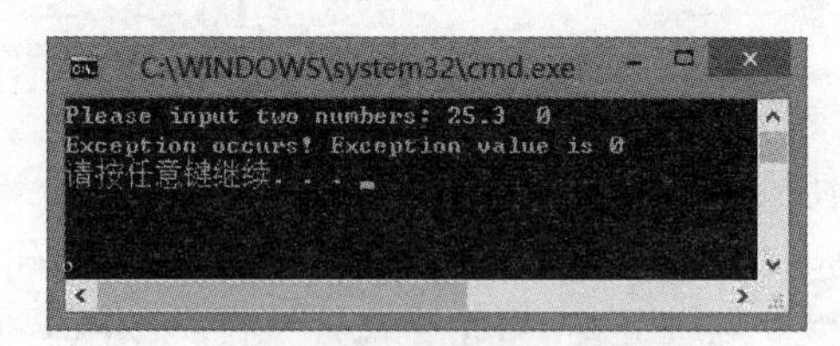

图 16.6 程序运行结果

通过以上程序的运行结果可以看出，当除数为非 0 数时，该程序能够正常运行。然而，当输入的除数为 0 时，由于引入了异常处理机制，程序会发现异常，并且能对异常做出正确的反映。该异常处理机制的处理步骤如下：首先将可能发生除 0 异常的语句放入 try 语句块中；然后对除数进行判断，若除数为 0，则通过 throw 语句抛掷异常；最后，抛掷的异常被 catch 语句捕获，在其语句块中对发生的异常进行相应的处理。

在使用异常处理机制时，需要注意以下几个问题：

try 语句块表示块中的语句可能会发生异常，放在其中加以监控。但是，值得注意的是，C++ 只理会受监控的运行异常。

throw 后面的表达式的类型被称为所引发的异常类型，表达式的值即为抛掷的异常值。

在 try 语句块之后必须紧跟一个或多个 catch 语句，目的是对发生的异常进行处理。但是要注意，在 try 语句块之前不允许出现任何的 catch 语句。

catch( )括号中的声明只能容纳一个形参，该形参的类型代表其能够捕获的异常类型，形参的值即为捕获到的异常值。当形参的类型与抛掷异常的类型匹配时，该 catch( )语句块便称捕获了一个异常，从而转到其块中进行异常处理。catch( )形参的值则为对应的 throw 语句抛掷的异常值。

当异常发生时，try 语句块中异常之后的语句不再执行。

16.3　异常的规则

程序 P16_4：观察以下程序，是否所有的异常都被正确处理？

```
#include <iostream>
using namespace std;

//实现两个浮点数相除
void divided(double a,double b)
{
    double result;
    try                                    //定义异常
    {
        if(b==0.0)
            throw b;                       // 抛掷异常
        result=a/b;
        cout<<"a/b="<<result<<endl;
        result=b/a;                        // 存在除 0 异常，未被监控
        cout<<"b/a="<<result<<endl;
    }
    catch(double val)                      //捕获异常
    {
        cout<<"Exception occurs!Exception value is"<<val<<endl;
    }
}

int main()
{
    double a,b;
    cout<<"Please input two numbers:";
    cin>>a>>b;
    divided(a,b);
    return 0;
}
```

运行结果如图 16.7、图 16.8 和图 16.9 所示。

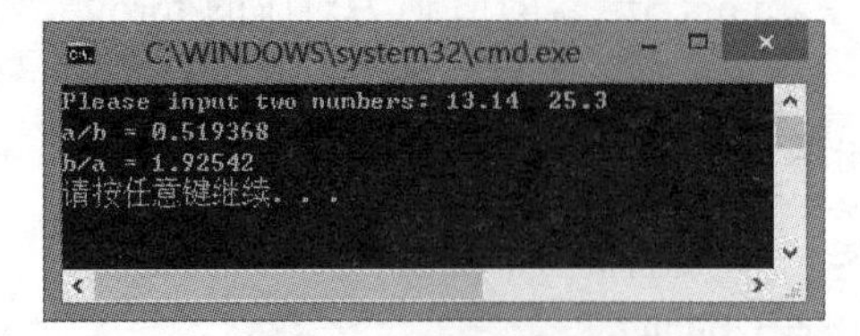

图 16.7 程序运行结果

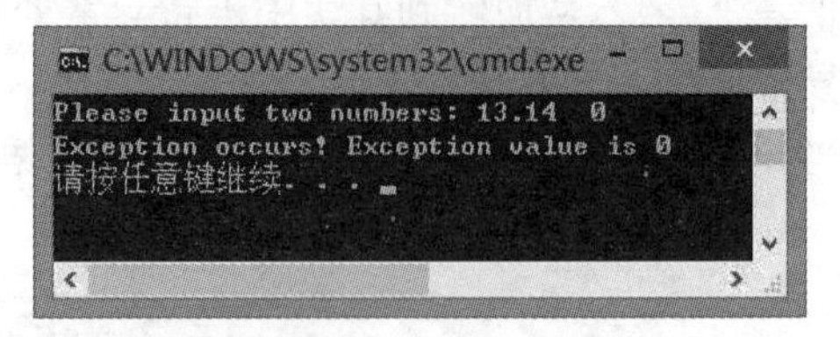

图 16.8 程序运行结果

图 16.9 程序运行结果

以上程序中的 divided 函数实现对两个浮点数 a 和 b 相除的操作。从程序的运行结果可以看出，当 a 和 b 均为非 0 数时，程序能够得到正确的结果。当 b 为 0 时，表达式 a/b 会出现除 0 异常。在该除 0 异常发生时，异常处理机制会对其做出正确的处理。但是，当 a 为 0 时，表达式 b/a 也会出现除 0 异常。然而在该除 0 异常发生时，程序并未做出正确的反应。这是由于 b 为 0 时的异常在程序中做了监控，而 a 为 0 时的异常在程序中未做任何监控。因此当 a/b 除 0 异常发生时，异常处理机制及时地捕获该异常并做出正确的处理，但 b/a 除 0 异常发生时，程序无法给出正确的结果。总的来说，C++ 只理会接受监控的运行异常，而未受监控的运行异常则无法通过异常处理机制进行处理。

程序 P16_5：异常捕获时的匹配原则。

```
#include <iostream>
using namespace std;

int main()
{
    int idx;
    cout<<"Please input index value:";
    cin>>idx;

    try                          //异常定义
    {
        if(idx==0)
            throw 10;            // 抛掷 int 型异常
        else if(idx==1)
            throw 13.14;         // 抛掷 double 型异常
        else if(idx==2)
```

```
            throw 'c';          // 抛掷 char 型异常
        else
            throw "C++";        // 抛掷字符串异常
    }
    catch(int n)                //捕获 int 型异常
    {
        cout<<"Int Exception:"<<n<<endl;
    }
    catch(double d)             //捕获 double 型异常
    {
        cout<<"Double Exception:"<<d<<endl;
    }
    catch(char c)               //捕获 char 型异常
    {
        cout<<"Char Exception:"<<c<<endl;
    }
    catch(char *s)              //捕获字符串异常
    {
        cout<<"String Exception:"<<s<<endl;
    }

    return 0;
}
```

运行结果如图 16.10、图 16.11、图 16.12 和图 16.13 所示。

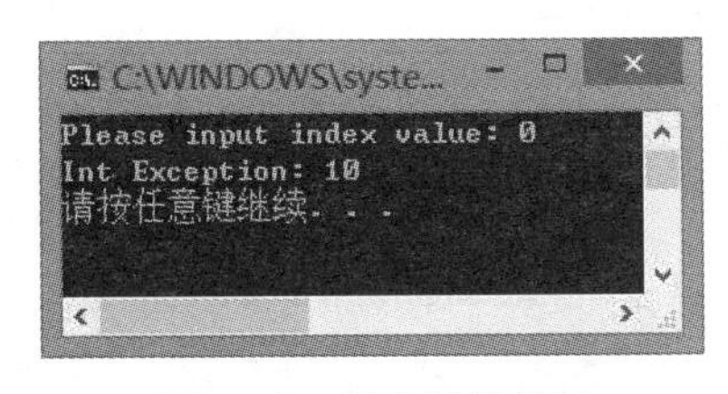

图 16.10　程序运行结果

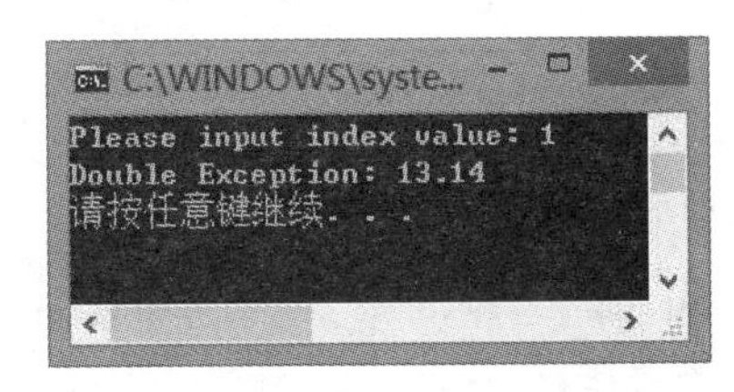

图 16.11　程序运行结果

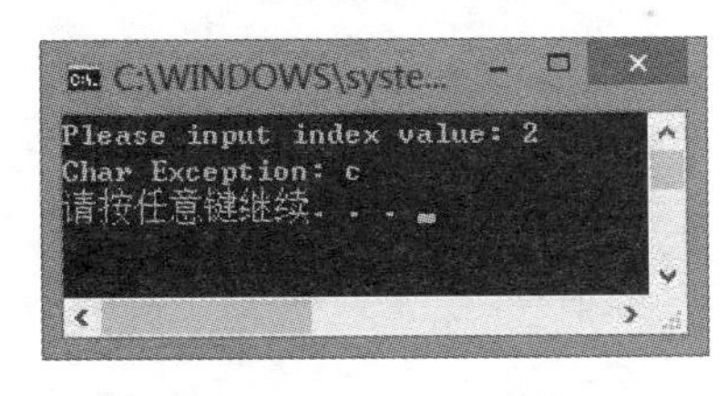

图 16.12　程序运行结果

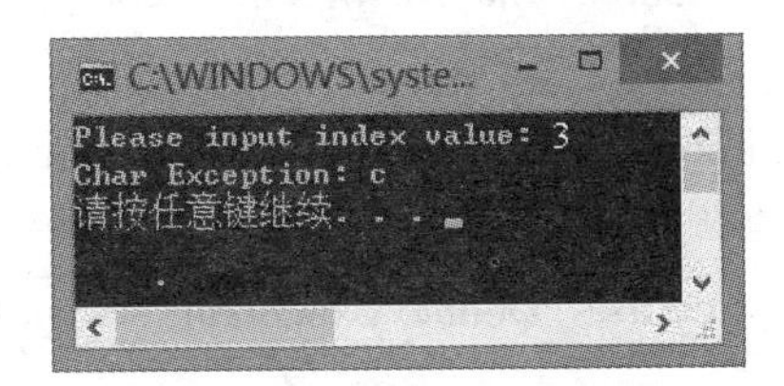

图 16.13　程序运行结果

以上程序抛掷了四种不同类型的异常，并对应着四个异常捕获处理程序块。从程序的运行结果可以看出，当某种异常发生时，异常处理机制会抛掷该异常，并跳出 try 语句块，然后到随后的 catch 语句块中依次寻找匹配的异常处理程序。匹配过程从上至下依次与每个 catch 中的形参类型作比较，当寻找到最佳匹配的 catch 时，转入到其对应的语句块中进行执行。最后，当匹配的 catch 语句块的异常处理过程结束后，会跳过其后所有的 catch 语句块，继续执行程序的后续语句。因此，异常捕获时的匹配原则是：寻找 catch 中的最佳匹配来进行异常处理。

由于匹配时只与 catch 中的形参类型进行比较，而与具体的形参名无关。因此，如果在 catch 语句块中不需要用到抛掷的异常值时，catch 形参中可以只保留形参类型，而将形参名省略不写，如下面程序所示：

```
#include <iostream>
using namespace std;

int main()
{
    int idx;
    cout<<"Please input index value:";
    cin>>idx;

    try                              //异常定义
    {
        if(idx==0)
            throw 10;            // 抛掷 int 型异常
        else if(idx==1)
            throw 13.14;         // 抛掷 double 型异常
        else if(idx==2)
            throw 'c';           // 抛掷 char 型异常
        else
            throw "C++";         // 抛掷字符串异常
    }
    catch(int)                       //捕获 int 型异常
    {
        cout<<"Int Exception!"<<endl;
    }
    catch(double)                    //捕获 double 型异常
    {
        cout<<"Double Exception!"<<endl;
    }
    catch(char)                      //捕获 char 型异常
    {
        cout<<"Char Exception!"<<endl;
```

```
    }
    catch(char *)                //捕获字符串异常
    {
        cout<<"String Exception!"<<endl;
    }

    return 0;
}
```

程序 P16_6：观察以下程序，是否能正确捕获抛掷的异常？

```
#include <iostream>
using namespace std;

//类定义
class CException { };

int main()
{
    int idx;
    cout<<"Please input index value:";
    cin>>idx;
    try
    {
        if(idx==0)
            throw 10;                    // 抛掷 int 型异常
        else if(idx==1)
            throw 13.14;                 // 抛掷 double 型异常
        else if(idx==2)
            throw 'c';                   // 抛掷 char 型异常
        else if(idx==3)
            throw CException();          // 抛掷类异常
        else
            throw "C++";                 // 抛掷字符串异常
    }
    catch(int)                           //捕获 int 型异常
    {
        cout<<"Int Exception! "<<endl;
    }
    catch(double)                        //捕获 double 型异常
    {
```

```
        cout<<"Double Exception!"<<endl;
    }
    catch(char)                                   //捕获 char 型异常
    {
        cout<<"Char Exception!"<<endl;
    }
    catch(CException)                             //捕获类异常
    {
        cout<<"Class Exception!"<<endl;
    }

    return 0;
}
```

运行结果如图 16.14 和图 16.15 所示。

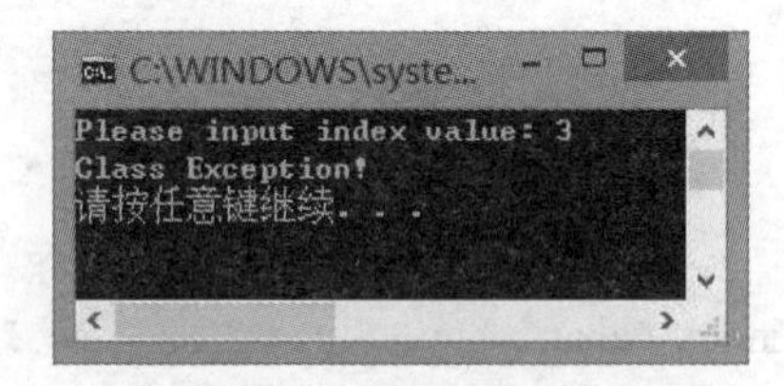

图 16.14　程序运行结果

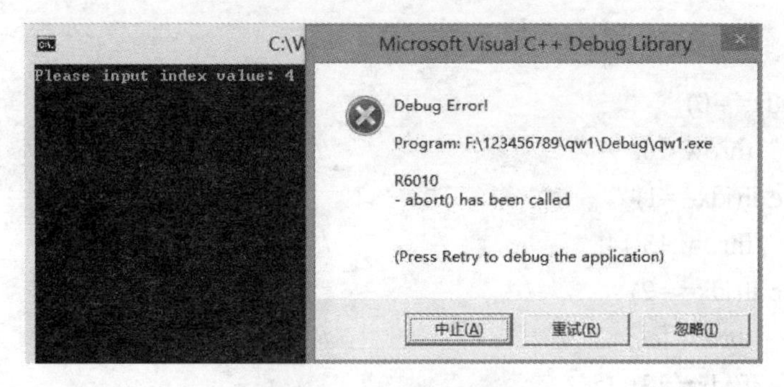

图 16.15　程序运行结果

以上程序中可以抛掷 5 种类型的异常,但却只有 4 种异常捕获、处理程序块。从程序的运行结果可以看出,程序中不仅可以抛掷基本数据类型的异常,也可以抛掷用户自定义类型的异常。在C++的异常捕获机制中,抛掷异常与异常处理程序之间是按数据类型严格匹配来捕获的,不支持隐式的类型转换。当抛掷的异常有匹配的 catch 语句捕获时,会进入相应的 catch 语句中进行异常处理。然而当抛掷的异常无匹配的 catch 语句捕获时,操作系统则会调用默认异常处理程序 abort( )来终止程序的运行。

例如下面的程序中抛掷的 unsigned int 和 float 类型的异常没有相匹配的 catch 语句对其进行捕获、处理。

```
#include <iostream>
```

```
using namespace std;

//类定义
class CException { };

int main()
{
    int idx;
    cout<<"Please input index value:";
    cin>>idx;
    try
    {
        if(idx==0)
            throw 10u;                    // 抛掷 unsigned int 型异常
        else if(idx==1)
            throw 13.14f;                 // 抛掷 float 型异常
        else if(idx==2)
            throw 'c';                    // 抛掷 char 型异常
        else
            throw CException();           // 抛掷类异常
    }
    catch(int)                            //捕获 int 型异常
    {
        cout<<"Int Exception!"<<endl;
    }
    catch(double)                         //捕获 double 型异常
    {
        cout<<"Double Exception!"<<endl;
    }
    catch(char)                           //捕获 char 型异常
    {
        cout<<"Char Exception!"<<endl;
    }
    catch(CException)                     //捕获类异常
    {
        cout<<"Class Exception!"<<endl;
    }

    return 0;
```

```
}
```

以上讲述的抛掷异常和捕获异常的程序都在同一个函数体内。此外，还可以将抛掷异常和捕获异常的程序放在不同的函数中来进行处理。

程序 P16_7：抛掷异常与捕获异常在不同函数中的实例。

```
#include <iostream>
using namespace std;

//实现两个浮点数相除
double divided(double a,double b)
{
    if(b==0.0)
        throw b;                                    //抛掷异常
    return a/b;
}
int main()
{
    try                                             //定义异常
    {
        cout<<"13.14/2.0="<<divided(13.14,2.0)<<endl;
        cout<<"13.14/0.0="<<divided(13.14,0.0)<<endl;
        cout<<"13.14/3.0="<<divided(13.14,3.0)<<endl;
    }
    catch(double)                                   //捕获异常
    {
        cout<<"Exception of dividing zero occurs!"<<endl;
    }
    return 0;
}
```

以上程序中的抛掷异常的程序在函数 divided 中，而捕获和处理抛掷的程序却在 main()函数中。为了在 main()函数中能正确的捕获到异常，函数 divided 的调用语句必须放在 try 语句块中进行监控。

有时候，程序往往只关心一些特定类型的异常，而忽略掉其他类型的异常。当所关心的异常发生时，程序对该类异常进行捕获并做出相应的处理。而当其他类型的异常发生时，程序只需要进行一些简单的处理，使程序能够正确运行下去即可。可是，如何让一个 catch 语句捕获其他所有不关心类型的异常呢？可以通过默认异常处理机制来实现。

程序 P16_8：默认异常处理实例。

```
#include <iostream>
using namespace std;
```

```
//类定义
class CException { };

int main()
{
    int idx;
    cout<<"Please input index value:";
    cin>>idx;
    try                                 //定义异常
    {
        if(idx==0)
            throw 10;                   // 抛掷 int 型异常
        else if(idx==1)
            throw 13.14;                // 抛掷 double 型异常
        else if(idx==2)
            throw 'c';                  // 抛掷 char 型异常
        else if(idx==3)
            throw CException();         // 抛掷类异常
        else
            throw "Exception";          // 抛掷字符串异常
    }
    catch(int)                          //捕获 int 型异常
    {
        cout<<"Int Exception!"<<endl;
    }
    catch(double)                       //捕获 double 型异常
    {
        cout<<"Double Exception!"<<endl;
    }
    catch(char)                         //捕获 char 型异常
    {
        cout<<"Char Exception!"<<endl;
    }
    catch(CException)                   //捕获类异常
    {
        cout<<"Class Exception!"<<endl;
    }
    catch(...)                          //默认异常处理,捕获所有其他异常
    {
```

```
        cout<<"Unexpected Exception!"<<endl;
    }
    return 0;
}
```

运行结果如图 16.16 和图 16.17 所示。

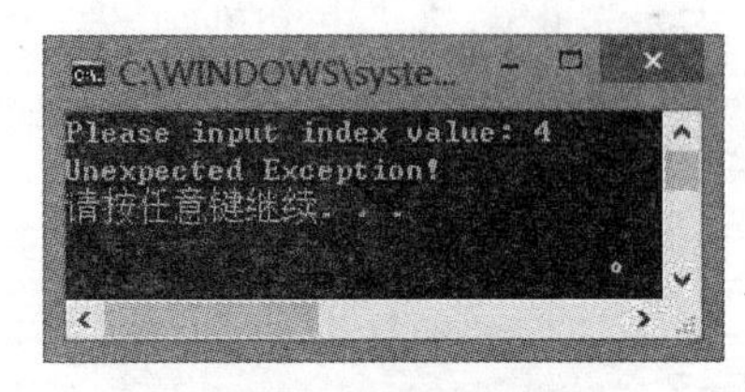

图 16.16　程序运行结果

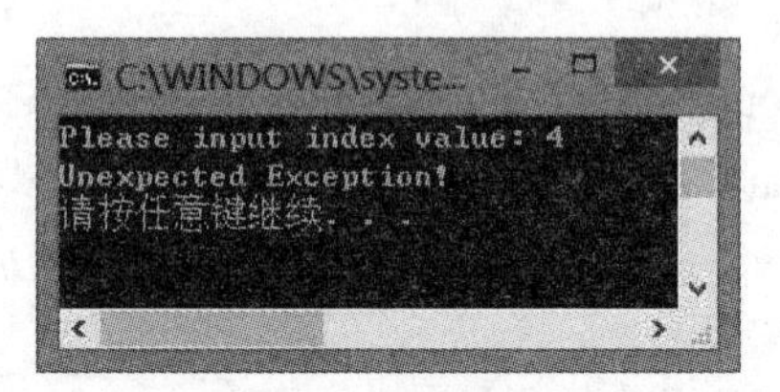

图 16.17　程序运行结果

在以上程序中，通过 catch(…)来定义了一个默认异常处理程序块。catch 括号中不具体指定任何类型，而是通过三个点来代替。当抛掷的异常无匹配的 catch 进行处理时，则会与最后的 catch(…)相匹配，通过默认异常处理程序来对发生的异常进行处理。通常，catch(…)作为最后一个 catch 语句块出现。

16.4　异常派生族系

可以通过异常派生层次结构把多个异常组成族系，如数学错误异常族系和文件处理错误异常族系。

程序 P16_9：文件处理错误异常派生族系实例。

```
#include <iostream>
using namespace std;

//文件处理错误异常派生族系
class FileError { };                                    //异常基类
class IncorrectDirectory: public FileError { };         //异常派生类
class IncorrectFormat: public FileError { };            //异常派生类
class FileCorruption: public FileError { };             //异常派生类

int main()
{
    int exception;
    cout<<"Please input exception index:";
    cin>>exception;
    try                                                 //定义异常
    {
```

```
        switch(exception)
        {
            case 1: throw IncorrectDirectory();break;   // 抛掷派生类异常
            case 2: throw IncorrectFormat();break;      // 抛掷派生类异常
            case 3: throw FileCorruption();break;       // 抛掷派生类异常
            case 4: throw FileError();break;            // 抛掷基类异常
            default: throw "Unexpected";break;          // 抛掷字符串异常
        }
    }
    catch(IncorrectDirectory)                           //捕获派生类异常
    {
        cout<<"IncorrectDirectory Exception!"<<endl;
    }
    catch(IncorrectFormat)                              //捕获派生类异常
    {
        cout<<"IncorrectFormat Exception!"<<endl;
    }
    catch(FileCorruption)                               //捕获派生类异常
    {
        cout<<"FileCorruption Exception!"<<endl;
    }
    catch(FileError)                                    //捕获基类异常
    {
        cout<<"FileError Exception!"<<endl;
    }
    catch(...)                                          //捕获其他异常
    {
        cout<<"Unexpected Exception!"<<endl;
    }
    return 0;
}
```

异常捕获的规则除了前面所说的，必须严格匹配数据类型外，对于类的派生关系，下列情况可以捕获异常：

① 异常处理的数据类型是公有基类（public 继承），抛掷异常的数据类型是派生类。

② 异常处理的数据类型是指向公有基类的指针，抛掷异常的数据类型是指向派生类的指针。

因此，如上面的程序所示，若想正确的处理派生类异常，基类异常的处理程序块应置于派生类异常处理的程序块之后，如上述程序中的 catch(FileError)。

习题 16

1. 阅读以下程序，分析输入不同值时的异常抛掷与捕获情况。

```
#include <iostream>
using namespace std;
void division(int a,int b)
{
    double result;
    try
    {
        if(b==0)
            throw new int(0);
        else
        {
            if(a%2==0)
                throw new double(2.0);
            else
            {
                result=a/b;
                cout<<"Result="<<result<<endl;
            }
        }
    }
    catch(int *ip)
    {
        cout<<"异常值="<<*ip<<endl;
        delete ip;
    }
    catch(double *dp)
    {
        cout<<"异常值="<<*dp<<endl;
        delete dp;
    }
}
int main()
{
    int a,b;
```

```
    cout<<"请输入两个整数:";
    cin>>a>>b;
    division(a,b);
    return 0;
}
```

2. 阅读以下程序,分析程序中的异常捕获机制是否正确。若不正确,如何修改?

```
#include <iostream>
using namespace std;
class MathException { };
class DividedByZero: public MathException { };
class NotIntegerDivider: public MathException { };
class OutOfRange: public MathException { };
int main()
{
    int exception;
    cin>>exception;
    try
    {
        switch(exception)
        {
            case 1: throw DividedByZero();break;
            case 2: throw NotIntegerDivider();break;
            case 3: throw OutOfRange();break;
            case 4: throw MathException();break;
            default: throw "Unexpected Exception";
        }
    }
    catch(MathException)
    {
        cout<<"Math Exception"<<endl;
    }
    catch(DividedByZero)
    {
        cout<<"DividedByZero Exception"<<endl;
    }
    catch(NotIntegerDivider)
    {
        cout<<"NotIntegerDivider Exception"<<endl;
    }
```

```
    catch(OutOfRange)
    {
        cout<<"OutOfRange Exception"<<endl;
    }
    return 0;
}
```

第十七章　C++标准库

C++标准库的建立，为C++应用程序开发人员提供了便捷，能够更快、更好地创建应用程序，减少维护上的开销，提高编程效率。C++标准库中提供了与I/O操作相关的流类、模板容器类、泛型算法等。了解、学习和使用C++标准库，能够快速地进行程序开发，编写高质量、可植性强的代码。

17.1　标准I/O流类

"流"(stream)是一种抽象的形态，指的是计算机里的数据从一个对象流向另一个对象。这里数据流入和流出的对象通常是指计算机中的屏幕、内存、文件等一些输入、输出设备。数据的流动是由I/O流类来实现的。C++中的I/O流负责建立程序与设备对象之间的连接。例如，数据的输出由输出流类来完成。当进行数据输出操作时，程序首先将数据放入输出流对象中，再由输出流对象将数据输送到相应的输出设备中。

通常，将从流中获取数据的操作称为提取操作，而将向流中添加数据的操作称为插入操作。

图17.1展示了常用的几个I/O流类的结构及其继承关系。这些I/O流类可以划分成三大类：标准I/O流类、文件I/O流类和串I/O流类。标准I/O流类主要负责与标准输入、输出设备(如：屏幕、键盘等)之间的数据交互；文件I/O流类主要负责与磁盘文件间的数据交互；串I/O流类主要用于字符串流的操作。

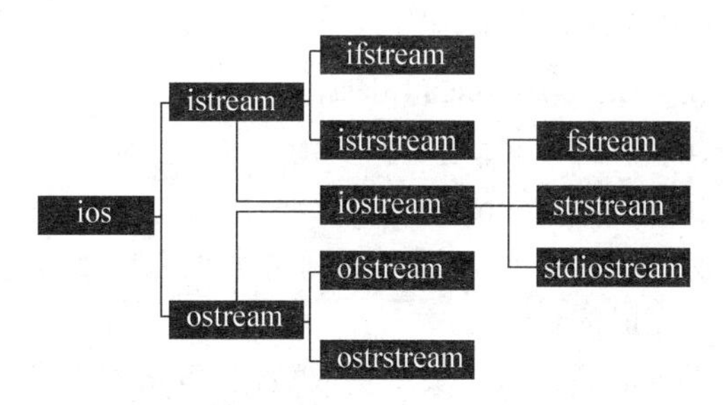

图17.1　常用I/O流类结构示意图

表17.1　标准I/O流的设备名及其含义

C++流对象	设备	C中的名字	默认的含义
cin	键盘	stdin	标准输入
cout	屏幕	stdout	标准输出
cerr	屏幕	stderr	标准错误
clog	打印机	stdprn	打印机

表 17.1 列举了常用的标准 I/O 流设备名及其含义。C++中预定义了四个标准流对象 cin、cout、cerr 以及 clog,分别用于操作标准输入、输出设备。这些流对象都在库文件 iostream 中声明,因此,要想使用这些流对象,在程序中就必须包含编译预处理命令# include <iostream>。

cout 是 console output 的缩写,意为“控制台输出”,表示把程序结果输出到屏幕(标准输出设备)进行显示。cout 是 ostream 流类的对象,它在 iostream 库文件中作为全局对象定义:

```
ostream cout(stdout);   //标准设备名作为其构造时的参数
```

ostream 流类对应每个基本数据类型都有友元,它们在 iostream 库文件中声明:

```
ostream& operator<<(ostream& dest,int source);
ostream& operator<<(ostream& dest,char source);
ostream& operator<<(ostream& dest,char *pSource);
```

因此,通过 ostream 流对象(如:cout)可以对任何基本类型的数据进行输入操作。输入操作则是通过插入运算符<<来完成的。

插入运算符<<通常用于将数据插入到一个输出流对象中,输出流对象再进一步将数据输出到它所关联的输出设备中。

例如:

```
cout<<"Welcome to C++!";   //将字符串输出到屏幕
```

插入运算符<<适用于任何输出流对象,如输出文件流 ofstream 的对象等。插入运算符<<的右侧可以是任何基本数据类型的变量及常量,也可以是字符串变量及常量。

此外,插入运算符<<可以串联起来使用,将多个数据项一起输出。

例如:

```
cout<<"PI="<<3.1415926<<endl;       //对不同类型的数据进行输出
```

cin 是 console input 的缩写,意为“控制台输入”,表示从键盘(标准输入设备)读取数据。

cin 是 istream 流类的对象,它在<iostream>库文件中作为全局对象定义:

```
istream cin(stdin);   //标准设备名作为其构造时的参数
```

istream 流类对应每个基本数据类型都有友元,它们在 iostream 库文件中声明:

```
istream& operator>>(istream& source,int dest);
istream& operator>>(istream& source,char dest);
istream& operator>>(istream& source,char *pDest);
```

因此,通过 istream 流对象(如:cin)可以对任何基本类型的数据进行输入操作。输入操作则是通过提取运算符>>来完成的。

提取运算符>>通常用于从输入流对象中提取数据,再将数据存入相应的变量中。

例如:

```
int value;
cin>>value;   //从键盘输入数据并赋给 value
```

提取运算符>>适用于任何输入流对象,如输入文件流 ifstream 的对象等。提取运算符>>的右侧可以是任何基本数据类型的变量。

同样,提取运算符>>也可以串联起来使用,对多个数据进行输入。

例如:

```
int ivalue;
```

```
double dvalue;
char cvalue;
cin>>ivalue>>dvalue>>cvalue;    //对不同类型的数据进行输入
```

但是，值得注意的是，使用提取运算符>>提取数据时，通常以空白符（如空格、回车、Tab）作为数据的分割符，因此提取字符串数据时，不能提取空白字符，并且提取单个字符时也不能提取空白字符。

C++中的I/O流可以完成输出的格式化操作，如设置域宽、设置浮点数精度及整数进制等。有两种方式可以实现对输出进行格式化，使用控制符和使用流类成员函数。

表 17.2　常用控制符及其功能

控制符	描述
dec、hex、oct	置基数为 10、16、8 进制
setfill(c)	设置填充字符为 c
setprecision(n)	设置显示小数精度为 n 位
setw(n)	设置域宽为 n 个字符
setiosflags	格式控制

表 17.2 列举了几个常用的控制符及其相应的功能。这些控制符都在库文件 iomanip 中进行声明，因此要想使用这些控制符，需要在程序中包含预处理命令# include <iomanip>。使用控制符对输出进行控制的方便之处在于，可以将控制符直接插入到输出流中对输出进行控制。接下来我们对表 17.2 中所列举的控制符的用法和功能进行详细地说明。

通过 dec、hex 和 oct 控制符可以对整数进制进行控制，分别用以输出十进制、十六进制以及八进制形式。例如：

```
cout<<dec<<100<<endl;          //设置十进制，输出为 100
cout<<hex<<100<<endl;          //设置十六进制，输出为 64
cout<<oct<<100<<endl;          //设置八进制，输出为 144
```

以上三个进制控制符的格式控制具有延续性，一旦设置将会对后续所有的输出产生影响，直到出现新的格式控制时，才会按新设置的进制进行输出。

通过 setw(n)控制符可以对输出的域宽进行控制，用于输出指定宽度的数据，括号中的 n 即为输出的域宽。例如：

```
cout<<setw(5)<<22<<endl;      // 22 的输出占 5 个字符
```

该控制符的格式控制具有短暂性，只对紧随其后的输出进行控制。例如：

```
cout<<setw(5)<<22<<33<<endl;      //控制只对 22 有效
```

此处的 setw(5)的控制只对 22 有效，而对 33 无效。因此要想对 33 进行同样的控制，需要为其单独指定输出域宽，例如：

```
cout<<setw(5)<<22<<setw(5)<<33<<endl;      //正确方法
```

另外，特别注意的是，当输出数据的位数大于设置的域宽时，将会忽略设置的域宽值，而按着数据实际的域宽进行输出。

通过 setfill(c)控制符可以对填充字符进行设置，c 即为要设置的填充字符。当不进行任何填充字符设置时，程序默认是用空白字符进行填充。例如：

```
cout<<setfill('*');          //设置填充字符为 '*'
cout<<setw(3)<<11<<setw(4)<<22<<endl;  //输出为 *11**22
```

该控制符的格式控制具有延续性，直到出现新的格式控制时才会改变填充字符。

通过 setprecision(n)控制符可以对浮点数的显示精度进行设置，n 即为要保留的有效数字的个数。当输出数值数字位数大于设置的显示精度时，将对低位截短进行输出；当小于或等于设置的显示精度时，则按原样输出该数值。例如：

```
cout<<setprecision(5);  //设置浮点数显示精度为 5 位
cout<<13.141151<<"\t"<<13.14<<endl;   //输出：13.141     13.14
```

该控制符的格式控制具有延续性，直到出现新的格式控制时才会改变浮点数的显示精度。

通过 setiosflags 控制符可以用输出对齐方式、浮点数显示形式等进行控制。例如通过以下方式可以对输出对齐方式进行设置：

```
cout<<setiosflags(ios::left);          //设置输出左对齐
cout<<setiosflags(ios::right);         //设置输出右对齐
cout<<setiosflags(ios::internal);      //左对齐数值的符号及进制符号，右对齐数字值
```

另外，通过以下方式可以对浮点数的显示形式进行设置：

```
cout<<setiosflags(ios::fixed);         //设置浮点数显示
cout<<setiosflags(ios::scientific);    //设置指数显示（科学计数法）
```

程序 P17_1：通过格式控制符对输出进行格式控制实例。

```
#include <iostream>
#include <iomanip>                                 //格式化控制库文件
using namespace std;

int main()
{
    cout<<setfill('0');                            //设置填充字符
    cout<<setiosflags(ios::right);                 //设置输出对齐方式
    cout<<setw(2)<<9<<":"<<setw(2)<<5<<":"<<setw(2)<<8<<endl;  //设置域宽
    cout<<setiosflags(ios::fixed);                 //固定浮点显示
    cout<<setprecision(5)<<13.141151<<endl;        //设置小数点右边的数字个数
    cout<<"Decimal: "<<dec<<100<<endl;             //十进制
    cout<<"Hexadecimal: "<<hex<<100<<endl;         //十六进制
    cout<<"Octal: "<<oct<<100<<endl;               //八进制
    return 0;
}
```

运行结果如图 17.2 所示。

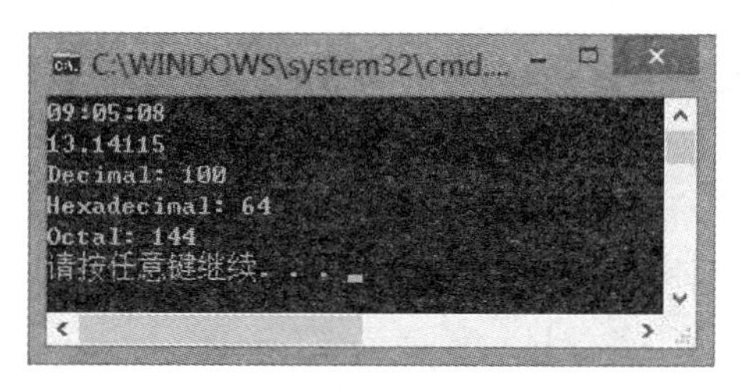

图 17.2　程序运行结果

对输出进行格式化控制的第二种方法就是通过使用输出流对象的成员函数来实现。表 17.3 列举了几个常用的格式化控制成员函数，并与相应的控制符进行了比较。

表 17.3　常用控制符与流控制成员函数的比较

控制符	成员函数	描述
dec	flags(ios::dec)	置基数为 10 进制
hex	flags(ios::hex)	置基数为 16 进制
oct	flags(ios::oct)	置基数为 8 进制
setfill(c)	fill(c)	设置填充字符为 c
setprecision(n)	precision(n)	设置显示小数精度为 n 位
setw(n)	width(n)	设置域宽为 n 个字符

通过 width(n)成员函数可以对输出的域宽进行控制，用于输出指定宽度的数据，括号中的 n 即为输出的域宽。例如：

```
cout.width(5);
cout<<22<<endl;            // 22 的输出占 5 个字符
```

该成员函数的格式控制具有短暂性，只对紧随其后的输出进行控制。例如：

```
cout.width(5);
cout<<22<<33<<endl;        //控制只对 22 有效，对 33 无效
```

此处的 cout.width(5)的控制只对 22 有效，而对 33 无效。因此，要想对 33 进行同样的控制，需要为其单独指定输出域宽，例如：

```
cout.width(5);
cout<<22;
cout.width(5);
cout<<33<<endl;
```

另外，特别注意的是，当输出数据的位数大于设置的域宽时，将会忽略设置的域宽值，而按数据实际的域宽进行输出。

通过 fill(c)成员函数可以对填充字符进行设置，c 即为要设置的填充字符。当不进行任何填充字符设置时，程序默认是用空白字符进行填充。例如：

```
cout.fill('*');      //设置填充字符为 '*'
cout.width(4);       //设置输出域宽为 4
```

cout<<22<<endl;   //输出   **22

该成员函数的格式控制具有延续性，直到进行新的设置后才会改变填充字符。

通过 precision(n)成员函数可以对浮点数的显示精度进行设置，n 即为要显示的浮点数的有效数字的个数。当输出数值数字位数大于设置的显示精度时，将对低位截短并输出；当小于或等于设置的显示精度时，则按原样输出该数值。例如：

```
cout.precision(5);   //设置浮点数显示精度为 5 位
cout<<13.141151<<"\t"<<13.14<<endl;    //输出：13.141       13.14
```

该成员函数的格式控制具有延续性，直到出现新的格式控制时才会改变浮点数的显示精度。

通过 flags 成员函数可以对整数进制、输出对齐方式、浮点数显示方式等进行控制。例如：

```
cout.flags(ios::dec);          //设置十进制
cout<<100<<endl;               //输出: 100
cout.flags(ios::hex);          //设置十六进制
cout<<100<<endl;               //输出：64
cout.flags(ios::oct);          //设置八进制
cout<<100<<endl;               //输出：144

cout.flags(ios::left);         //设置输出左对齐
cout.flags(ios::right);        //设置输出右对齐
cout.flags(ios::internal);     //左对齐数值的符号及进制符号，右对齐数字值

cout.flags(ios::fixed);        //设置浮点数显示
cout.flags(ios::scientific);   //设置指数显示
```

以上输出格式的控制都具有延续性，直到进行新的设置后才会改变原有的格式控制。

程序 P17_2：通过输出流成员函数对输出进行格式控制实例。

```
#include <iostream>
using namespace std;

int main()
{
    cout.fill('0');                    //设置填充字符
    cout.flags(ios::right);            //设置输出对齐方式
    cout.width(2);                     //域宽
    cout<<9<<":";
    cout.width(2);                     //域宽
    cout<<5<<":";
    cout.width(2);                     //域宽
    cout<<8<<endl;
    cout.flags(ios::fixed);            //固定浮点显示
```

```
    cout.precision(5);                    //设置小数点右边的数字个数
    cout<<13.141151<<endl;
    cout.flags(ios::dec);                 //十进制
    cout<<"Decimal: "<<100<<endl;
    cout.flags(ios::hex);                 //十六进制
    cout<<"Hexadecimal: "<<100<<endl;
    cout.flags(ios::oct);                 //八进制
    cout<<"Octal: "<<100<<endl;
    return 0;
}
```

运行结果如图 17.3 所示。

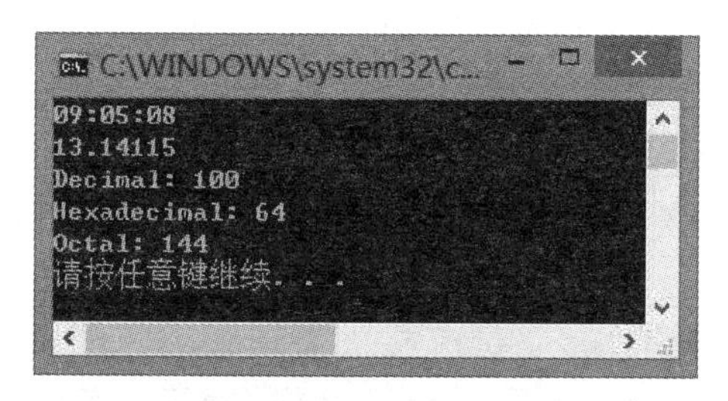

图 17.3 程序运行结果

除了上述介绍的用于输出格式控制的成员函数外，标准 I/O 流类还有一些用于输入和输出操作的成员函数。

首先，介绍一下标准输入流类的成员函数：

```
getline(char *str,int count,char delim='\n');
```

该函数的功能是读取一整行字符，并且分开不同的域。其中，第一个参数是字符数组，用于放置读取的字符；第二个参数是本次读取的最大字符个数；第三个参数是分隔字符，作为读取一行结束的标志。通过该函数，不仅可以读取可见字符，也可以读取空白字符。例如：

```
char str[20];
cin.getline(str,sizeof(str));           //读取以回车字符结束
cin.getline(str,sizeof(str),'#');       //读取以 '#' 字符结束
```

```
int get();
istream& get(char &ch);
istream& get(char *str,int n,char delim='\n');
```

get 函数有三种不同的形式，前两种形式的功能都是读取单个字符，而第三种形式的功能是读取一系列字符，直到遇到分隔符读取结束。第一种形式返回的是读取字符所对应的 ASCII 码值，而第二种形式通过引用形参来接受读取的字符，并返回输入流对象的引用。第三种形式的第一个参数是字符数组，用于放置读取的字符；第二个参数是本次读取的最大字符个数；第三个参数是分隔字符，作为读取一行结束的标志。以上三个函数既可以读取可见字符，也可以读取空白字符。例如：

```
char ch;
ch=cin.get();
cin.get(ch);
char str[20];
cin.get(str,sizeof(str));            //读取以回车字符结束
cin.get(str,sizeof(str),'#');        //读取以'#'字符结束
```

第三种形式的 get 函数与 getline 函数的区别在于 get 函数读取的字符中不包含分隔符，而 getline 读取的字符中包含分隔符。

程序 P17_3：get 函数与 getline 函数比较。

```
#include <iostream>
using namespace std;

int main()
{
    char str1[20],str2[20];
    char ch1,ch2;
    cout<<"请输入字符串，以#字符结束：";
    cin.getline(str1,sizeof(str1),'#');      //读取一整行文本，输入以#结束
    ch1=cin.get();                           //读取单个字符
    cout<<str1<<"@"<<ch1<<"@"<<endl;
    cout<<"请输入字符串，以#字符结束：";
    cin.get(str2,sizeof(str2),'#');          //读取一系列字符，输入以#结束
    ch2=cin.get();                           //读取单个字符
    cout<<str2<<"@"<<ch2<<"@"<<endl;
    return 0;
}
```

运行结果如图 17.4 所示。

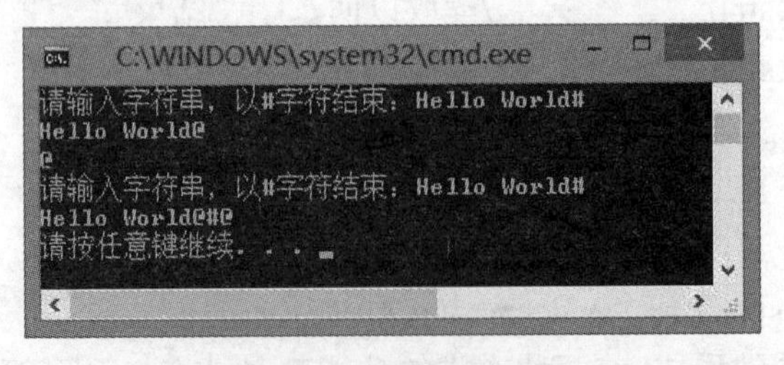

图 17.4　程序运行结果

从运行结果可以看出，ch1 读取的是回车字符，而 ch2 读取的是 '#' 字符。这说明，getline 函数读入了结束字符 '#'，而 get 函数却没有读入结束字符 '#'。

接下来，介绍一下标准输出流类的成员函数：

```
ostream& put(char ch);
```

该函数的功能是输出单个字符。例如：

```
cout.put('#');          //输出#
cout.put(65);           //输出 A
```

put 函数的参数既可以是字符形式，也可以是某个字符对应的 ASCII 码值。特别注意的是：cout<<letter;与 cout.put(letter);是有区别的，前者以 letter 的数据类型显示，而后者将参数值以字符方式显示。

17.2 文件 I/O 流类

计算机中的文件可以分为两种类型：文本文件和二进制文件。文本文件也称 ASCII 文件，每个字节存放一个 ASCII 字符，又称字符文件。二进制文件是将数据按其在内存中的存储形式存放到磁盘上，又称字节文件。

C++标准库中用于处理文件输入、输出的流类有以下三种：

ofstream：输出文件流类，输出数据到文件中。

ifstream：输入文件流类，从文件中读取数据。

fstream：输入/输出文件流类，输入/输出双向数据流动。

这些文件流类都定义在<fstream>库文件中，因此要使用文件 I/O 流类，必须在程序开始包含预处理命令#include <fstream>。

通过文件 I/O 流类对文件进行读写操作的一般步骤是：创建文件流对象并打开文件、读写文件、关闭文件。

创建文件流对象并打开文件的方式有两种。第一种就是使用文件流类的默认构造函数创建文件流对象，然后调用 open 函数打开文件。格式如下：

```
文件流类名  文件流对象名;              // 定义一个文件流对象
文件流对象名.open("文件名",打开方式);   // 打开文件
```

例如：

```
ofstream ofile;                          //定义一个输出流对象
ofile.open("computer.txt",ios::out);     //打开文件
ifstream ifile;                          //定义一个输入流对象
ifile.open("computer.txt",ios::in);      //打开文件
```

其中，参数“文件名”用于指定要打开文件的文件名。若为不带路径的文件名，则表示与当前程序在同一文件夹；若为带路径的文件名，路径中的 '\' 应用 '\\' 表示。例如：

```
ofstream ofile;                          //定义文件输出流对象
ofile.open("scores.txt",ios::out);       //当前文件夹(相对路径)
ofile.open("..\\scores.txt",ios::out);   //父文件夹(相对路径)
ofile.open("D:\\computer\\scores.txt",ios::out);   //绝对路径
```

该“文件名”既可以是由相对路径指定的文件名，也可以是由绝对路径指定的文件名。

参数“打开方式”用于指定文件的打开方式。表 17.4 列举了各种文件打开方式及其它们的含义。

表 17.4　文件打开方式及其含义

打开方式	说明
ios :: in	打开一个输入文件，是 ifstream 对象的默认方式。
ios :: out	打开一个输出文件，是 ofstream 对象的默认方式。若打开一个已存在的文件，则删除文件中的原有内容，若打开的文件不存在，则将创建该文件。
ios :: app	打开一个输出文件，用于在文件末尾添加数据，不删除文件中的原有内容。
ios :: ate	打开一个现有文件(用于输入或输出)，并定位到文件结尾。
ios :: nocreate	仅打开一个存在的文件(不存在则失败)。
ios :: noreplace	仅打开一个不存在的文件(存在则失败)。
ios :: trunc	打开一个输出文件，如果它存在则删除文件原有内容。
ios :: binary	以二进制模式打开一个文件(默认是文本模式)。

例如：

```
ofstream ofile;
ofile.open("D:\\computer\\code.cpp");                //默认文本输出 ios::out
ofile.open("D:\\computer\\code.cpp",ios::binary);    //二进制输出
ifstream ifile;
ifile.open("D:\\computer\\code.cpp");                //默认文本输入 ios::in
ifile.open("D:\\computer\\code.cpp",ios::binary);    //二进制输入
```

另外，多种打开方式可以通过按位或运算符"| "联合使用，对文件打开方式进行共同控制。例如：

```
fstream files;
files.open("D:\\computer\\code.cpp",ios::in|ios::binary);     //二进制输入形式打开
files.open("D:\\computer\\code.cpp",ios::in|ios::out);         //输入、输出形式打开
```

第二种创建文件流对象并打开文件的方式就是在创建文件流对象时在其构造函数中直接指定文件名及打开方式。格式如下：

文件流类名　文件流对象名("文件名",打开方式);

例如：

```
ofstream ofile("information.txt",ios::out);
ifstream ifile("D:\\computer\\batch.obj",ios::in|ios::binary);
fstream files("..\\scores.bin",ios::in|ios::out|ios::binary);
```

当文件读写操作结束后，一定要即时关闭文件。关闭已打开文件的格式如下：

文件流对象名.close();

例如：

```
ofile.close();
ifile.close();
files.close();
```

在对打开的文件进行读写操作之前要检查文件是否打开成功。只有成功打开的文件才能

进行正常的读写操作。判断文件是否打开成功可以通过以下文件流类的成员函数来实现:

```
bool fail() const;
```

该函数的返回值为 true 时表示文件打开失败,返回值为 false 则表示文件打开成功。

例如:

```
ofstream ofile;                                  //定义文件输出流对象
ofile.open("D:\\computer\\data.txt",ios::out);   //打开文件
if(! ofile.fail())                               //检查文件是否打开成功
{
    //文件写操作
}
ofile.close();                                   //关闭文件
```

可以使用插入(<<)和提取(>>)运算符对文件进行读写,但通常读写的是文本文件。

程序 P17_4:使用插入和提取运算符进行文件读写的实例。

```
#include <iostream>
#include <fstream>                                  //文件流类库文件
using namespace std;

int main()
{
    ofstream ofile("data.txt",ios::out);            //打开输出文件(文本文件)
    if(! ofile.fail())                              //检查文件是否打开成功
        ofile<<1151<<'\t'<<13.14<<'\t'<<'A'<<endl;  // 写数据到文件
    ofile.close();                                  //关闭文件
    int n;
    double d;
    char c;
    ifstream ifile("data.txt",ios::in);             //打开输入文件(文本文件)
    if(! ifile.fail())                              //检查文件是否打开成功
        ifile>>n>>d>>c;                             // 读文件中的数据
    ifile.close();                                  //关闭文件
    cout<<n<<'\t'<<d<<'\t'<<c<<endl;
    return 0;
}
```

该程序首先打开一个输出文件,并通过插入运算符向文件中输出一个 int 类型数据、一个 double 类型数据,以及一个 char 类型数据。接下来,再以输入形式打开该文件,并将存储在其中的三个数据通过提取运算符存入三个变量中。

另外,还可以通过文件流类的成员函数进行文件读写。首先,介绍几个文件输出流类的成员函数:

```
ostream& put(char ch);
```

该函数的功能是写单个字符到文件中。例如：

```
ofstream ofile("data.txt",ios::out);        //打开输出文件
if(! ofile.fail())                          //检查文件是否打开成功
{
    ofile.put('A');                         //写单个字符到文件中
    ofile.put('B');                         //写单个字符到文件中
    ofile.put('C');                         //写单个字符到文件中
}
ofile.close();                              //关闭文件
```

```
ostream& write(const char* str,int n);
```

该函数的功能是把内存中的一块内容整体写入到输出文件中。主要用于输出数组、字符串及自定义类型对象等具有连续内存的数据。常用于二进制文件的输出。该函数的第一个参数用于指定输出数据的内存起始地址，该地址为字符指针(char *)，因此传递的实参应为字符指针。第二个参数用于指定所写入的字节数，即从指定的起始地址开始写入多少字节的数据。

接下来，介绍几个文件输入流类的成员：

```
int get();
istream& get(char &ch);
```

该函数有两种形式，功能都是从文件中读取单个字符。get 函数既能读取可见字符，也能读取空白字符。

例如：

```
char ch;
ifstream ifile("data.txt",ios::in);         //打开输入文件
if(! ifile.fail())                          //检查文件是否打开成功
{
    ch=ifile.get();                         //读取单个字符
    cout<<ch<<endl;                         //输出到屏幕显示
    ifile.get(ch);                          //读取单个字符
    cout<<ch<<endl;                         //输出到屏幕显示
}
ifile.close();                              //关闭文件
```

```
getline(char *str,int count,char delim='\n');
```

该函数的功能是从文件中读取一行文本。第一个参数是字符数组，用于放置读取的文本；第二个参数是本次读取的最大字符个数；第三个参数是分隔字符，作为读取一行结束的标志。

例如：

```
char str[20];
ifstream ifile("data.txt",ios::in);         //打开输入文件
if(! ifile.fail())                          //检查文件是否打开成功
```

```
{
    ifile.getline(str,sizeof(str));         //读取一行文本
    cout<<str<<endl;                        //将文本输出到屏幕显示
}
ifile.close();                              //关闭文件
```

istream& read(char* str,int n);

该函数的功能是从输入文件中提取整块数据到变量中，主要用于提取数据到数组及自定义类型对象中，常用于二进制文件的输入。该函数的第一个参数用于指定存放数据的内存起始地址，该地址为字符指针(char *)，因此传递的实参应为字符指针。第二个参数用于指定所读取的字节数，即从指定的起始地址开始存放多少字节的数据，第二个形参类型为整型。

程序 P17_5：使用文件流类成员函数进行文件读写的实例。

```
#include <iostream>
#include <fstream>                                      //文件流类库文件
using namespace std;

int main()
{
    char str1[20]="Hello World!",str2[20];
    int arr1[5]={1,2,3,4,5},arr2[5];
    ofstream ofile("..\\data.bin",ios::out|ios::binary);   //打开输出文件(二进制文件)
    if(!ofile.fail())                                   //检查文件是否打开成功
    {
        ofile.write(str1,sizeof(str1));                 // 写字符数组到文件中
        ofile.write((char *)arr1,sizeof(arr1));         // 写整型数组到文件中
    }
    ofile.close();                                      //关闭文件

    ifstream ifile("..\\data.bin",ios::in|ios::binary);    //打开输入文件(二进制文件)
    if(!ifile.fail())                                   //检查文件是否打开成功
    {
        ifile.read(str2,sizeof(str2));                  // 从文件中读取字符数组数据
        ifile.read((char *)arr2,sizeof(arr2));          // 从文件中读取整型数组数据
        cout<<str2<<endl;
        for(int i=0;i<sizeof(arr2)/sizeof(int);++i)
            cout<<arr2[i]<<'\t';
        cout<<endl;
    }
    ifile.close();                                      //关闭文件
```

```
    return 0;
}
```

该程序首先打开一个二进制输出文件，并通过 write 函数向文件中写入一个字符数组和一个 int 类型数组。接下来，以二进制输入形式将该文件打开，并通过 read 函数从文件中分别读取一个字符数组和一个 int 类型数组。

程序 P17_6：使用文件流类成员函数进行文件读写的实例。

```
#include <iostream>
#include <fstream>                                          //文件流类库文件
using namespace std;

// Point 类定义
class Point
{
public:
    Point(double _x=0.0,double _y=0.0): x(_x),y(_y) { }
    double getX() const
    {
        return x;
    }
    double getY() const
    {
        return y;
    }
    void print() const
    {
        cout<<"("<<x<<","<<y<<")"<<endl;
    }
protected:
    double x,y;
};

int main()
{
    Point cp1(2.0,3.0),cp2(4.0,5.0),cp;                     // Point 类对象定义
    ofstream ofile("..\\data.bin",ios::out|ios::binary);    //打开二进制文件
    if(!ofile.fail())                                       //检查文件打开是否成功
    {
        ofile.write((char *)&cp1,sizeof(cp1));              // 写 Point 对象到文件中
        ofile.write((char *)&cp2,sizeof(cp2));              // 写 Point 对象到文件中
```

```
    }
    ofile.close();                                          //关闭文件

    ifstream ifile("..\\data.bin",ios::in|ios::binary);     //打开二进制文件
    if(! ifile.fail())                                      //检查文件打开是否成功
    {
        ifile.read((char *)&cp,sizeof(cp));                 // 从文件中读 Point 对象
        cp.print();
        ifile.read((char *)&cp,sizeof(cp));                 // 从文件中读 Point 对象
        cp.print();
    }
    ifile.close();                                          //关闭文件
    return 0;
}
```

该程序首先打开一个二进制输出文件，并通过 write 函数向文件中写入两个 Point 类的对象。接下来，以输入形式打开该二进制文件，并通过 read 函数从文件中读取两个 Point 类的数据。

在进行文件读写操作时，是通过文件的位置指针来指定具体读写位置的。文件的位置指针用于保存在文件中进行读或写的位置。通过对位置指针进行操作，适当地调整读或写的位置，可以实现对磁盘文件的随机访问(常用于二进制文件)。

与 ofstream 类对应的是写位置指针，指定下一次写数据的位置。相关的操作函数为：

seekp 函数：用于移动指针到指定位置。

tellp 函数：用于返回指针当前的位置。

与 ifstream 类对应的是读位置指针，指定下一次读数据的位置。相关的操作函数为：

seekg 函数：用于移动指针到指定位置。

tellg 函数：用于返回指针当前的位置。

下面以 seekg 和 tellg 函数为例说明一下它们的用法，seekp 和 tellp 函数的用法与之类似。

seekg 函数的使用形式(seekp 用法与之类似)如下：

seekg(n,ios::beg)：从文件起始位置移动 n 个字节。

seekg(n,ios::end)：从文件结尾位置移动 n 个字节。

seekg(n,ios::cur)：从当前位置移动 n 个字节。

其中，n=0，表示移动到指定位置；n>0，表示在指定位置向前移动；n<0，表示在指定位置向后移动。

tellg 函数的使用形式(tellp 用法与之类似)如下：

streampos n=文件流对象.tellg();

其中，streampos 类型可以看作整型数据，返回值保存指针当前的位置，即从文件起始位置到指针当前位置的字节数。

程序 P17_7：随机读写文件实例。

```
#include <iostream>
```

```
#include <fstream>                                          //文件流类库文件
using namespace std;

// Point 类定义
class Point
{
public:
    Point(double _x=0.0,double _y=0.0): x(_x),y(_y) { }
    void set(double _x,double _y)
    {
        x=_x;
        y=_y;
    }
    double getX() const
    {
        return x;
    }
    double getY() const
    {
        return y;
    }
    void print() const
    {
        cout<<"("<<x<<","<<y<<")"<<endl;
    }
protected:
    double x,y;
};

int main()
{
    Point cp1(2.0,3.0),cp2(4.0,5.0),cp3(6.0,7.0),cp;       // Point 类对象定义
    ofstream ofile("..\\data.bin",ios::out|ios::binary);    //打开二进制文件
    if(! ofile.fail())                                       //检查文件打开是否成功
    {
        ofile.write((char *)&cp1,sizeof(cp1));               // 写 Point 对象到文件中
        ofile.write((char *)&cp2,sizeof(cp2));               // 写 Point 对象到文件中
        ofile.write((char *)&cp3,sizeof(cp3));               // 写 Point 对象到文件中
    }
```

```
    ofile.close();                                        //关闭文件

    ifstream ifile("..\\ data.bin",ios::in|ios::binary);  //打开二进制文件
    if(! ifile.fail())                                    //检查文件打开是否成功
    {
        ifile.seekg(sizeof(Point),ios::beg);              // 从文件开始后移一个 Point 对象
        streampos cpos=ifile.tellg();                     // 返回文件指针当前位置
        cout<<"Current Position: "<<cpos<<endl;
        ifile.read((char *)&cp,sizeof(cp));               // 从文件中读 Point 对象
        cpos=ifile.tellg();                               // 返回文件指针当前位置
        cout<<"Current Position: "<<cpos<<endl;
    }
    ifile.close();                                        //关闭文件

    cp.set(cp.getX()+1.0,cp.getY()+1.0);

    ofile.open("..\\ data.bin",ios::app|ios::binary);     //打开二进制文件
    if(! ofile.fail())                                    //检查文件打开是否成功
    {
        ofile.seekp(0,ios::end);                          // 移到文件结尾
        ofile.write((char *)&cp,sizeof(cp));              // 写 Point 对象到文件中
    }
    ofile.close();                                        //关闭文件

    return 0;
}
```

当对文件进行读写时,需要知道是否文件中的内容已经读写完,或者是否已经到达文件的末尾。通过以下函数可以判断文件流是否结束:

```
bool eof() const;
```

当该函数的返回值为 true 时表示文件流结束,当返回值为 false 时表示文件未结束。例如:

```
ifstream ifile;                                  //定义文件输入流对象
ifile.open("D:\\ computer\\ data.txt",ios::in);  //打开文件
if(! ifile.fail())                               //检查文件是否打开成功
{
    if(! ifile.eof())                            //判断文件流是否结束
        //文件读操作
}
    ifile.close();                               //关闭文件
```

程序 P17_8：文件流操作实例。

```
#include <iostream>
#include <fstream>
using namespace std;

int main()
{
    ofstream ofile("..\\data.txt",ios::out);        //打开一个输出文件
    if(!ofile.fail())                               //检查文件是否打开成功
        for(int i=1;i<=10;++i)
            ofile<<" "<<i;
    ofile.close();                                  //关闭文件

    int n;
    ifstream ifile("..\\data.txt",ios::in);         //打开一个输入文件
    if(!ifile.fail())                               //检查文件是否打开成功
        while(!ifile.eof())                         // 判断输入文件流是否结束
        {
            ifile>>n;
            cout<<n<<" ";
        }
    cout<<endl;
    ifile.close();                                  //关闭文件
    return 0;
}
```

17.3 vector 容器类

vector 类是一个动态数组容器类，它支持直接在其尾部添加或移除元素，在其中间插入或删除元素，可以通过索引值或迭代器直接对元素进行存取。

vector 类的声明包含在库文件<vector>中，因此使用 vector 类时需包含预处理命令 #include <vector>。vector 类的声明形式如下：

template <class T,class Alloc=allocator<T>>class vector;

其中第一个类型参数 T 是 vector 类中存储的数据类型；第二类型参数 Alloc 指的是动态数组开辟空间的方式。vector 类有以下三个特点：

① 顺序容器（Sequential Container）

② 动态数组（Dynamic Array）

③ 按需分配（Allocation Aware）

首先，对 vector 类的构造函数进行介绍。以下是 vector 类的几个常用的构造函数：

vector();

默认构造函数。构造一个空的容器，不包含任何元素。

vector(const vector& v);

拷贝构造函数。

vector(size_type n,const allocator_type& alloc=allocator_type());

构造一个初始空间大小为 n 的容器。

template <class InputIterator>

vector(InputIterator first,InputIterator last,

const allocator_type& alloc=allocator_type());

通过迭代器 [first,last) 所指定的区域中的元素的值来构造容器。

接下来，介绍 vector 类的几个重要成员函数：

size_type size() const;

返回容器中的元素个数。

size_type capacity() const;

返回容器的容量。

void resize(size_type n);

void resize(size_type n,const value_type& val);

改变容器的大小为 n。在第二种形式中，用 val 的值初始化每个元素。

bool empty() const;

判断容器是否为空，即是否包含元素。返回值为 true 时，表示容器为空。

void push_back(const value_type& val);

向容器末尾添加新元素。

void pop_back();

删除容器的末尾元素。

iterator insert(const_iterator position,const value_type& val);

在 position 位置前插入新元素。

iterator erase(const_iterator position);

删除 position 位置的元素。

void clear();

清空容器中的所有元素。

reference operator[ ](size_type n);

const_reference operator[ ](size_type n) const;

重载下标运算符，访问容器中的第 n 个元素(索引从 0 开始)。

reference at (size_type n);

const_reference at (size_type n) const;

访问容器中的第 n 个元素(索引从 0 开始)。

reference front();

const_reference front() const;

访问容器中的开始元素(索引值为 0 的元素)。

reference back();

const_reference back() const;

访问容器中的最后一个元素。

iterator begin();

const_iterator begin() const;

返回指向容器中开始元素的迭代器。

iterator end();

const_iterator end() const;

返回指向容器中的最后一个元素的下一个位置的迭代器。

const_iterator cbegin() const;

返回指向容器中开始元素的常量迭代器。

const_iterator cend() const;

返回指向容器中的最后一个元素的下一个位置的常量迭代器。

最后,介绍几个 vector 类的应用实例。

程序 P17_9:vector 类使用实例。

```
#include <iostream>
#include <vector>                                   //包含 vector 声明的库文件
using namespace std;

int main()
{
    vector<int>ivec;                                //定义一个空的 int 型容器
    cout<<"Size="<<ivec.size()<<endl;               //显示容器元素个数
    cout<<"Capacity="<<ivec.capacity()<<endl;       //显示容器容量
    for(int i=1;i<=10;++i)
        ivec.push_back(i*i);                        // 向容器末尾添加新元素
    cout<<"Size="<<ivec.size()<<endl;               //显示容器元素个数
    cout<<"Capacity="<<ivec.capacity()<<endl;       //显示容器容量
    for(size_t idx=0;idx<ivec.size();++idx)
        cout<<ivec[idx]<<" ";          // 通过下标运算符访问容器元素,等价于 ivec.at(idx)
    cout<<endl;
    ivec.insert(ivec.begin()+2,0);                  //在容器的第 2 个元素位置之前插入新元素
    cout<<"Size="<<ivec.size()<<endl;               //显示容器元素个数
    cout<<"Capacity="<<ivec.capacity()<<endl;       //显示容器容量
    for(vector<int>::iterator iter=ivec.begin();iter<ivec.end();++iter)
        cout<<*iter<<" ";                           // 通过迭代器访问容器元素
    cout<<endl;
    return 0;
```

}

运行结果如图 17.5 所示。

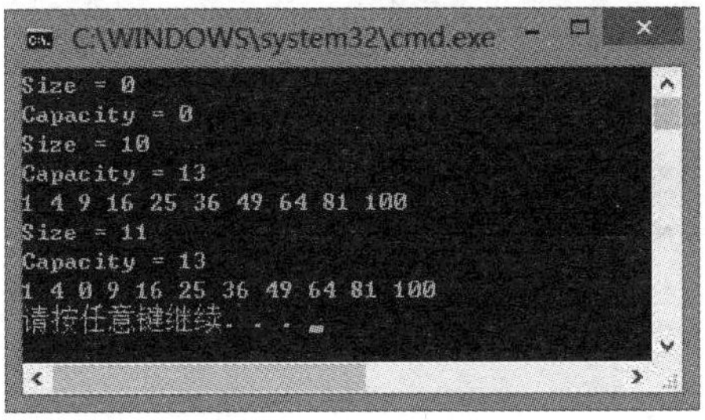

```
Size = 0
Capacity = 0
Size = 10
Capacity = 13
1 4 9 16 25 36 49 64 81 100
Size = 11
Capacity = 13
1 4 0 9 16 25 36 49 64 81 100
请按任意键继续. . .
```

图 17.5　程序运行结果

程序 P17_10：vector 类使用实例。

```
#include <iostream>
#include <vector>                                   //包含 vector 声明的库文件
using namespace std;

int main()
{
    vector<double>dvec(10);        //定义一个容量为 10 的 double 型容器，元素初始化为 0
    cout<<"Size="<<dvec.size()<<endl;               //显示容器元素个数
    cout<<"Capacity="<<dvec.capacity()<<endl;       //显示容器容量
    for(size_t idx=0;idx<dvec.size();++idx)
        dvec[idx]=idx+1.0;                          // 通过下标运算符修改容器元素
    for(size_t idx=0;idx<dvec.size();++idx)
        cout<<dvec[idx]<<" ";                       // 通过下标运算符访问容器元素
    cout<<endl;
    for(vector<double>::iterator iter=dvec.begin();iter<dvec.end();++iter)
        *iter+=2.0;                                 // 通过迭代器修改容器元素
    dvec.pop_back();                                //删除容器中的最后一个元素
    cout<<"Size="<<dvec.size()<<endl;               //显示容器元素个数
    cout<<"Capacity="<<dvec.capacity()<<endl;       //显示容器容量
    for(vector<double>::iterator iter=dvec.begin();iter<dvec.end();++iter)
        cout<<*iter<<" ";                           // 通过迭代器访问容器元素
    cout<<endl;
    return 0;
}
```

运行结果如图 17.6 所示。

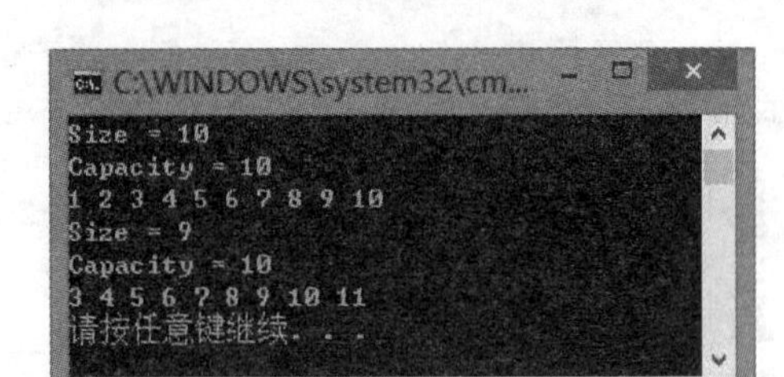

图 17.6 程序运行结果

程序 P17_11：vector 类使用实例。

```
#include <iostream>
#include <vector>
using namespace std;

class Complex
{
public:
    Complex(double _real=0.0,double _image=0.0): real(_real),image(_image) { }
    void set(double _real,double _image)
    {
        real=_real;
        image=_image;
    }
    double getReal() const
    {
        return real;
    }
    double getImage() const
    {
        return image;
    }
    void print() const
    {
        cout<<real<<"+"<<image<<"i"<<endl;
    }
protected:
    double real,image;
};

int main()
```

```
{
    vector<Complex>cvec;                          //定义一个空的 Complex 类型容器
    for(int i=0;i<10;++i)
        cvec.push_back(Complex(i+1.0,i+2.0));
    cout<<"容器元素:"<<endl;
    for(size_t idx=0;idx<cvec.size();++idx)
        cvec[idx].print();                        // 通过下标运算符访问容器元素
    for(vector<Complex>::iterator iter=cvec.begin();iter<cvec.end();++iter)
        iter->set(iter->getReal()+1.0,iter->getImage()+2.0);   // 通过迭代器访问容器元素
    cout<<"容器元素:"<<endl;
    for(vector<Complex>::iterator iter=cvec.begin();iter<cvec.end();++iter)
        iter->print();                            // 通过迭代器访问容器元素
    return 0;
}
```

运行结果如图 17.7 所示。

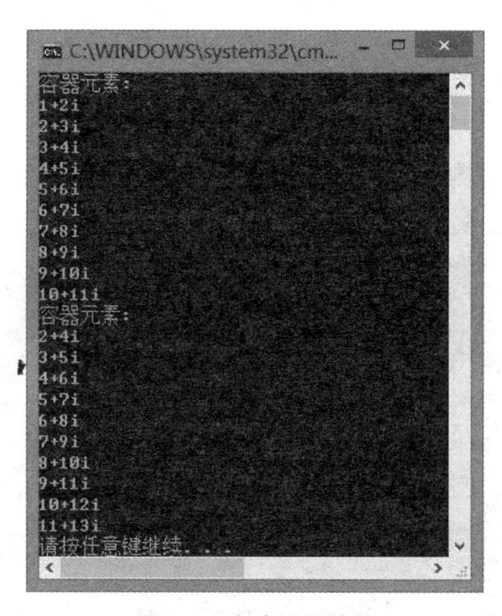

图 17.7　程序运行结果

程序 P17_12：vector 类使用实例。

```
#include <iostream>
#include <vector>
#include <iomanip>
using namespace std;

int main()
{
```

```
    vector<vector<int>>arr2;                     //定义一个空的二维容器
    for(size_t i=1;i<10;++i)
    {
        vector<int>arr1;                         // 定义一个空的一维容器
        for(size_t j=1;j<10;++j)
            arr1.push_back(i* j);                // 向一维容器中添加元素
        arr2.push_back(arr1);                    // 将一维容器添加到二维容器中
    }
    cout.flags(ios::left);
    for(size_t i=0;i<arr2.size();++i)            //访问二维容器元素
    {
        for(size_t j=0;j<arr2[i].size();++j)
            cout<<i+1<<"*"<<j+1<<"="<<setw(3)<<arr2[i][j];
        cout<<endl;
    }
    return 0;
}
```

运行结果如图 17.8 所示。

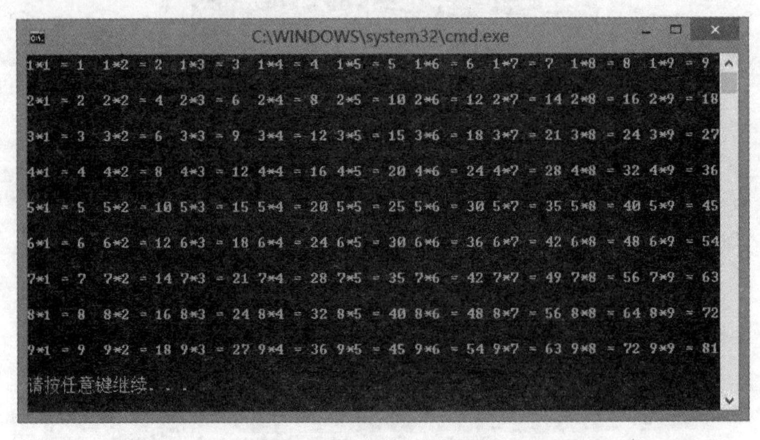

图 17.8 程序运行结果

17.4 string 字符串类

string 类是一个字符串容器类，用来存储和操作字符串。通过 string 类可以实现字符串拼接、字符串替换、字符串比较，以及通过索引值或迭代器访问字符串的内容等操作。

string 类的声明包含在库文件<string>中，因此，使用 string 类时需包含预处理命令 #include <string>。

首先，对 string 类的构造函数进行介绍。以下是 string 类的几个常用的构造函数：

string();

默认构造函数。构造一个空的字符串类,字符串的长度为0(空串)。

string(const string& str);

拷贝构造函数。

string(const char* str);

通过字符串序列构造一个字符串类。

string(size_t n,char c);

构造一个长度为n的字符串,字符串中的每一个字符都为c。

接下来,介绍string类的几个重要成员函数和友元函数:

size_t size() const;

size_t length() const;

返回字符串的长度。

size_t capacity() const;

返回字符串容器的容量。

void resize(size_t n);

void resize(size_t n,char c);

改变字符串的长度为n,第二种形式中,用c初始化每个字符。

bool empty() const;

判断字符串是否为空串。返回值为true时,代表是空串。

string& append(const char* str);

string& append(const string& str);

string& append(size_t n,char c);

向字符串末尾添加新字符或字符串。第三种形式中,在字符串的末尾添加n个字符c。

string& insert(size_t pos,const char* str);

string& insert(size_t pos,const string& str);

string& insert(size_t pos,size_t n,char c);

在pos位置前插入新字符或字符串。第三种形式中,在pos位置前插入n个字符c。

string& erase(size_t pos,size_t len);

iterator erase(const_iterator p);

iterator erase(const_iterator first,const_iterator last);

删除字符串中的部分字符。第一种形式中,删除从pos位置开始的len个字符。第二种形式中,删除由迭代器p所指向的字符。第三种形式中,删除由迭代器[first,last)所指定的区域中的字符序列。

string& replace(size_t pos,size_t len,const char* str);

string& replace(size_t pos,size_t len,const string& str);

string& replace(size_t pos,size_t len,size_t n,char c);

string& replace(const_iterator i1,const_iterator i2,const char* str);

string& replace(const_iterator i1,const_iterator i2,const string& str);

string& replace(const_iterator i1,const_iterator i2,size_t n,char c);

替换字符串中的部分字符。前三种形式中，替换掉字符串中从 pos 位置开始的 len 个字符。后三种形式中，替换掉字符串中由迭代器 [i1,i2) 所指定的区域中的字符。

```
string operator+(const char* lhs,const string& rhs);
string operator+(const string& lhs,const char* rhs);
string operator+(const string& lhs,const string& rhs);
string operator+(const string& lhs,char rhs);
string operator+(char lhs,const string& rhs);
```

以友元函数形式重载加法运算符+，实现字符串的拼接。

```
string& operator+=(const char* str);
string& operator+=(const string& str);
string& operator+=(char c);
```

重载复合赋值运算符+=，实现字符串拼接。

```
bool operator==(const string& lhs,const string& rhs);
bool operator==(const string& lhs,const char* rhs);
bool operator==(const char* lhs,const string& rhs);
bool operator! =(const string& lhs,const string& rhs);
bool operator! =(const string& lhs,const char* rhs);
bool operator! =(const char* lhs,const string& rhs);
bool operator<(const string& lhs,const string& rhs);
bool operator<(const string& lhs,const char* rhs);
bool operator<(const char* lhs,const string& rhs);
bool operator<=(const string& lhs,const string& rhs);
bool operator<=(const string& lhs,const char* rhs);
bool operator<=(const char* lhs,const string& rhs);
bool operator>(const string& lhs,const string& rhs);
bool operator>(const string& lhs,const char* rhs);
bool operator>(const char* lhs,const string& rhs);
bool operator>=(const string& lhs,const string& rhs);
bool operator>=(const string& lhs,const char* rhs);
bool operator>=(const char* lhs,const string& rhs);
```

以友元函数形式重载关系运算符，实现两个字符串的比较。

```
void clear( ) const;
```

清空字符串的内容。

```
char& operator[ ](size_t pos);
const char& operator[ ](size_t pos) const;
```

重载下标运算符[]，访问字符串中位于 pos 处的字符(从 0 开始)。

```
char& at (size_t pos);
const char& at (size_t pos) const;
```

访问字符串中位于 pos 处的字符(从 0 开始)。

string substr(size_t pos,size_t len) const;

返回字符串中从 pos 位置开始长度为 len 的子串。

const char* c_str() const;

返回由常量指针指向的字符串序列。

size_t copy (char* s,size_t len,size_t pos) const;

将字符串中从 pos 位置开始的长度为 len 的子串复制到由 s 指向的字符数组中。

iterator begin();

const_iterator begin() const;

返回指向字符串第一个字符的迭代器。

iterator end();

const_iterator end() const;

返回指向字符串最后一个字符的下一个位置的迭代器。

const_iterator cbegin() const;

返回指向字符串第一个字符的常量迭代器。

const_iterator cend() const;

返回指向字符串最后一个字符的下一个位置的常量迭代器。

最后，介绍几个 string 类的应用实例。

程序 P17_13：string 类使用实例。

```
#include <iostream>
#include <string>                              //包含 string 声明的库文件
using namespace std;

int main()
{
    string str1("Huaiyin "),str2("of "),str;   //定义 string 对象
    str.append(str1);                          //末尾追加 string
    str.append("Institute");                   //末尾追加 const char *
    str.append(1,");                           //末尾追加 char
    str+=str2;                                 // string 拼接
    str+="Technology";                         // const char * 拼接
    str+='!';                                  // char 拼接
    cout<<str<<endl;                           //对 string 类重载了插入运算符<<
    for(size_t i=0;i<str.length();++i)         //字符串长度
        cout<<str[i];                          // 通过下标运算符访问字符串中的字符
    cout<<endl;
    for(string::iterator iter=str.begin();iter<str.end();++iter)
        cout<<*iter;                           // 通过迭代器访问字符串中的字符
    cout<<endl;
    return 0;
```

```
}
```

运行结果如图 17.9 所示。

```
Huaiyin Institute of Technology!
Huaiyin Institute of Technology!
Huaiyin Institute of Technology!
请按任意键继续. . .
```

图 17.9　程序运行结果

程序 P17_14：string 类使用实例。

```
#include <iostream>
#include <string>                          //包含 string 声明库文件
using namespace std;

int main()
{
    string str("Xia University");          //定义 string 对象
    cout<<str<<endl;                       //输出 string 内容
    str.insert(3,"men");                   //在字符串中插入新字符串
    cout<<str<<endl;
    str.replace(0,6,"Beijing");            //替换字符串中的部分字符
    cout<<str<<endl;
    str.erase(0,8);                        //删除字符串中的部分字符
    cout<<str<<endl;
    str.append("of Waterloo");             //在字符串末尾追加新字符串
    cout<<str<<endl;
    cout<<str.c_str()<<endl;               //将字符串转成字符序列
    cout<<str.substr(14,8)<<endl;          //获取字符串中的子串
    char *tstr=new char[str.length()+1];
    str.copy(tstr,str.length(),0);         //复制字符串中的子串
    tstr[str.length()]='\0';               //添加字符串结束标志
    cout<<tstr<<endl;
    delete [] tstr;
    return 0;
}
```

运行结果如图 17.10 所示。

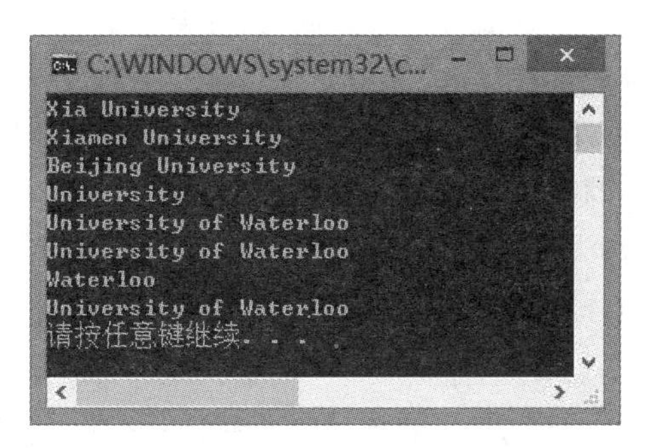

图 17.10　程序运行结果

习题 17

1. 文件的读写操作，(1) 将 100 以内的素数，写入“d:\\abc.txt”文件中；(2) 读取“d:\\abc.txt”文件中的数据，显示在屏幕上。

2. 使用 Vector 容器，将给定整型数组内的偶数放入 Vector 中，并输出。

工程训练 8　商品信息管理系统(文件流篇)

利用函数与文件流的相关知识，完成《商品信息管理系统》的设计，实现对商品信息进行有效的管理。该系统的主要功能包括：商品信息录入、商品信息输出、商品销售、商品进货、统计库存不足商品、统计营业额、统计销量最高和销量最低的商品、统计营业额最高和营业额最低的商品。具体功能介绍如下：

- **商品信息录入**

该功能由一个单独的函数来实现。首先，在主函数中从键盘输入商品的种类，以及要进行操作的文件的文件名(注：文件名可以在程序中预先指定，不需要从键盘输入)。然后，根据商品的种类依次输入每种商品的初始信息，商品的初始信息包括：商品数量和商品价格。每种商品维护着三种信息：商品库存量、商品价格和商品销售量。初始时，商品销售量为 0。最后，将商品种类以及每种商品的信息(商品库存量、商品价格以及商品销售量)存入到指定的文件中(通常以文本文件形式存储，且第一行存放商品种类信息，其后的每一行存放一种商品的信息)。

- **商品信息输出**

该功能由一个单独的函数来实现。从存放商品信息的文件中读取所有商品的信息，并将所有商品的信息依次输出到屏幕上显示，每种商品信息显示一行，输出的信息包括：商品库存量、商品价格和商品销售量。

- **商品销售**

该功能由一个单独的函数来实现。首先，从存放商品信息的文件中将所有商品的信息读入到程序中。然后,根据商品编号(编号从1开始)对某种商品进行销售,销售时需指定具体的商品销售数量。在对商品进行销售之前,需要对输入的商品编号和商品销售数量的信息进行合法性检测,只有输入数据合法时,才能进行商品销售。若输入数据合法,则根据具体的商品编号和商品销售数量对某种商品进行销售,销售成功后,需要相应的修改该商品的库存量和销售量的信息。注意:当库存量无法满足销售量需求时,同样不能进行商品销售。最后,若商品销售成功,则将更新后的所有商品的信息重新存入到文件中(覆盖原来文件中的内容)。

- **商品进货**

该功能由一个单独的函数来实现。首先,从存放商品信息的文件中将所有商品的信息读入到程序中。然后,根据商品编号(编号从1开始)对某种商品进行进货,进货时需指定具体的商品进货数量。在对商品进行进货之前,需要对输入的商品编号和商品进货数量的信息进行合法性检测,只有输入数据合法时,才能进行商品进货。若输入数据合法,则根据具体的商品编号和商品进货数量对某种商品进行进货,进货成功后,需要相应的修改该商品的库存量信息。最后,将更新后的所有商品的信息重新存入到文件中(覆盖原来文件中的内容)。

- **统计库存不足商品**

该功能由一个单独的函数来实现。首先,从存放商品信息的文件中将所有商品的信息读入到程序中。然后,依次对每种商品的库存量进行检测,若某种商品的库存量为0,则将该商品输出,每行输出一种商品。

- **统计营业额**

该功能由一个单独的函数来实现。首先,从存放商品信息的文件中将所有商品的信息读入到程序中。然后,依次对每种商品的营业额进行统计,并输出该商品的营业额统计结果,每行输出一种商品。商品营业额计算公式为:商品价格×商品销售量。同时,将所有商品的营业额进行相加,在最后一行显示所有商品的总营业额。

- **统计销量最高和销量最低的商品**

该功能由一个单独的函数来实现。首先,从存放商品信息的文件中将所有商品的信息读入到程序中。然后,依次比较所有商品的销售量,从中找出销量最高和销量最低的商品。先定义两个变量分别用于存放最高销量和最低销量,初始时,将最高销量和最低销量都初始化为第一种商品的销售量。接下来,依次将其余商品的销售量与最高销量和最低销量进行比较。若当前商品的销售量大于最高销量,则将最高销量设置成该商品的销售量;此外,若当前商品的销售量小于最低销量,则将最低销量设置成该商品的销售量。

- **统计营业额最高和营业额最低的商品**

该功能由一个单独的函数来实现。首先,从存放商品信息的文件中将所有商品的信息读入到程序中。然后,依次比较所有商品的营业额,从中找出营业额最高和营业额最低的商品。先定义两个变量分别用于存放最高营业额和最低营业额,初始时,将最高营业额和最低营业额初始化为第一种商品的营业额。接下来,依次将其余商品的营业额与最高营业额和最低营业额进行比较。若当前商品的营业额大于最高营业额,则将最高营业额设置成该商品的营业额;此外,若当前商品的营业额小于最低营业额,则将最低营业额设置成该商品的营业额。

下面给出程序的基本框架和设计思路,仅供大家参考。此外,完全可以自己来设计更合理的结构和代码。

包含主函数的源文件设计部分:

```
#include <iostream>
    /* 包含用户自定义的头文件，该头文件主要用于函数原型声明。
    例如：
    #include "functions.h" */
using namespace std;
int main()
{
    int option;                          //功能提示菜单选项

    int total;                           //商品种类
    char file[100]="..\\data.txt";       //文件名

    while(true)                          //重复显示功能菜单
    {
        // 输出功能提示菜单
        cout<<endl;
        cout<<"========================================="<<endl;
        cout<<"                    商品信息管理系统功能菜单"<<endl;
        cout<<"\t1. 输入商品信息"<<endl;
        cout<<"\t2. 输出商品信息"<<endl;
        cout<<"\t3. 销售商品"<<endl;
        cout<<"\t4. 商品进货"<<endl;
        cout<<"\t5. 统计库存不足商品"<<endl;
        cout<<"\t6. 统计营业额"<<endl;
        cout<<"\t7. 统计销量最高和销量最低的商品"<<endl;
        cout<<"\t8. 统计营业额最高和营业额最低的商品"<<endl;
        cout<<"\t9. 退出"<<endl;
        cout<<"========================================="<<endl;
        cout<<"请选择功能(1-9):";

        cin>>option;
        switch(option)                   // 根据菜单选项完成相应的功能
        {
            case 1:    // 输入商品信息
                /* 首先，输入商品的种类（和文件名），然后调用相应的函数实现
              商品信息的录入，并将商品信息存放到指定的文件中。例如：
                cout<<"输入商品的种类:";
                cin>>total;
                input(file,total);     // 函数调用 */
```

```
        break;
    case 2:     // 输出商品信息
            /* 调用相应的函数依次输出存储在文件中的每种商品的信息,信
        息包括:商品库存量、商品价格和商品销量。例如:
            output(file);       // 函数调用 */
        break;
    case 3:     // 销售商品
            /* 调用相应的函数根据商品编号来销售某种商品,并更新存储在
        文件中的商品信息。例如:
            sale(file);       // 函数调用 */
        break;
    case 4:     // 商品进货
            /* 调用相应的函数根据商品编号来对某种商品进行进货,并更新
        存储在文件中的商品信息。例如:
            stock(file);       // 函数调用 */
        break;
    case 5:     // 统计库存不足商品
            /* 调用相应的函数依次对存储在文件中的每种商品的库存量进
        行检测,并输出所有库存量为0的商品。例如:
            lack(file);       // 函数调用 */
        break;
    case 6:     // 统计营业额
            /* 调用相应的函数依次对存储在文件中的每种商品的营业额进
        行统计,并输出该商品的营业额统计结果。商品营业额计算公式为:商
        品价格×商品销售量。例如:
            statistics(file);       // 函数调用 */
        break;
    case 7:     // 统计销量最高和销量最低的商品
            /* 调用相应的函数统计销量最高和销量最低的商品。例如:
            minmaxAmount(file);       // 函数调用 */
        break;
    case 8:  // 统计营业额最高和营业额最低的商品
            /* 调用相应的函数统计营业额最高和营业额最低的商品。例如:
            minmaxIncome(file);       // 函数调用 */
        break;
    case 9:     // 退出
        exit(0);                    // 退出程序
        break;
    default:                        // 非法输入
```

```
            cout<<"输入选项不存在！请重新输入!"<<endl;
        }
    }
    return 0;
}
```

包含功能函数定义的源文件设计部分(functions.cpp)：

```
#include <iostream>
#include <fstream>                    //包含文件流类定义的头文件
using namespace std;

//输入商品信息的函数实现部分
void input(char *file,int total)
{
        /* 首先,打开指定的文件。然后,根据商品的种类依次输入每种商品的信息,信
    息包括:商品数量和商品价格。通过循环语句,每次循环输入一种商品的信息。最
    后,将商品种类以及所有商品的信息存入到指定的文件中。文件操作结束后记得关
    闭文件。例如：
        ofstream fout(file);
        int num;
        double price;
        fout<<total<<endl;
        for(int i=0;i<total;++i)
        {
            cout<<"输入第"<<i+1<<"种商品的信息(数量、价格):";
            cin>>num>>price;
            fout<<num<<"\t"<<price<<"\t"<<0<<endl;
        }
        fout.close();*/
}

//输出商品信息的函数实现部分
void output(char *file)
{
        /* 首先,打开指定的文件。然后,将存储在文件中的所有商品的信息读入到程
    序中。最后,根据商品种类依次输出每种商品的信息,信息包括:商品库存量、商品价
    格和商品销量。通过循环语句,每次循环输出一种商品的信息。文件操作结束后记
    得关闭文件。
        例如：
        ifstream fin(file);
```

```
        int num,sell,total;
        double price;
        fin>>total;
        cout<<"商品信息如下:"<<endl;
        for(int i=0;i<total;++i)
        {
            fin>>num>>price>>sell;
            cout<<"[商品"<<i+1<<"] 库存量: "<<num<<",价格: "<<price<<",销量:
    "<<sell<<endl;
        }
        fin.close();*/
}

//销售商品的函数实现部分
void sale(char *file)
{
        /* 首先,打开指定的文件。然后,将存储在文件中的所有商品的信息读入到程
    序中。最后,根据商品编号来销售某种商品,并同时指定销售数量。文件操作结束后
    记得关闭文件。
        例如:
        ifstream fin(file);
        int total,*num,*sell;
        double *price;
        fin>>total;
        num=new int[total];
        sell=new int[total];
        price=new double[total];
        for(int i=0;i<total;++i)
            fin>>num[i]>>price[i]>>sell[i];
        fin.close();
        需要对输入的商品编号和销售数量进行合法性检测,当输入数据合法时再根据
    具体的商品编号和销售数量对某种商品进行销售。此外,只有在某种商品的库存量
    能够满足销售数量的需求时,才能对该商品进行销售。
        例如:
        if(n>num[product-1])                  // 库存量不足
            cout<<"商品"<<product<<"库存量不足!"<<endl;
        else
        {
            num[product-1]-=n;
            sell[product-1]+=n;
```

```
        cout<<"商品"<<product<<"销售成功!"<<endl;
    }
    最后,将更新后的所有商品的信息重新存入到文件中。例如:
    ofstream fout(file);                    // 将数据更新到文件中
    fout<<total<<endl;
    for(int i=0;i<total;++i)
        fout<<num[i]<<"\t"<<price[i]<<"\t"<<sell[i]<<endl;
    fout.close();*/
}

//商品进货的函数实现部分
void stock(char *file)
{
    /* 首先,打开指定的文件。然后,将存储在文件中的所有商品的信息读入到程
  序中。最后,根据商品编号来对某种商品进行进货,并同时指定进货数量。文件操作
  结束记得关闭文件。
    例如:
    ifstream fin(file);
    int total,*num,*sell;
    double *price;
    fin>>total;
    num=new int[total];
    sell=new int[total];
    price=new double[total];
    for(int i=0;i<total;++i)
        fin>>num[i]>>price[i]>>sell[i];
    fin.close();
    需要对输入的商品编号和进货数量进行合法性检测,当输入数据合法时再根据
  具体的商品编号和进货数量对某种商品进行进货。
    例如:
    else if(n<0)                            // 判断进货数量是否合法
        cout<<"进货数量不能为负值!"<<endl;
    else
    {
        num[product-1]+=n;
        cout<<"商品"<<product<<"进货成功!"<<endl;
    }
    最后,将更新后的所有商品的信息重新存入到文件中。例如:
    ofstream fout(file);                    // 将数据更新到文件中
```

```
        fout<<total<<endl;
        for(int i=0;i<total;++i)
            fout<<num[i]<<"\t"<<price[i]<<"\t"<<sell[i]<<endl;
        fout.close();*/
}

//统计库存不足商品的函数实现部分
void lack(char *file)
{
        /* 首先,打开指定的文件。然后,将存储在文件中的所有商品的信息读入到程
    序中。最后,依次对每种商品的库存量进行检测,并输出所有库存量为0的商品。通
    过循环语句,每次循环检测一种商品的库存量。文件操作结束记得关闭文件。例如:
        ifstream fin(file);
        int num,sell,total;
        double price;
        fin>>total;
        for(int i=0;i<total;++i)
        {
            fin>>num>>price>>sell;
            if(num==0)
                cout<<"商品"<<i+1<<"库存不足!"<<endl;
        }
        fin.close();*/
}

//统计营业额的函数实现部分
double statistics(char *file)
{
        /* 首先,打开指定的文件。然后,将存储在文件中的所有商品的信息读入到程
    序中。最后,依次对每种商品的营业额进行统计,并输出该商品的营业额统计结果。
    商品营业额计算公式为:商品价格×商品销售量。通过循环语句,每次循环统计一种
    商品的营业额,并将其叠加到总营业额上。文件操作结束记得关闭文件。例如:
        ifstream fin(file);
        int num,sell,total;
        double price,sum=0.0;
        fin>>total;
        for(int i=0;i<total;++i)
        {
            fin>>num>>price>>sell;
```

```
            cout<<"商品"<<i+1<<"营业额(元): "<<price*sell<<endl;
            sum+=price*sell;
        }
        cout<<"商品营业总额(元): "<<sum<<endl;
        fin.close();*/
return sum;                              //返回总营业额
}

//统计销量最高和销量最低的商品的函数实现部分
void minmaxAmount(char *file)
{
        /* 首先,打开指定的文件。然后,将存储在文件中的所有商品的信息读入到程
    序中。最后,进行最高销量和最低销量的统计。文件操作结束记得关闭文件。定义
    两个变量用来存放最高销量和最低销量,并将最高销量和最低销量初始化为第一种
    商品的销量。依次将其余商品的销售量与最高销量和最低销量进行比较,若该商品
    的销售量大于最高销量,则将最高销量设置成该商品的销售量;另外,若该商品的销
    售量小于最低销量,则将最低销量设置成该商品的销售量。通过循环语句,每次循环
    比较一种商品的销售量。例如:
        ifstream fin(file);
        int num,sell,total;
        double price;
        fin>>total>>num>>price>>sell;
        int max_amount=sell,min_amount=sell;
        for(int i=1;i<total;++i)
        {
            fin>>num>>price>>sell;
            if(sell>max_amount)
                max_amount=sell;
            if(sell<min_amount)
                min_amount=sell;
        }
        cout<<"最高销量: "<<max_amount<<endl;
        cout<<"最低销量: "<<min_amount<<endl;
        fin.close();*/
}

//统计营业额最高和营业额最低的商品的函数实现部分
void minmaxIncome(char *file)
{
```

/* 首先，打开指定的文件。然后，将存储在文件中的所有商品的信息读入到程序中。最后，进行最高营业额和最低营业额的统计。定义两个变量用来存放最高营业额和最低营业额，并将最高营业额和最低营业额初始化为第一种商品的营业额。依次将其余商品的营业额与最高营业额和最低营业额进行比较，若该商品的营业额大于最高营业额，则将最高营业额设置成该商品的营业额；另外，若该商品的营业额小于最低营业额，则将最低营业额设置成该商品的营业额。通过循环语句，每次循环比较一种商品的营业额。例如：

```
ifstream fin(file);
int num,sell,total;
double price;
fin>>total>>num>>price>>sell;
double max_income=price*sell,min_income=price*sell;
for(int i=1;i<total;++i)
{
    fin>>num>>price>>sell;
    if(price*sell>max_income)
        max_income=price*sell;
    if(price*sell<min_income)
        min_income=price*sell;
}
cout<<"最高营业额(元): "<<max_income<<endl;
cout<<"最低营业额(元): "<<min_income<<endl;
fin.close();*/
}
```

包含功能函数原型声明的头文件设计部分(functions.h)：

/* 对所有定义的功能函数进行函数原型声明，函数原型声明由函数头部分组成。例如：

```
// 输入商品信息的函数的原型声明
void input(char *file,int total);*/
```